Von Isaac Asimov sind außerdem bei BASTEI-LÜBBE erschienen:

60049 DAS BUCH DER TATSACHEN
sowie zahlreiche Science-fiction-Erzählungen

ISAAC ASIMOV

WENN DIE WISSENSCHAFT IRRT...
Tatsachen und Spekulationen zu kosmischen Phänomenen

Aus dem Englischen übersetzt
von Gisela Stobbe

BASTEI-LÜBBE-TASCHENBUCH
Band 60 258

Deutsche Erstveröffentlichung
Titel der Originalausgabe: THE RELATIVITY OF WRONG
© 1988 by Nighfall, Inc.
© für die deutsche Ausgabe 1990 by Gustav Lübbe Verlag GmbH,
Bergisch Gladbach
Printed in West Germany, Januar 1990
Einbandgestaltung: Adolf Bachmann
Titelbild: ZEFA
Gesamtherstellung: Ebner Ulm
ISBN 3-404-60258-7

Der Preis dieses Bandes versteht sich einschließlich
der gesetzlichen Mehrwertsteuer

INHALT

EINFÜHRUNG

TEIL I: ISOTOPE UND ELEMENTE

1. Das Zweitleichteste 15
2. Wenn Moleküle markiert werden 33
3. Eine Pastete und ihre Folgen 51
4. Die innere Bedrohung 68
5. Der Lichtbringer 86
6. Ein Baustein – nicht nur für Knochen 102

TEIL II: DAS SONNENSYSTEM

7. Der Mond und wir 121
8. Der schiefe Planet 137
9. Der Riese, der ein Zwerg war 155
10. Die Kleinkörper des Sonnensystems 177

TEIL III: JENSEITS DES SONNENSYSTEMS

11. Neue Sterne – Novae 195

12. Aufleuchtende Sterne 212
13. Supernova-Explosionen 229
14. Endstation Eisen 246
15. Das Gegenstück 264
16. Volle Kraft voraus! 280

TEIL IV: EIN KAPITEL FÜR SICH

17. Wenn die Wissenschaft irrt 299

ANHANG

Der Autor 317
Stichwort- und Namensregister 319

FÜR MEINEN BRUDER STAN ASIMOV,
MIT DEM ICH NIE
EIN BÖSES WORT GEWECHSELT HABE

EINFÜHRUNG

Essays, und immer wieder Essays

Seit dreißig Jahren schreibe ich nun schon diese Aufsätze – Monat für Monat und immer noch mit derselben Begeisterung, mit der ich angefangen habe. Daran hat sich im Laufe der Jahrzehnte nichts geändert. Ja, ich kann es manchmal kaum abwarten, bis wieder ein Monat vorbei ist und das nächste Essay fällig ist.

Das liegt vor allem daran, daß mir *The Magazine of Fantasy and Science Fiction*, das meine Essays in ununterbrochener Folge seit November 1958 veröffentlicht, und auch der Verlag Doubleday, der die Essays seit 1962 als Sammlungen herausbringt, bei der Themenwahl völlig freie Hand lassen. Ich kann schreiben, worüber ich will und in welcher Weise ich will, das heißt, ich kann sogar – obgleich es sich um wissenschaftliche Aufsätze handelt – gelegentlich über ein nichtwissenschaftliches Thema schreiben, wenn mir der Sinn danach steht. Niemand stößt sich daran. Überdies besteht nicht die geringste Gefahr, daß mir jemals die Themen ausgehen. Wissenschaft ist so weit gespannt wie das Universum und entwickelt sich mit fortschreitendem Wissen Jahr für Jahr weiter. Wenn ich *heute* einen Artikel über Supraleitfähigkeit schriebe, so wäre das mit Sicherheit ein anderer

Artikel als der, den ich vielleicht vor zwei, drei Jahren geschrieben hätte.

Zum Beispiel habe ich in diesen Band einen Artikel über den Planeten Pluto aufgenommen, den ich vor etwas mehr als einem halben Jahr geschrieben habe, und ich liefere dazu auch gleich einen umfangreichen Nachtrag mit zusätzlichen Informationen, die über den damaligen Wissensstand hinausgehen.

Diese Aufsätze sind für mich immer wieder eine persönliche Herausforderung, weil ich beim Abfassen eines solchen Artikels gezwungen bin, mein zufälliges Wissen zu dem Thema erst einmal zu ordnen und zu gliedern, um es dann mit dem Material, das ich in meiner Handbücherei finden kann, aufzufüllen. Kurz gesagt, ich bilde mich dabei selbst weiter, das heißt, ich weiß – ganz gleich, welches Thema ich abhandele – am Ende, wenn der Artikel geschrieben ist, mehr darüber, als ich vorher wußte. Ja, und dieses Eigenstudium ist für mich eine stete Quelle der Freude, denn je mehr ich weiß, desto reicher ist mein Leben und desto mehr weiß ich mein eigenes Dasein zu schätzen.

Selbst wenn es mit meinem Selbstunterricht einmal nicht so klappt und mir am Ende aus Nachlässigkeit oder aus Ignoranz ein Fehler unterläuft, bekomme ich – soweit kenne ich meine Leser – garantiert Briefe, die mich über meinen Irrtum aufklären, und zwar immer höflich, wenn nicht sogar zurückhaltend, so als könne der betreffende Leser gar nicht so recht daran glauben, daß ich Unrecht habe. Auch diese Art von Unterricht ist mir willkommen. Ich schäme mich dann zwar vielleicht ein bißchen, doch das ist mir die Sache wert.

Mehr aber noch bedeutet mir das Gefühl, das ich empfinde, wenn diejenigen, die meine Essays lesen, manchmal etwas begreifen, was sie vorher nicht wußten. Ich bekomme eine ganze Reihe von Briefen in dieser Richtung. Auch das genieße ich, denn wenn ich nur des Geldes wegen schriebe, wäre die ganze Anstrengung nichts weiter als ein Geschäft, das mich in die Lage versetzt, meine Miete zu bezahlen und meine Familie zu ernähren und zu kleiden. Wenn ich darüberhinaus aber auch noch meinen Lesern nütze, wenn ich ihnen dabei helfe, *ihren* Horizont zu erweitern, dann reduziert sich meine Daseinsberechtigung eben nicht nur auf die bloße Befriedigung meines Selbsterhaltungstriebes.

Lassen Sie uns abgesehen davon die Wissenschaft einmal mit irgendwelchen anderen menschlichen Interessensgebieten vergleichen – dem Profisport beispielsweise.

Sport bringt das Blut in Wallung, regt den Geist an, entfacht Begeisterung. In gewisser Hinsicht lenkt er das Konkurrenzdenken zwischen verschiedenen Gruppen von Menschen in relativ harmlose Bahnen. Gut, es kommt schon einmal zu Ausschreitungen mit Blutvergießen – bei Fußballspielen zum Beispiel – aber all diese Ausschreitungen zusammengenommen wiegen nicht das Blutbad einer noch so kleinen Schlacht auf; und was zumindest die USA betrifft, so passiert bei Baseball-, Football- und Basketballspielen im allgemeinen kaum Schlimmeres als gelegentlich einmal ein kleiner Boxkampf auf der Zuschauertribüne.

Ich möchte den Sport nicht missen (vor allem nicht Baseball, für den ich eine ganz besondere Schwäche habe), denn wenn es ihn nicht mehr gäbe, wäre unser Leben ein ganzes Stück grauer, und wir wären um vieles ärmer, was vielleicht nicht wirklich wesentlich ist, uns aber lebensnotwendig erscheint.

Und doch könnten wir notfalls ohne Sport leben.

Nun zum Vergleich die Wissenschaft. Wissenschaft richtig angewandt kann unsere Probleme lösen und unserem Wohle dienen, wie kein zweites Instrument der Menschheit es vermag. Es war die Erfindung der Maschine, die die menschliche Sklaverei total unökonomisch werden ließ und zu ihrer Abschaffung führte, als alle Moralpredigten wohlmeinender Zeitgenossen nur wenig ausrichten konnten. Es ist die Erfindung des Roboters, die es ermöglicht, den Menschen all jener öden Routinearbeiten zu entheben, die ihn seiner selbst entfremden und seine Geisteskräfte zerstören. Es sind die Erfindungen des Flugzeugs und des Radios und des Fernsehens und des Plattenspielers, die auch den einfachsten Mann in die Lage versetzen, an den Meisterwerken der Architektur und der schönen Künste optisch und akustisch teilzuhaben, eine Sache, die in früheren Jahrhunderten ausschließlich den Aristokraten und den Reichen vorbehalten war. Und so weiter, und so weiter ...

Auf der anderen Seite kann Wissenschaft, wenn sie verkehrt angewandt wird, uns zusätzlich Probleme schaffen und uns der Zerstörung unserer Zivilisation ein Stück näher bringen, wenn nicht sogar zur Ausrottung der Spezies Mensch führen. Wer kennt nicht genau die Gefahren der Bevölkerungsexplosion, die aufgrund der Fortschritte der modernen Medizin ein so ungeheures Ausmaß angenommen hat, oder die Gefahren eines Atomkriegs oder die unglaubliche Umweltverschmutzung durch chemische Stoffe oder die Zerstörung von Wäldern und Gewässern durch sauren Regen oder, oder, oder ...

Wie wichtig ist Wissenschaft dann aber, wenn sie uns auf der einen Seite Leben und Fortschritt bringt und auf der anderen Tod und Zerstörung? Wer befindet darüber, wie die Wissenschaft anzuwenden ist? Müssen wir die Entscheidung darüber und unsere eigene Zukunft in die Hände irgendeiner Elite legen? Oder sollen wir uns daran beteiligen? Nun, wenn Demokratie irgendeine Bedeutung hat, wenn der amerikanische Traum irgendeinen tieferen Sinn hat, dann sollten wir unser Schicksal zumindest bis zu einem gewissen Grad in die eigene Hand nehmen.

Wenn wir der Meinung sind, daß wir mitbestimmen sollten, wer unser Präsident und wer unsere Abgeordneten sind, so daß sie ihre Gesetze nur so lange machen können, wie sie uns gefallen, warum sollten wir dann nicht auch die Wissenschaft mitkontrollieren? Doch wie können wir das vernünftig tun, wenn wir nicht wenigstens ein bißchen davon *verstehen*?

Nun, dann denken Sie einmal darüber nach, wie die Zeitungen und die anderen Massenmedien mit dem Sport umgehen – denken Sie an die Fülle und die Ausführlichkeit der sportspezifischen Berichte und Daten, mit denen die Öffentlichkeit gefüttert wird und die die Öffentlichkeit auch mit nahezu unersättlicher Gier verschlingt. Und dann vergleichen Sie damit die absolut stiefmütterliche Behandlung der Wissenschaft in der Berichterstattung, den totalen Mangel an signifikanten wissenschaftlichen Artikeln in nahezu allen, selbst den größten und fortschrittlichsten Zeitungen. Denken Sie an die zahlreichen Kolumen über Astrologie und das Aussparen von Informationen über die Astronomie. Denken Sie an die detaillierten und spannenden Geschichten über UFOs und das Löffelverbiegen und die beiläufige Erwähnung der neuesten Erkenntnisse über das Ozonloch – das eine nichts weiter als reine Scharlatanerie und das andere eine Sache auf Leben und Tod.

Unter diesen Umständen ist selbst der kleinste Ansatz, den irgend jemand unternimmt, um diesem Ungleichgewicht entgegenzuwirken, von Bedeutung. Meine Leserschaft ist zwar höchst anspruchsvoll, doch ihre Zahl ist weiß Gott doch relativ gering; meine Aufklärungsbemühungen erreichen vielleicht einen von 2500.

Trotzdem versuche ich es weiter und gebe es auch nicht auf, noch mehr zu erreichen. Ich kann die Welt nicht im Alleingang retten, ja, ich kann nicht einmal darauf hoffen, eine spürbare Veränderung herbeizuführen – aber wie stände ich vor mir da, wenn ich einen Tag verstreichen ließe, ohne einen weiteren Versuch zu unternehmen. Ich muß mein Leben – wenn schon für niemanden sonst, so doch für mich – lohnenswert machen, und diese Essays sind für mich mit ein entscheidender Weg, diesem meinem Anspruch gerecht zu werden.

TEIL I

Isotope und Elemente

1. Das Zweitleichteste

Der erste Nobelpreisträger, dem ich je begegnete und mit dem ich sprach, war der amerikanische Chemiker Harold Clayton Urey (1893–1981). Es war keine erfreuliche Begegnung.

Ich hatte an der Columbia Universität Chemie im Hauptfach belegt und im Juni 1939 meinen Bachelor gemacht. Ich hatte die Absicht, weiterzustudieren, um zu graduieren, und ging davon aus, daß meine diesbezügliche Bewerbung auch angenommen werden würde.

Im Juli wurde ich jedoch auf den Boden der Tatsachen zurückgeholt: Ich hatte keine physikalische Chemie belegt, was eine Vorbedingung für das Graduiertenstudium auf diesem Gebiet war. (Leider war ich von meinem übereifrigen Vater zur Medizin gedrängt worden, und da physikalische Chemie nicht für das Medizinstudium verlangt wurde, hatte ich meine Zeit mit anderen Kursen verbracht.)

Ich hatte jedoch keine Lust aufzugeben. Als der Einschreibetermin im September herangerückt war, ging ich zur Columbia Universität und bestand auf einem Gespräch mit dem Zulassungskomite. An der Spitze dieses Komites stand Urey, der der Leiter der Fachschaft Chemie war.

Er war aber auch noch etwas anderes: Er war eindeutig gegen Asimov eingestellt. Das Problem war, daß ich laut, undiplomatisch, aufmüpfig und scharfzüngig war und infolgedessen von den meisten Vertretern der Fakultät mit Argwohn betrachtet wurde. (Niemand zweifelte an meiner Intelligenz, aber das schien irgendwie nicht viel zu zählen).

Ich bat das Komite, mich nachträglich physikalische Chemie belegen zu lassen, um mich dann nach Abschluß des Kurses noch einmal um die Zulassung zum Graduiertenstudium bewerben zu können. Damit hätte ich zwar ein Jahr verloren, aber ich sah sonst keine andere Möglichkeit für mich. Urey überlegte jedoch erst gar nicht. Ich hatte mein Anliegen kaum vorgebracht, da sagte er auch schon »Nein« und deutete zur Tür.

Ich hatte nicht die Absicht aufzugeben, und so besorgte ich mir ein Vorlesungsverzeichnis und entdeckte eine Passage, die besagte, daß man sich, um einen fehlenden Schein nachmachen zu können, als »nicht ordentlicher Student« einschreiben lassen könne, sofern man bestimmte Bedingungen erfüllte (die ich alle erfüllte). Ich sprach also am nächsten Tag – mit den Zulassungsbedingungen bewaffnet – noch einmal vor und wiederholte mein Anliegen. Urey schüttelte den Kopf und deutete wieder zur Tür. Doch ich blieb stehen, wo ich stand; ich wollte den Grund für seine Ablehnung erfahren. »Mit welcher Begründung?«, fragte ich.

Da er abgesehen von einer generellen Abneigung gegen mich, die er jedoch nicht offen zugeben wollte, keine Gründe hatte, bestellte er mich noch einmal für den

Nachmittag zu sich. Ich kam, und er machte mir schließlich ein Angebot.

Ich könnte physikalische Chemie belegen, vorausgesetzt ich belegte dazu noch eine ganze Latte anderer Kurse, für die ausnahmslos physikalische Chemie Voraussetzung war. Mit anderen Worten, in all diesen Kursen würden die Professoren davon ausgehen, daß die Studenten bereits physikalische Chemie gehabt hatten, und sie würden es auch alle gehabt haben – mit Ausnahme von mir.

Darüber hinaus sollte ich nur probeweise aufgenommen werden, und wenn ich nicht im Schnitt mit »Gut« bestünde, würde man mich ohne Testierung rauswerfen, das heißt, wenn ich an eine andere Hochschule ginge, würde mir die Columbia Uni keine Scheine aushändigen, mit denen ich meine Teilnahme an bestimmten Kursen belegen könnte, so daß ich gezwungen wäre, sie zu wiederholen. Das wiederum hieße, einen ganzen Batzen Schulgeld sinnlos zu vergeuden, und damals hatte ich eigentlich kein Geld, um es sinnlos zu vergeuden.

Heute ist mir klar, daß Urey mir das Angebot nur machte, weil er sicher war, daß ich es nicht annehmen würde, so daß er mich sofort und für alle Zeiten loswerden konnte. Wie dem auch sei, er unterschätzte jedenfalls meinen Glauben an meine Fähigkeiten. Ich nahm das Angebot ohne zu zögern an. Ich bestand schließlich mit dem geforderten »Gut«, die Probezeit wurde aufgehoben, und ich konnte in Ruhe weiterstudieren.

Es ist mir seither immer schwergefallen, mit freundlichen Gefühlen an Urey zu denken, obwohl er politisch gesehen sogar auf meiner Seite stand. (1940, als in unserer Fakultät die meisten mit Willkie-Buttons herumliefen, trug Urey ein Button mit der Aufschrift »Roosevelt-Labor's Choice«.)

Aber wie auch immer, ob er mich nun mochte oder nicht, er war auf jeden Fall ein phantastischer Wissenschaftler, und deshalb werden wir uns jetzt auf mit seinem Nobelpreis beschäftigen.

Die Geschichte beginnt im Jahre 1913, als der englische Chemiker Frederick Soddy (1877–1956) zum erstenmal zwingende Gründe dafür vorbrachte, daß die verschiedenen Atome eines bestimmten Elementes nicht notwendigerweise alle identisch sein müssen, sondern in zwei oder mehr Varianten existieren können, die er »Isotope« nannte.

Es war von Anfang an klar, daß die Isotope eines Elements sich nicht in ihren chemischen Eigenschaften voneinander unterscheiden. Soddys Arbeit bewies jedoch eindeutig, daß sie sich in ihrer Masse unterscheiden.

Zwei Jahre vor Soddys Offenbarung hatte der in Neuseeland geborene Physiker Ernest Rutherford (1871–1937), mit dem Soddy zusammengearbeitet hatte, das *Kernmodell* des Atoms vorgestellt, das sehr schnell von den Physikern übernommen wurde. Danach bestand das Atom aus einem winzigen massiven Kern, der von einer Anzahl von Elektronen umkreist wurde.

Die Anzahl und die Anordnung der Elektronen bestimmten die chemischen Eigenschaften. Es war also klar, daß die Isotope eines Elements die gleiche Elektronenzahl und die gleiche Elektronenanordnung haben mußten, da sonst ihre chemischen Eigenschaften nicht gleich wären. Das bedeutete, daß der bei den Isotopen zutage tretende Unterschied im Kern zu suchen war.

Im Jahr 1914 stellte Rutherford ein Atommodell vor, nach dem der leichteste Kern, nämlich der von Wasserstoff, aus einem einzigen Teilchen, das er »Proton« nannte, bestand, während kompliziertere Kerne aus einer Ansammlung von Protonen zusammengesetzt waren. Das einzelne Proton ist 1,836 mal so schwer wie das Elektron, hat aber eine elektrische Ladung von genau der gleichen Größe, wenn auch mit entgegengesetztem Vorzeichen. Die Ladung des Protons ist +1, die des Elektrons −1.

In einem gewöhnlichen Atom, das elektrisch neutral ist, muß die Anzahl der Protonen im Atomkern die Anzahl der Elektronen in der Atomhülle ausgleichen. Demzufolge muß das Uranatom, das 92 Elektronen in der Atomhülle hat, auch 92 Protonen im Atomkern haben.

Doch der Urankern hat eine Masse, die 238 mal größer ist als die Masse eines Protons. Als Erklärung für diese Anomalie nahmen die Physiker damals an – Elektronen und Protonen waren ja die einzigen ihnen bekannten Elementarteilchen – daß der Kern zusätzlich zu den Protonen auch noch Protonen/Elektronen-Paare enthalte. Ein Proton/Elektron-Paar hätte ungefähr die Masse eines Protons (da das Elektron mit seiner verschwindend kleinen Masse kaum ins Gewicht fiel). In Anbetracht der Tatsache, daß sich die elektrischen Ladungen von Protonen und Elektronen gegenseitig aufheben, hätte ein Proton/Elektron-Paar dann ja auch die elektrische Ladung Null.

Es könnte also sein, daß ein Urankern aus 92 Protonen plus 146 Proton/Elektron-Paaren zusammengesetzt ist. Die Gesamtmasse wäre dann das 238fache der Masse eines einzelnen Protons, das heißt, das »Atomgewicht« von Uran ist 238. Da der Urankern eine positive elektrische Ladung hat, die der Ladung von 92 Protonen entspricht, hat Uran die »Atomnummer« bzw. Ordnungszahl 92.

Das Konzept dieser Proton/Elektron-Paare innerhalb des Kerns hielt allerdings einer näheren Überprüfung nicht stand. Ein solches Paar bestünde ja aus zwei separaten Elementarteilchen, und der Kern müßte in Abhängigkeit von der Gesamtzahl der Teilchen bestimmte Eigenschaften aufweisen. Solche Eigenschaften waren jedoch nicht auszumachen, und deshalb mußten wohl anstelle der Proton/Elektron-Paare Einzelteilchen vorhanden sein, und zwar Einzelteilchen, die beide Eigenschaften der Proton/Elektron-Paare in sich vereinigen mußten, das heißt, ein derartiges Teilchen müßte ungefähr die Masse eines Protons haben und außerdem elektrisch neutral sein.

Doch so ein Teilchen, von dessen Existenz man in den 20er Jahren weitgehend überzeugt war, war schwer nachzuweisen, da es keine Ladung trug. Es wurde auch tatsächlich erst 1932 von dem englischen Physiker James Chadwick (1891–1974) entdeckt. Er nannte es »Neutron«, ein Begriff, der praktisch sofort an die Stelle des Proton/Elektron-Paares trat. So kann man also davon ausgehen, daß der Kern des Uran-Atoms aus 92 Protonen und 146 Neutronen besteht.

Um die Natur der Isotope zu erklären, arbeiteten die Physiker während der 20er Jahre noch mit dem Begriff der Proton/Elektron-Paare. Doch um den Leser nicht zu verwirren, will ich lieber nur von Neutronen sprechen, obwohl dieser Begriff für die Ereignisse vor 1932 ein Anachronismus ist.

Die Kerne aller Uran-Atome *müssen* 92 Protonen besitzen. Jede Abweichung von dieser Zahl würde bedeuten, daß die Zahl der Elektronen außerhalb des Kerns auch nicht 92 sein kann. Das aber hieße, daß sich die chemischen Eigenschaften des Atoms auch ändern würden, und damit wäre es nicht mehr Uran. Doch was würde passieren, wenn sich die Zahl der Neutronen ändern würde? Die Ladung des Kerns bliebe gleich und damit bliebe auch die Anzahl der Elektronen in der Hülle unverändert, das heißt Uran bliebe Uran. Die *Masse* des Kerns würde sich allerdings ändern.

So entdeckte der kanadisch-amerikanische Physiker Arthur Jeffrey Dempster (1886–1950) im Jahre 1935 Uran-Atome, die neben den 92 Protonen im Kern 143 (und *nicht* 146) Neutronen besaßen. Die Ordnungszahl 92 bleibt davon unberührt, aber die Atommassenzahl verringert sich auf 92 + 143 = 235. Damit haben wir zwei Atomarten: Uran-235 und Uran-238. Dies sind die beiden Isotope, die in der Natur vorkommen. Sie kommen dort zwar nicht zu gleichen Anteilen vor, aber nach der Isotopen-Theorie muß dies auch keineswegs der Fall sein. Tatsächlich kommen auf jedes natürlich vorkommende Atom von Uran-235 140 Atome von Uran-238.

Soddy entwickelte sein Isotopenkonzept auf der Grundlage einer eingehenden Studie über radioaktive Atome und ihre Art des Zerfalls. Dies war trotzdem eine Schwachstelle in seiner Theorie. Die Radioaktivität war 1896 entdeckt worden, und man nahm zunächst an, daß dieses Phänomen nur sehr schwere Atome beträfe, Atome, die spontan in etwas leichtere Atome zerfielen. Die radioaktiven Atome schienen sich von normalen Atomen erheblich zu unterscheiden, und der Gedanke lag nicht fern, daß es vielleicht *nur* bei solchen radioaktiven Elementen Isotope gab.

Uran (Ordnungszahl 92) und Thorium (Ordnungszahl 90) waren die beiden radioaktiven Elementen, die in der Natur in einem beachtlichen Ausmaß vorkamen, und ihr Zerfall endete schließlich mit der Bildung des stabilen Elements Blei (Ordnungszahl 82). Das Endprodukt der Uran-Zerfallsreihe war allerdings ein Blei, dessen Kern aus 82

Protonen und 124 Neutronen bestand (Blei-206), während Thorium zu einem Blei mit 82 Protonen und 126 Neutronen zerfiel (Blei-208).

Demzufolge mußte Blei mindestens aus diesen beiden Isotopen bestehen, und es mußte in natürlicher Form als Isotopengemisch mit unterschiedlicher prozentualer Verteilung vorkommen. Blei, das aus Toriumerz gewonnen wurde, mußte reich an Blei 108 sein und eine größere Atommasse haben als das Uranblei. 1914 bestimmte Soddy mit äußerster Akribie die Atommassen von Blei verschiedener Herkunft und wies tatsächlich einen Unterschied nach.

Die Tatsache, daß das stabile Element Blei aus Isotopen bestand, brachte die Wissenschaft in der Isotopenfrage an sich nicht wesentlich weiter, weil die Bleiisotope Endprodukte des Zerfalls radioaktiver Elemente sind. Was fehlte, war der Nachweis, daß es auch bei Elementen, die mit Radioaktivität überhaupt nichts zu tun hatten, Isotope gab.

Stabile Elemente (nicht Blei) zeigen nämlich keinen signifikanten Unterschied in bezug auf ihre Atommasse, wenn sie aus verschiedenen Quellen stammen oder nach unterschiedlichen Verfahren gereinigt werden. Das liegt entweder daran, daß all ihre Atome gleich sind, oder aber daran, daß die Atome immer das gleiche Isotopengemisch aufweisen.

Was wäre, wenn man die Isotope trennen könnte, vorausgesetzt natürlich, es gibt überhaupt Isotope, die sich trennen lassen? Normalerweise trennt man zwei verschiedene Substanzen, indem man ihr unterschiedliches chemisches Verhalten ausnutzt. Die Isotope eines Elements sind in bezug auf ihre chemischen Eigenschaften jedoch im wesentlichen identisch.

Zwei Isotope eines Elements unterscheiden sich allerdings durch ihre Masse voneinander. Angenommen man nimmt ein Gemisch von Kernen solcher Isotope und schickt sie mit hoher Geschwindigkeit durch elektromagnetische Felder (die Physiker hatten zu Soddys Zeiten bereits die Mittel für eine derartige Versuchsanordnung). Die Kerne würden aufgrund ihrer elektrischen Ladung mit dem Feld interagieren und eine gekrümmte Linie beschreiben. Bei den schwereren Kernen würde die Linie in Anbetracht der größeren Trägheit etwas flacher verlaufen. Wenn die Kerne anschließend auf eine photographische Platte träfen, würde das entwickelte Bild zwei Linien zeigen, da jede Isotopsorte ihren eigenen Weg nehmen würde.

Im Jahre 1912 bemerkte der englische Physiker Joseph John Thomson (1856–1940) in Zusammenhang mit fliegenden Kernen des Elements Neon eine solche Doppellinie mit geringem Abstand. Er konnte sich dieses Phänomen nicht erklären, doch als das Jahr darauf die Isotopen-Theorie veröffentlicht wurde, schien die Möglichkeit zu bestehen, daß er zwei Neon-Isotope mit seiner Entdeckung nachgewiesen hatte.

Francis William Aston (1877–1945), einer von Thomsons Assistenten, nahm sich der Sache genauer an. Er entwickelte ein Gerät, in dem ein elektromagnetisches Feld bewirkte, daß alle Kerne mit derselben Masse an ein und dieselbe Stelle auf einem photographischen Film auftrafen. Dieses Gerät wurde Massenspektrograph genannt. Aus der Position der sich ergebenden Markierungen ließ sich die Masse der Isotope errechnen, während die Intensität der Markierungen Aufschluß über die relativen Anteile der einzelnen Isotope gab.

1919 war Aston in der Lage, Neon-Kerne so zu trennen, daß er nachweisen konnte, daß dieses Element aus zwei Isotopen, nämlich Neon-20 und Neon-22, bestand. Darüber, hinaus fand er heraus, daß auf alle Neon-Atome bezogen ungefähr 9 von 10 dem Isotop Neon-20 und 1 von 10 dem Isotop Neon-22 zuzurechnen waren. Damit war die Frage geklärt, warum Neon eine Atommasse von 20,2 hatte. (Später, als der Massenspektrograph ausgereifter war, entdeckte man mit dem Neon 21 noch ein drittes Isotop. Heute wissen wir, daß von tausend Neon-Atomen 909 Atome Neon-20, 88 Atome Neon-22 und 3 Atome Neon-21 sind.)

Mit Hilfe seiner Massenspektrographie fand Aston heraus, daß es eine ganze Reihe von stabilen Elementen gab, die aus zwei oder mehr Isotopen bestanden, und bestätigte damit endgültig Soddys Isotopentheorie. Seither hat es keine neuen Erkenntnisse gegeben, die irgendwelche Zweifel daran aufkommen ließen.

Immer wenn die Atommasse eines Elements erheblich von einer ganzen Zahl abweicht, können wir sicher sein, daß dieses Element aus zwei oder mehr Isotopen besteht, aus deren Massen und relativen Mengen sich die durchschnittliche Atommasse ergibt.

Es gibt eine Reihe von Elementen, deren Atommasse beinahe exakt eine ganze Zahl ist. In einem solchen Fall ist es tatsächlich gut möglich, daß alle Atome dieses Elements die gleiche Masse haben. So besteht beispielsweise Fluor nur aus Fluor-19, Natrium nur aus Natrium-23, Aluminium nur aus Aluminium-27, Phosphor aus Phosphor-31, Kobalt aus Kobalt-59, Arsen aus Arsen-75, Iod aus Iod-127, Gold aus Gold-197, um nur einige zu nennen.

Wenn wir es mit einem Element mit nur einer einzigen Atomsorte zu tun haben – es gibt deren 19 – kann man schlecht von einem Isotop sprechen, da dieser Terminus ja darauf hindeutet, daß es zwei oder mehr Sorten eines Elements gibt. Aus diesem Grund schlug der amerikanische Chemiker Truman Paul Kohman (1916–) im Jahre 1947 vor, jede Atomsorte als »Nuklid« zu bezeichnen.

Dieser Terminus wird zwar häufig verwendet, doch ich habe so meine Zweifel, ob er jemals das Wort »Isotop« ganz verdrängen können wird, weil dieser Begriff sich einfach schon zu tief in unserem Sprachgebrauch eingenistet hat. Hinzu kommt, daß es den Physikern inzwischen auch noch gelungen ist, im Labor Isotope herzustellen, die nicht in der Natur vorkommen. Diese künstlichen Isotope sind ausnahmslos radioaktiv, weshalb sie auch Radioisotope genannt werden. Von jedem Element, das aus nur einem stabilen Nuklid besteht, kann man ohne Frage heute eine Reihe von Radioisotopen herstellen. Und wenn man nun die möglichen Radioisotope mitzählt, so gibt es tatsächlich kein Element, das nur aus einem einzigen Nuklid besteht, und deshalb ist der Begriff »Isotop« genau genommen immer richtig. Wir brauchen nur zu sagen, daß Fluor zum Beispiel nur ein stabiles Isotop besitzt, was gleichzeitig das Vorhandensein von Radioisotopen impliziert.

Es gibt aber auch Elemente mit einer Atommasse, die einer ganzen Zahl sehr nahe kommt und die trotzdem aus einer Reihe von stabilen Isotopen bestehen. In einem solchen Fall ist das Element überwiegend aus den Atomen einer dieser Sorten zusammengesetzt, während die anderen Isotope nur in verschwindend geringer Anzahl vorkommen und demzufolge für die Atommasse des Elements kaum von Bedeutung sind.

Ein überraschendes Beispiel für diese Tatsache lieferte 1929 eine Entdeckung des amerikanischen Chemikers William Francis Giauque (1895–1982), der mit Hilfe des Massenspektrographen nachwies, daß Sauerstoff aus drei Isotopen bestand, nämlich Sauerstoff-16, Sauerstoff-17 und Sauerstoff-18, und zwar alle in stabiler Form. Von diesen drei Komponenten war allerdings Sauerstoff-16 das Isotop, das am weitaus häufigsten vorkam. Auf 10 000 Sauerstoff-Atome kamen jeweils 9976 Sauerstoffatome mit der Atommasse 16, 20 mit der Atommasse 18 und 4 mit der Atommasse 17.

Für die Chemiker war das ein Schock, da sie sich seit hundert Jahren auf die Atommasse 16,000 bei Sauerstoff festgelegt hatten, und diese Zahl als relative Basis für die Messung aller anderen Atommassen gedient hatte. So kam es, daß man nach 1929 auf der Grundlage des Mischelements von einer »chemischen Atommasse« sprach, während der Physiker die Atommasse von Sauerstoff-16, also 16,0000, als Bezugsgröße für die »physikalische Atommasse« verwendeten. 1961 einigten sich die Chemiker und Physiker schließlich auf einen Kompromiß und führten die Masse eines Kohlenstoffatoms $C_{12} = 12,0000$ als Basis der Atommassenskala ein. Diese Größe entsprach ziemlich genau dem Wert auf der chemischen Atommassenskala.

Sauerstoff-16 hätte vielleicht weiterhin als Bezugsbasis dienen können, wenn man davon hätte ausgehen können, daß das Isotopengemisch jedes Elements auf alle Zeiten und unter allen Bedingungen immer genau gleich bleibt. Wenn die verschiedenen Isotope eines Elements *genau* die gleichen chemischen Eigenschaften hätten, wäre auch das Gemisch stets identisch. Doch das ist nicht der Fall. Die chemischen Eigenschaften sind zwar weitgehend die gleichen, doch es gibt eben winzige Unterschiede. Die schwereren Isotope verhalten sich bei physikalischen oder chemischen Vorgängen immer ein wenig träger als die leichteren. Es kann also ab und an vorkommen, daß sich die Mischelemente geringfügig voneinander unterscheiden.

1913 führte der amerikanische Chemiker Arthur Becket Lamb (1880–1952) folgende Versuche durch: Er nahm verschiedene Wasserproben unterschiedlicher Herkunft und unterzog sie jeweils einem extremen Reinigungsprozeß, bis er sicher war, daß alle Proben nur noch Wassermoleküle mit einer vernachlässigbar geringen Menge an Verunreinigungen enthielten. Lamb bestimmte anschließend die Dichte jeder Probe mit der für die damalige Zeit höchstmöglichen Genauigkeit.

Wenn alle Wassermoleküle absolut identisch wären, hätten die Dichten innerhalb der Meßgrenzen gleich sein müssen. Sie wichen jedoch um das Vierfache dieser Toleranzen voneinander ab. Sicher, diese Abweichung machte weniger als ein Millionstel des Durchschnittswertes aus, aber sie war immerhin real vorhanden, und das bedeutete, daß eben *nicht* alle Wassermoleküle identisch waren. Als man dann im darauffolgenden Jahr den Isotopenbegriff einführte, war klar, daß entweder der Sauerstoff oder der Wasserstoff oder beide Elemente aus einem Isotopengemisch bestehen mußten.

Die Wassermoleküle bestehen aus zwei Wasserstoffatomen und einem Sauerstoffatom (H_2O). Wenn alle Wassermoleküle ein Sauerstoff-18-Atom enthielten, hätte dieses Wasser eine Dichte, die um nahezu 12 % höher wäre als die Dichte von gewöhnlichem Sauerstoff-16-Wasser. Die Chance, Wasser zu haben, das nur Sauerstoffatome mit der Atommasse 18 enthält, ist zwar im Grunde genommen gleich Null, aber je nach Herkunft und angewandtem Reinigungsverfahren des Wassers sind in Übereinstimmung mit Lambs Ergebnissen doch geringe Abweichungen möglich.

Die Tatsache, daß ein schweres Isotop langsamer reagiert als ein Isotop mit einer geringeren Masse, gibt einem die Möglichkeit, Isotope voneinander zu trennen. Schon 1913 hatte Aston Neongas durch eine durchlässige Trennwand geleitet, um es zu perkolieren. Er glaubte nämlich, daß die leichteren Isotope – so es welche gab – die Wand schneller durchdringen würden, so daß das Gas, das zuerst durchkam, einen höheren Anteil an leichteren Isotopen als das normale Mischelement haben müßte, während das hinter der Wand verbliebene im Vergleich zum normalen Gasgemisch einen höheren Anteil an schwereren Isotopen aufweisen müßte. Er wiederholte diesen Vorgang immer wieder, bis er schließlich tatsächlich ein Neongas erhielt, das so arm an schweren Isotopen war, daß seine Atommasse nur noch 20,15 anstelle der üblichen 20,2 betrug. Gleichzeitig erhielt er ein Neongas mit einer Atommasse von 20,28, das Gas nämlich, das mit den schwereren Isotopen angereichert war.

(Neben diesem Verfahren wurden auch noch andere Verfahren dazu verwendetn, den prozentualen Anteil eines bestimmten Isotops in einem Element zu erhöhen. Das spektakulärste Beispiel dafür war die Anreicherung des normalen Urans mit Uran-235-Atomen bei der Entwicklung der Atombombe.)

Man stellte sich nun auch die Frage nach der möglichen Existenz von Wasserstoffisotopen. Die Atommasse von Wasserstoff liegt knapp unter 1,008 und kommt damit einer ganzen Zahl sehr nahe. Das könnte bedeuten, daß Wasserstoff nur aus einem einzigen Isotop, nämlich Wasserstoff-1 besteht (ein Kern mit einem Proton und sonst nichts weiter). Enthielte er ein schwereres Isotop, so müßte das zumindest Wasserstoff-2 sein (ein Kern mit einem Proton und einem

Neutron); er könnte nur in allerkleinsten Mengen vorkommen.

Diese Mengen an Wasserstoff-2 wären so minimal, daß ein Nachweis nicht wahrscheinlich war, solange man den Wasserstoff nicht mit diesem schwereren Isotop anreicherte. Der deutsche Physiker Otto Stern (1888–1969) versuchte schon im Jahre 1919 Astons Diffusionstrennverfahren bei Wasserstoff anzuwenden, jedoch mit negativem Ergebnis. Er schloß daraus, daß Wasserstoff ausschließlich aus Wasserstoff-1 bestand. Der erfolglose Vorstoß lag in Mängeln der Versuchsmethode begründet, was man damals jedoch nicht erkannte. Die Folge war, daß mit diesem Bericht zunächst einmal weitere Vorstöße in dieser Richtung abgeblockt wurden.

Auch der Massenspektrograph half in dieser Frage nicht weiter. Es gab zwar Markierungen, die als Hinweis auf die Existenz von Wasserstoff-2-Isotopen hätten interpretiert werden können, aber sie hätten ebenso von Wasserstoffmolekülen aus zwei Wasserstoff-1-Atomen (H_2) stammen können.

Als 1929 jedoch erst einmal die Sauerstoff-Isotope entdeckt waren, ergab sich die Möglichkeit, die Atommasse von Wasserstoff genauer zu bestimmen. Danach hatte es den Anschein, als sei die Atommasse von Wasserstoff doch ein bißchen zu hoch für ein Element, das nur aus Wasserstoff-1 bestand. 1931 kamen die beiden amerikanischen Physiker Raymond Thayer Birge und Donals Howard Menzel (1901–1976) darauf, daß eine Verteilung von 1 Wasserstoff-2-Atom auf 4500 Wasserstoff-1-Atome ausreichen würde, um die leicht erhöhte Atommasse zu erklären.

Diese Hypothese inspirierte ganz offensichtlich mein

späteres »Beinahe-Schicksal« Urey dazu, auf diesem Gebiet einzusteigen. Zuerst versuchte er, Spuren von Wasserstoff-2 in Wasserstoff nachzuweisen.

Er ging von der theoretischen Überlegung aus, daß Wasserstoff-2 und Wasserstoff-1 bei Erhitzung eine Strahlung mit leicht unterschiedlicher Wellenlänge abgeben würden.

Solche Spektralunterschiede gab es zwar bei allen Isotopen, doch im allgemeinen waren diese Unterschiede so gering, daß sie nur sehr schwer auszumachen waren. Die Unterschiede zwischen den Isotopen werden allerdings nicht mit zunehmendem Massenunterschied deutlicher, sondern hängen allein von dem prozentualen Größenverhältnis der Massen ab. So ist Uran-238 beispielsweise um 3 Masseneinheiten, dabei aber nur um 1,28 Prozent schwerer als Uran-235.

Je kleiner nun aber die Gesamtatommasse wird, desto schneller steigt dieser Prozentsatz an. So ist Sauerstoff-18 um 12,5 % schwerer als Sauerstoff-16, obwohl der Unterschied zwischen beiden Isotopen nur 2 Masseneinheiten beträgt. Was nun Wasserstoff-2 betrifft, so ist er bei nur einer Masseneinheit Differenz sogar um ganze 100 Prozent schwerer als Wasserstoff-1.

Demgemäß müßten die unterschiedlichen Spektrallinien bei den beiden Wasserstoffisotopen weitaus ausgeprägter sein als bei zwei Isotopen irgendeines anderen Elements. Diese Überlegung brachte Urey auf den Gedanken, daß es leichter sein müßte, die beiden Wasserstoffisotope anhand ihres unterschiedlichen Spektrums als anhand ihrer unterschiedlichen Massen – dem Prinzip, nach dem der Massenspektrograph arbeitet – nachzuweisen.

Er berechnete die Wellenlänge der für den Wasserstoff-2 zu erwartenden Spektrallinien und untersuchte dann das

Licht des erhitzten Wasserstoffs mit einem sehr großen Spektralgitter. Und tatsächlich fand er auch genau an der vorausberechneten Stelle schwache Linien.

Urey hätte damit nun eigentlich sofort an die Öffentlichkeit treten können, um die Lorbeeren für die Entdeckung von Wasserstoff-2 einzuheimsen, doch als methodischer und seriöser Wissenschaftler bezog er in seine Überlegungen auch die Möglichkeit ein, daß diese sehr schwachen Spektrallinien auch auf Unreinheiten im Wasserstoff oder auf irgendwelche Mängel seines Geräts zurückzuführen sein könnten.

Die Spektrallinien waren aber nur deshalb so schwach, weil in gewöhnlichem Wasserstoff nur wenig Wasserstoff-2 vorhanden ist. Er mußte also auf irgendeine Weise den Anteil von Wasserstoff-2 erhöhen und dann nachprüfen, ob die vermutlichen H-2-Linien in dem Spektrum stärker wurden.

Er versuchte es erst gar nicht mit dem Diffusionstrennverfahren, mit dem ja schon Stern gescheitert war. Statt dessen kam ihm folgende Idee: Wenn er Wasserstoff verflüssigte und ihn dann langsam verdampfen ließe, müßten die Wasserstoff-1-Atome aufgrund ihrer geringeren Masse schneller verdampfen als die Wasserstoff-2-Atome. Wenn er also von einem Liter verflüssigtem Wasserstoff 99 % verdampfen ließe, müßte der verbliebene Milliliter beträchtlich reicher an Wasserstoff-2-Atomen sein als der ursprüngliche Wasserstoff.

Genau das tat Urey dann auch, und zwar mit Erfolg. Er verdampfte die Restmenge des Wasserstoffs, erhitzte sie und überprüfte das Spektrum: Die mutmaßlichen Wasserstoff-2-Linien hatten sich in ihrer Intensität mehr als versechsfacht. Damit sah Urey seine diesbezüglichen Vorausberechnungen vollauf bestätigt, und so legte er sich darauf fest, daß auf 4500 Wasserstoff-1-Atome jeweils 1 Wasserstoff-2-Atom komme, so wie Birge und Menzel es vorausgesagt hatten. Später stellte sich allerdings heraus, daß dies immer noch zu hoch gegriffen war. Tatsächlich kommt ein Wasserstoff-2-Atom nur auf jeweils 6500 Wasserstoff-1-Atome.

Urey stellte seine Forschungsergebnisse in einem 10-minütigen Vortrag bei einer Tagung der American Physical Society Ende Dezember 1931 erstmals vor. Formal wurde seine Entdeckung 1932 schriftlich veröffentlicht.

Die Entdeckung von Wasserstoff-2 erwies sich als ungeheuer bedeutend. Aufgrund der großen prozentualen Massendifferenz von Wasserstoff-1 und Wasserstoff-2 ließen sich diese beiden Isotope weitaus leichter trennen als irgendwelche Isotope anderer Elemente. Sehr bald schon konnte man völlig reinen Wasserstoff-2 (»schweren Wasserstoff«) darstellen, so wie man auch Wasser aus Molekülen mit Wasserstoff-2-Atomen anstelle der Wasserstoff-1-Atome (»schweres Wasser«) herstellen konnte.

Angesichts der praktischen Bedeutung von schwerem Wasserstoff und schwerem Wasser erschien es sinnvoll, diesem Isotop einen eigenen Namen zu geben. In Anlehnung an das griechische Wort für »das zweite« schlug Urey »Deuterium« als Namen vor. Denn wenn man alle Isotope entsprechend ihrer Massenzahl in aufsteigender Ordnung aufreihte, stände Wasserstoff-1 als leichtest mögliches Isotop an erster und Wasserstoff-2 als zweitleichtestes an zweiter Stelle.

Spätestens 1934 war jedermann klar, daß der Eifer, mit dem sich Chemiker und Physiker auf die Arbeit mit Wasserstoff-2 stürzten, die Wissenschaft ein ganzes Stück voranbringen würde. (So war es auch, wie ich im nächsten Kapitel erläutern werde.) Dementsprechend war es dann auch absolut keine Überraschung, als Urey 1934 der Nobelpreis für Chemie verliehen wurde.

Urey ruhte sich jedoch keineswegs auf seinen Lorbeeren aus. Die Erforschung der Ursprünge des Lebens und die planetarische Chemie waren nur zwei der Gebiete, auf denen er auch weiterhin bedeutende Arbeit leistete. Er mag mich vielleicht nicht gemocht haben und ich mag ihn vielleicht auch nicht gemocht haben, aber er war auf jeden Fall ein großer Wissenschaftler.

2. Wenn Moleküle markiert werden ...

Vor einigen Wochen rief mich eine junge Frau an und fragte mich, wie sie an den ersten Band meiner Autobiographie *(In Memory Yet Green)* kommen könne.

Ich schlug ihr vor, sich doch an eine Bücherei zu wenden. Aber das hatte sie tatsächlich schon getan, nur daß der Bibliothekar es langsam leid war, ihr das Buch immer wieder zu verlängern. Und nun sei sie drauf und dran, das Exemplar zu stehlen, was sie andererseits aber nicht mit ihrem Gewissen vereinbaren könne – ob ich denn nicht irgendwie Rat wüßte.

Ihr nun vorzuschlagen, die Antiquariate abzuklappern, erschien mir ziemlich sinnlos, weil nur ein Schwachkopf je auf die Idee kommen würde, ein Buch von mir, das erst einmal in seinem Besitz war, wieder zu veräußern und es eben nur recht wenige Schwachköpfe gibt, die schlau genug sind, eines meiner Bücher überhaupt erst einmal zu kaufen.

Und so fragte ich sie, warum sie das Buch denn auf Dauer haben wolle, nachdem sie die Büchereiausgabe doch wohl gelesen habe.

Darauf erklärte sie mir mehr oder weniger wörtlich folgendes:

»Ich bin Psychologin und habe häufig mit Jugendlichen zu tun, die mit ihrem Leben nicht zurecht kommen. Ich möchte deshalb eine Biographie Ihrer Jugend für jüngere Highschool-Studenten anfertigen, so daß ich den Jungen, die zu mir kommen, das Buch dann empfehlen kann.«

»Du lieber Gott, Sie haben mir doch gerade erzählt, daß diese Burschen Schwierigkeiten haben. Was kann Ihnen denn daran gelegen sein, die Dinge für sie noch schlimmer zu machen, indem Sie sie meinen Lebensweg lesen lassen?« fragte ich zurück.

»Das würde es für sie nicht schlimmer machen. Es würde ihnen helfen. Sehen Sie, diese Jungen kommen zu mir mit Pickeln im Gesicht. Sie sind unsportlich, sie sind gehemmt. Ständig werden sie herumgeschubst. Sie kauen Fingernägel und haben Angst vor Mädchen. Sie können nicht tanzen, sie können nicht Fahrrad fahren, und in Gesellschaft sind sie nervös. Der einzige Ort, wo sie sich wirklich wohlfühlen, ist zu Hause hinter ihren Büchern.«

»Aha, sie sind also wenigstens in der Schule gut, oder?«

»Ja, allerdings«, stimmte sie zu, »aber das bringt ihnen nichts, im Gegenteil, man verachtet sie deshalb.«

»Ihnen fehlt also ein gesundes Maß an typisch amerikanischer Beschränktheit.«

»Wenn Sie so wollen, ja.«

»Na gut, und was tun Sie nun für sie?«

»Ich erzähle ihnen von Ihnen.«

»Von mir?«

»Ja, ich erkläre ihnen, daß Sie genauso waren, als Sie jung waren*, und heute? Heute sind Sie reich, berühmt und erfolgreich. Wenn ich also von Ihnen eine Biographie speziell für die Zielgruppe heranwachsender Jungen schreiben könnte, würde ihnen das eine Menge bringen. Sie könnten neue Hoffnung schöpfen und hätten eine Perspektive, ein Ziel. Sie sehen, Dr. Asimov, *Ihr Leben hat Modellcharakter für Neurotiker.*«

Daraufhin verschlug es mir erst einmal die Sprache. Aber was sollte ich machen? Da gab es eben nun mal alle diese halbwüchsigen Jungen, für die ihr Mangel an Beschränktheit und ihr verquerer Bildungshunger ein echtes Handicap waren. War ich vielleicht jemand, der solche Leute im Stich ließ?

»Also gut, kommen Sie, und holen Sie sich ein Exemplar bei mir ab.«

Sie kam dann auch und bekam ihr Buch, sogar handsigniert.

Aber wenn diese Jugendlichen meine Autobiographie nun lesen, dann stürzen sie sich hinterher womöglich unverzüglich auf meine Schriften, um ihren unbändigen Wissensdurst direkt an der »neurotischen Quelle« zu stillen.

Unter diesen Umständen mache ich mich wohl besser wieder ganz schnell an die Arbeit und bediene sie mit einem weiteren Essay.

Ich will dort anknüpfen, wo ich im letzten Kapitel aufgehört habe, in dem es um Wasserstoff-2 ging, der auch als »Deuterium« oder »schwerer Wasserstoff« bekannt ist.

---

* Stimmt nicht, lieber Leser. Ich war nicht gehemmt und auch keineswegs in Gesellschaft nervös. Vor allem hatte ich *niemals* vor Mädchen Angst.

Doch ich werde mich – wie ich das so oft mache – dem Thema über einen kleinen Umweg nähern ...

Wir alle wissen, daß die Stoffe sich beim Durchgang durch unseren Körper verändern. Diesen »Stoffwechsel« nennt man auch »Metabolismus«, ein Begriff, der aus dem Griechischen kommt und in etwa so viel bedeutet wie »nach dem Durchgang«. Die Luft, die wir einatmen, ist arm an Kohlendioxid und reich an Sauerstoff; die Luft, die wir ausatmen, ist dagegen beträchtlich reicher an Kohlendioxid und dafür ärmer an Sauerstoff. Wir nehmen Nahrung und Getränke zu uns und scheiden Fäkalien und Urin aus, während ein Teil der Nahrung vom Körper absorbiert wird und – während des Wachstums – in Knochen, Muskeln und anderes Gewebe bzw. – wenn das Wachstum abgeschlossen ist – oftmals in Fett umgesetzt wird.

Alles, was wir jedoch mit bloßem Auge erkennen können, sind die Ausgangsstoffe und die Endstoffe, und das sagt uns in der Tat nicht sehr viel, wenn wir nicht wissen, was sich dazwischen abspielt. Wenn man nur den Anfang und das Ende sieht, kommt es dann zu solchen Überlegungen, wie sie die dänische Schriftstellerin Isak Dinesen (der hinsichtlich ihres Geschlechtes irreführende Vorname war ein Pseudonym) zu Papier brachte:

Was ist der Mensch, wenn man genauer über ihn nachdenkt, anderes als eine exakt justierte, geniale Maschine für die überaus kunstvolle Verwandlung von Rotwein aus Shiraz in Urin?

(Diese Zeilen stammen aus ihren *Seven Gothic Tales* von 1934. Shiraz ist im übrigen eine iranische Stadt, die zu Zeiten der großen persischen Dichter des Mittelalters vermutlich wegen ihres Weins berühmt war.)

Als man sich mit dem Beginn des 19. Jahrhunderts dann

immer mehr der organischen Chemie zuwandte, wurde es natürlich möglich, die Nahrung und die Ausscheidungen zu analysieren; das heißt, man konnte stickstoffhaltige Aminosäuren einer bestimmten Molekularstruktur in der Nahrung, stickstoffhaltige Harnsäure im Urin und stickstoffhaltiges Indol und Skatol in den Fäkalien nachweisen. All das sagt uns etwas über den Stickstoff-Stoffwechsel, aber wiederum hauptsächlich über den Anfangs- und den Endzustand. Wir wissen damit immer noch nichts über das weite Feld dazwischen.

1905 gelang dann allerdings dank der Arbeit des englischen Biochemikers Arthur Harden (1865–1940) der Durchbruch. Zusammen mit seinem Assistenten William John Young untersuchte er, wie die Fermente in der Hefe die einfache Glucose aufspalteten.

Glucose wird in Kohlendioxid und Wasser umgewandelt, aber das Ferment, das diesen Prozeß bewirkt, wird nur in Verbindung mit etwas anorganischem Phosphat (eine Atomgruppe aus einem Phosphoratom und drei Sauerstoffatomen) aktiv. Harden schloß daraus, daß das Phosphoratom irgend etwas mit der Aufspaltung zu tun haben müsse. Er analysierte sorgfältig das Gemisch, in dem die Glucose umgewandelt wurde, und entdeckte eine winzige Menge von etwas, was er als ein Zuckermolekül mit zwei daranhängenden Phosphatgruppen identifizierte.

Dieses Molekül wird manchmal auch nach seinen Entdeckern »Harden-Young-Ester« genannt, korrekter ist jedoch die Bezeichnung »Fruktose-Diphosphat«. Dieses Fructose-Diphosphat ist also ganz offensichtlich bei der Umwandlung von Glucose eine Zwischenverbindung. Es war das erste Stoffwechselzwischenprodukt, das isoliert werden konnte, und so wurde Harden zum Begründer eines

Chemiezweiges, der sich mit der Erforschung des »intermediären Stoffwechsels« befaßte. Dafür und für weitere Arbeiten wurde Harden zusammen mit einem anderen Wissenschaftler 1929 mit dem Nobelpreis in Chemie ausgezeichnet.

Den Fußstapfen Hardens folgend gelang es anderen Biochemikern, noch weitere Zwischenstufen des Stoffwechsels zu lokalisieren, und im Laufe der darauffolgenden Generation war man auf diesem Gebiet bereits so weit vorgedrungen, daß man den Stoffwechsel verschiedener wichtiger Gewebebestandteile in seinen Zusammenhängen kannte.

Diese Erkenntnisse waren zwar wertvoll, aber nicht ausreichend. Die Zwischenverbindungen waren sozusagen stationäre Wegweiser auf dem Weg des Stoffwechsels. Sie waren immer nur in ganz kleinen Mengen vorhanden und veränderten sich auf dem Weg zur nächsten Zwischenstufe fast genauso schnell, wie sie entstanden waren. Dabei bestand immer die Möglichkeit, daß es noch weitere Zwischenstufen in so geringen Konzentrationen gab, daß man sie nicht nachweisen konnte. Außerdem schien es keinen Weg zu geben, die Reaktionen, die sich beim Übergang von einer Zwischenstufe zur nächsten abspielten, genauer zu definieren.

Es war in etwa so, als beobachte man große Vogelschwärme aus so großer Entfernung, daß die einzelnen Vögel nicht zu erkennen sind. Man kann dann zwar sagen, wie sich der Schwarm als Ganzes bewegt und seine Position ändert, aber man kann keinerlei Angaben darüber machen, welches Hin und Her sich im Innern des Schwarmes abspielt.

Das Ganze wäre einfacher, wenn einige Vögel ein Farbmuster hätten, das sie von den anderen unterschiede, so daß man sich auf diese Farbkleckse konzentrieren könnte. Man könnte aber auch einige Vögel einfangen und sie mit einem kleinen Sender am Bein dann wieder in die Freiheit entlassen. Wenn man nun die Positionen ortet, von wo aus die Funksignale ausgesendet werden, könnte man genau verfolgen, welche Bewegungen sich innerhalb des Schwarms abspielen.

Bei der Erforschung der Stoffwechselvorgänge haben wir es ebenfalls mit solchen Schwärmen zu tun, nämlich mit Schwärmen von – sagen wir zum Beispiel – Glucosemolekülen, und zwar Riesenschwärmen. Selbst ein Zehntel Milligramm Glucose – ein Stäubchen, das mit bloßem Auge kaum erkennbar ist – besteht schon aus nahezu einer Trilliarde Molekülen. All diese Moleküle sind – so glaubte man zumindest im 19. Jahrhundert – absolut identisch. Es schien, als gäbe es keinerlei natürliche Unterscheidungsmerkmale zwischen ihnen, und die Chemiker kannten auch noch kein Verfahren für eine künstliche Unterscheidung der Moleküle.

1904 fand der deutsche Chemiker Franz Knoop (1875–1946) allerdings einen Weg. Er beschäftigte sich damals gerade mit Fettsäuren, von denen eine ganze Reihe aus dem in verschiedenen Geweben gespeicherten Fett gewonnen werden konnten. Jede Fettsäure bestand aus einer langen geraden Kette von Kohlenstoffatomen, an deren einem Ende eine saure »Carboxylgruppe«, bestehend aus einem Kohlenstoff-, einem Wasserstoff- und zwei Sauerstoffatomen (COOH), hing.

Eine Besonderheit bei den in natürlichen Fetten vorkommenden Fettsäuren besteht darin, daß die Gesamtzahl der Kohlenstoffatome – das Kohlenstoffatom der Carboxylgruppe mitgerechnet – stets eine gerade Zahl ist, und zwar sind es bei den meisten Fettsäuren 16 oder 18 Kohlenstoffatome. Aber es können auch mehr oder weniger sein.

Knoop kam nun auf den Gedanken, einen Benzolring an die Fettsäurekette zu hängen, und zwar am gegenüberliegenden Ende der Carboxylgruppe. Der Benzolring besteht aus sechs ringförmig angeordneten Kohlenstoffatomen, wobei an jedem Kohlenstoffatom ein Wasserstoffatom hängt. Es handelt sich dabei um eine sehr stabile Atomgruppe, die im Körper sehr wahrscheinlich nicht zerstört wird. Knoops Idee war, daß diese Fettsäure mit dem Benzolring so ziemlich genau die gleiche Reaktionskette durchlaufen würde wie die Originalfettsäure und daß der Endstoff diesen Benzolring eigentlich noch haben müßte, so daß man ihn auch identifizieren könnte. Mit anderen Worten, die Fettsäure besäße eine unveränderliche Markierung, mit deren Hilfe sich der Endstoff identifizieren ließe.

Damit wurde zum allerersten Mal eine markierte Verbindung, ein sog. Tracer, dafür benutzt, um einen biochemischen Vorgang zu durchleuchten.

Knoop entdeckte folgendes: Wenn er dem Futter markierte Fettsäuren hinzufügte, tauchte der Benzolring am Ende im Fett des Tieres wieder auf, und zwar an einer 2-Kohlenstoff-Kette, wobei der äußere Kohlenstoff Teil einer Carboxylgruppe war. Diese Verbindung heißt »Phenylessigsäure«. Egal wie lang Knoop die markierte Fettsäuren-Kohlenstoffkette auch wählte, er erhielt stets diese Phenylessigsäure.

Knoop ging dann noch einen Schritt weiter, indem er eine Fettsäure mit einer ungeraden Anzahl von Kohlenstoffatomen in der Kette verwendete. Solche Fettsäuren findet man zwar nicht in lebenden Organismen, das heißt, es sind keine natürlichen Fettsäuren, aber man kann sie im Labor synthetisch herstellen. Sie haben fast die gleichen Eigenschaften wie die Fettsäuren mit einer geraden Anzahl von Kohlenstoffatomen, und für Knoop gab es eigentlich keinen ersichtlichen Grund, warum sie nicht in lebendem Gewebe vorkommen sollten.

Knoop markierte die ungeradzahligen Fettsäuren mit dem Benzolring und fütterte Tiere damit. Sie schienen durch diese ungeradzahlige Kohlenstoffkette keinerlei Schaden zu nehmen, und als Knoop dann das Fett untersuchte, stellte er fest, daß der Benzolring zum Schluß an einer Atomgruppe mit nur *einem* Kohlenstoffatom hing, das seinerseits Teil einer Carboxylgruppe war. Diese Verbindung heißt »Benzoesäure«, und Knoop fand heraus, daß sie unabhängig von der anfänglichen Länge der verwendeten ungeradzahligen Kohlenstoffkette entsteht.

Knoop interpretierte seine Versuchsergebnisse folgendermaßen: Jede Fettsäure wurde durch die Abspaltung einer 2-Kohlenstoffgruppe am Carboxylende reduziert, wobei das abgeschnittene Ende durch die Umwandlung zu einer Carboxylgruppe »geheilt« wurde. Anschließend wurde sie um eine weitere 2-Kohlenstoffgruppe reduziert und so fort, bis aus einer 18-Kohlenstoff-Fettsäure über eine 16-, 14- usw. Kohlenstoff-Fettsäure eine 2-Kohlenstoffgruppe entstand. Diese Fettsäure ließ sich dann nicht weiter reduzieren, da sie direkt am Benzolring hing und dem Körper die Fähigkeit fehlte, sie von dem Ring abzuspalten.

Wenn nun eine Fettsäure immer um zwei Kohlenstoffe auf einmal reduziert wird, dann ist auch zu vermuten, daß der umgekehrte Prozeß nach dem gleichen Prinzip abläuft: Wenn man mit einer 2-Kohlenstoff-Fettsäure (Essigsäure), die als körpereigen bekannt ist, beginnt und immer jeweils zwei Kohlenstoffe auf einmal hinzufügt, dann entstehen

Fettsäuren mit vier, sechs, acht usw. Kohlenstoffen. Das wäre auch eine Erklärung dafür, warum in Geweben immer nur Fettsäuren mit geradzahligen Kohlenstoffketten gebildet werden.

(Natürlich arbeitete Knoop immer noch ausschließlich mit Anfangs- und Endstufen. Mit Sicherheit hatte er noch keine Zwischenstufen isoliert. Das war Harden im darauffolgenden Jahr vorbehalten.)

Knoop hatte mit seiner exzellenten Idee ein erfolgreiches Experiment durchgeführt. Doch so sinnvoll es auch war, es hatte zwei Pferdefüße. Die Benzolmarkierung funktionierte zum einen bei keiner der anderen wichtigen Verbindungen, und man fand auch keine anderen Markierungen dieser Art. Und zum zweiten war der Benzolring unnatürlich und verfälschte womöglich den normalen Stoffwechselprozeß, so daß man keine exakten Ergebnisse erwarten durfte. Man brauchte etwas Besonderes, etwas, was zwar gleichwohl eine Markierung darstellte, dabei aber völlig natürlich war und den normalen Stoffwechsel in keiner Weise beeinträchtigte.

Dann wurden im Jahre 1913 die Isotope entdeckt, wie ich bereits in Kapitel 1 erwähnt habe. Das bedeutete, daß Moleküle untereinander hinsichtlich ihrer Isotopenzusammensetzung verschieden sind. Das Glucosemolekül besteht beispielsweise aus 6 Kohlenstoffatomen, 12 Wasserstoffatomen und 6 Sauerstoffatomen. Dabei kann es sich bei jedem Kohlenstoffatom entweder um Kohlenstoff-12 oder Kohlenstoff-13 handeln, bei den Wasserstoffatomen kommt Wasserstoff-1 oder Wasserstoff-2 in Frage, und bei den Sauerstoffatomen stehen die Isotope Sauerstoff-16, Sauerstoff-17 und Sauerstoff-18 zur Auswahl.

Damit gibt es für das Glucosemolekül nicht weniger als

25 Billionen Möglichkeiten der Isotopenzusammensetzung, und all diese verschiedenen Arten des Glucosemoleküls könnten in einer ausreichend großen Menge Glucose theoretisch auch vorkommen.

Diese unterschiedlichen Molekülsorten sind allerdings zahlenmäßig nicht gleichmäßig verteilt, da die Isotope selbst ja auch nicht in gleicher Verteilung vorkommen. Beim Wasserstoff sind 99,985 Prozent der Atome dem Wasserstoff-1 zuzurechnen; beim Kohlenstoff sind 98,89 Prozent Kohlenstoff-12-Atome und beim Sauerstoff 99,759 Prozent Sauerstoff-16-Atome.

Auf die Glucose übertragen bedeutet das, daß 92 Prozent ihrer Moleküle nur aus den vorherrschenden Isotopen aufgebaut sind, nämlich Kohlenstoff-12, Wasserstoff-1 und Sauerstoff-16. Lediglich in den verbleibenden 8 Prozent kann man tatsächlich irgendwelche der vergleichsweise seltenen schwereren Isotope finden.

Die seltenste Isotopenvariante der Glucose bestünde ausschließlich aus Kohlenstoff-13, Wasserstoff-2 und Sauerstoff-12 (letzteres das am seltensten auftretende Sauerstoffisotop). Diese Glucosemolekülsorte kommt in der Natur nur einmal unter 10^{78} Molekülen auf, das heißt, wenn das gesamte Universum aus nichts anderem als aus Glucose bestände, wären die Chancen, auch nur ein einziges Molekül dieser außerordentlich seltenen Art zu finden, nur etwa eins zu tausend.

Die immense isotope Vielfalt der Moleküle brachte jedoch keine Verbesserung der Situation. Die isotopen Glucosesorten bilden ein Gemisch mit einer stets gleichbleibenden prozentualen Verteilung. Gut, es gäbe auf der Basis von Stichproben sicherlich auch verschiedene Glucoseproben, bei denen die Konzentration der verschiedenen isotopen

Molekülarten leicht nach oben oder unten abweichen würden. Solche Abweichungen sind aber verglichen mit der immensen Anzahl der vorhandenen Moleküle so gering, daß man sie vernachlässigen kann.

Aber angenommen, man macht sich die Trägheit der schwereren Isotope zunutze und läßt beispielsweise Kohlendioxid durch eine permeable Wand diffundieren. Dann würden alle Moleküle mit den schwereren Kohlenstoff-13-Atomen oder Sauerstoff-18-Atomen zurückbleiben. Durch ständige Wiederholung dieses Vorgangs erhielte man am Ende Kohlendioxid, das stark mit Kohlenstoff-13 (und – zu einem geringeren Maße – auch mit Sauerstoff-18) angereichert wäre. In der gleichen Weise kann man durch Kochen oder Elektrolyse von Wasser Wasserstoff mit einem hohen Prozentsatz von Wasserstoff-2 gewinnen, während die Behandlung von Ammoniak in dieser Form Stickstoff mit einer hohen Konzentration an dem seltenen Isotop Stickstoff-15 liefert. (Das häufigste Stickstoffisotop ist Stickstoff-14.)

Von diesen vier Elementen, die für den Biochemiker bei weitem die wichtigsten sind, ist Stickstoff-15 um 7,1 Prozent schwerer als Stickstoff-14, Kohlenstoff-13 um 8,3 Prozent schwerer als Kohlenstoff-12 und Sauerstoff-18 um 12,5 Prozent schwerer als Sauerstoff-16. Und nun vergleichen Sie diese Werte mit Wasserstoff-2, der um 100 Prozent schwerer als Wasserstoff-1 ist.

Diese Tatsache machte man sich nach der Entdeckung von Wasserstoff-2 dann auch sehr bald bei der Erforschung der Stoffwechselvorgänge zunutze. Es war das erste Isotop, das für diese Zwecke brauchbar war. Als man dann später über bessere Trennverfahren verfügte, kamen allerdings auch noch andere verhältnismäßig seltene Isotope hinzu.

1933 emigrierte der deutsche Biochemiker Rudolf Schoenheimer (1898–1941) in die Vereinigten Staaten. (Er war Jude und sah für sich nach der Machtübernahme Hitlers in Deutschland keine Perspektive mehr.) In den Vereinigten Staaten bekam er eine Stelle an der Columbia Universität, wo sich ihm die Gelegenheit zu einer engen Zusammenarbeit mit Urey bot, so daß er problemlos an Wasserstoff-2 kam.

Schoenheimer kam auf die Idee, Wasserstoff-2 zur Markierung organischer Verbindungen zu benutzen. Ungesättigte Fettsäuren bestehen aus Molekülen, die mit weniger Wasserstoffatomen als maximal möglich besetzt sind, und haben die Fähigkeit, zwei Wasserstoffatome (oder auch vier oder sechs – je nach Sättigungsgrad) aufzunehmen und sich in gesättigte Fettsäuren zu verwandeln. Dabei spielt es keine Rolle, ob sie Wasserstoff-1- oder Wasserstoff-2-Atome aufnehmen, das heißt, das Endprodukt kann reich an Wasserstoff-2 sein.

Wasserstoff-2 kommt in der Natur vor. Im Einzelfall könnte ein gesättigtes Fettsäuremolekül also durchaus ein oder mehr Wasserstoffatome dieser Masse besitzen. Da grob gerechnet 1 Wasserstoff-2-Atom auf jeweils 6500 Wasserstoff-1-Atome kommt und das typische Fettsäuremolekül 36 Wasserstoffatome hat, kann man damit rechnen, daß 1 Molekül von jeweils 180 Fettsäuremolekülen mit 1 Wasserstoff-2-Atom, 1 Molekül von jeweils 32 000 Molekülen mit 2 Wasserstoff-2-Atomen und 1 Molekül von jeweils 5 750 000 Molekülen mit 3 Wasserstoff-2-Atomen besetzt ist.

Das ist nicht viel, und so ist es ein Leichtes, dem Futter von Ratten »isotopenmarkierte« Fettsäuren beizumengen, das heißt Fettsäuren, die mehr Wasserstoff-2 enthalten als die gesamte Fettzufuhr. Dieses sog. Indikatorisotop (Tracer) läßt sich dann verfolgen. Wenn die Ratte das Fett dann verdaut, resorbiert und umgewandelt hat, kann sie getötet und ihr Fett in seine verschiedenen Fettsäureanteile zerlegt werden. Diese Fettsäuren lassen sich nun mit Hilfe eines Oxydationsmittels zu Kohlendioxid und Wasser oxydieren. Eine anschließende massenspektrographische Analyse des Wassers gibt dann Aufschluß über seinen Wasserstoff-2-Gehalt. Alles was dabei über einen bestimmten sehr geringen natürlich bedingten Wert hinausgeht, muß von dem an die Ratte verfütterten markierten Fett stammen.

1935 begann Schoenheimer zusammen mit David Rittenberg (geb. 1906) mit einer Reihe solcher Tests an Ratten.

Man wußte bereits, daß die vom Tier durch das Futter aufgenommenen Stoffe teilweise vom Körper resorbiert werden und einerseits zum Aufbau neuer Körpersubstanz dienen, während ein anderer Teil oxydiert wird, um die nötige Energie zu gewinnen, die zur Aufrechterhaltung der verschiedenen Körperfunktionen erforderlich ist. Alles überschüssige Futter kann als Fett gespeichert werden und dient als Energiespeicher für den Bedarfsfall, wenn das Tier einmal nicht genügend Futter finden sollte.

Warum Fett? Weil Fett die kompakteste Form darstellt, in der der tierische Körer Energie speichern kann. Wenn eine bestimmte Menge Fett oxydiert wird, wird mehr als doppelt soviel Energie freigesetzt wie bei der Oxydation einer gleichen Menge von Kohlehydraten oder Proteinen.

Man ging selbstverständlich davon aus, daß diese Fettreserven verhältnismäßig unbeweglich waren, das heißt, daß die Fettmoleküle eigentlich nur auf den Bedarfsfall warteten. Und wenn das Tier das Glück hatte, nur selten oder vielleicht sogar nie auf kurze Ration gesetzt zu werden, dann würden die Fettspeicher eben nur selten oder auch nie angezapft werden, und die Moleküle würden eben da herumliegen und sozusagen in Frieden ruhen.

Aber das tun sie nicht. Nachdem Schoenheimer und Rittenberg die Ratten mit isotopenmarkierten Fetten gefüttert hatten, warteten sie vier Tage und analysierten dann das Fett im Körper der Ratten. Sie fanden heraus, daß sich die Hälfte der Wasserstoff-2-Atome, die den Ratten zugeführt worden waren, in dem Fettspeicher befanden. Was das bedeutete, war folgendes: Entweder, die Ratte – und vermutlich auch jedes andere Tier – verbraucht aus diesem Fettspeicher ständig Moleküle und ersetzt sie durch andere Moleküle; oder aber, die Moleküle des Fettspeichers tauschen ständig Wasserstoffatome miteinander und mit neu auftauchenden Molekülen aus. Sowohl in dem einen wie auch in dem anderen Fall herrscht jedenfalls ständig rege Aktivität.

Schoenheimer und Rittenberg versuchten es auch mit anderen Isotopen als Tracer. So verwendeten sie beispielsweise Stickstoff-15 – der ihnen von Urey zur Verfügung gestellt wurde – für die Synthese von Aminosäuren. Aminosäuren sind die Bausteine von Eiweißmolekülen und enthalten mindestens jeweils ein Stickstoffatom. Eine mit Stickstoff-15 markierte Aminosäure kann dem Futter von Ratten beigement werden und auf ihrem Weg verfolgt werden.

Bei diesen Versuchen stellte sich heraus, daß das Stickstoffatom nicht in der Aminosäure blieb, die man den Ratten zu fressen gegeben hatte. Es wurde schon nach ganz kurzer Zeit in anderen Aminosäuren nachgewiesen.

Dieses Prinzip erwies sich als allgemeingültig. Die Moleküle der körpereigenen Substanzen warten nicht etwa unbeweglich auf irgendein Signal, das ihnen anzeigt, in einem chemischen Prozeß ad hoc aktiv zu werden, sie reagieren vielmehr ständig miteinander.

Diese Reaktionen wirken sich natürlich nicht unbedingt auf den Gesamtstoffwechsel aus. Es kann durchaus sein, daß ein Molekül zwei Wasserstoffatome abgibt und sie dann wieder aufnimmt oder daß es die Grundstoffatome eines Wassermoleküls abgibt und sie anschließend wieder aufnimmt. Es könnte auch eine stickstoffhaltige Gruppe abspalten, um sie nachher wieder anzulagern. Ein ringförmig aufgebautes Molekül könnte seinen Ring öffnen, um ihn später wieder zu schließen, wohingegen ein Kettenmolekül sich zu einem Ring formieren könnte, den es dann wieder öffnet. Zwei Moleküle könnten auch identische Atome oder Atomgruppen austauschen, so daß beide wieder in ihren ursprünglichen Zustand übergeführt würden.

Keiner dieser Vorgänge hätte ohne die Verwendung von Leitisotopen, d. h. sog. Tracern, nachgewiesen werden können. Doch als sich die Markierung von Verbindungen erst einmal durchgesetzt hatte und damit der Beweis für die rasche endlose Umstrukturierung der Moleküle erbracht war, wurde im nachhinein auch klar, warum dies so sein mußte.

Wenn die Moleküle ruhig und unbeweglich in ihrem Zustand verharrten, darauf angelegt, nur irgendwann einmal im Notfall aktiv zu werden, dann müßte, wenn dieser Notfall akut würde, ein abrupter Umbruch der Molekularstrukturen aus dem Ruhezustand heraus stattfinden. Es würde zweifellos Zeit brauchen, um die Moleküle »auf Trab zu bringen« und die ganze Maschinerie in Gang zu setzen. Das Ende vom Lied wäre, daß der Organismus aller Wahrscheinlichkeit nach nicht schnell genug auf den Notfall reagieren könnte.

Wenn andererseits aber die Moleküle ständig in Aktion sind und sich sozusagen für den Fall des Falles warmlaufen, dann bedarf es nur noch geringer Veränderungen. Die Moleküle, die sich unentwegt in schneller Folge umstrukturieren, müssen im Bedarfsfall die Austauschreaktionen nur beschleunigen oder gegebenenfalls auch verlangsamen. Die ganze »Maschinerie« ist also sozusagen schon in Betrieb.

Wenn es in der Frühgeschichte der Erde Organismen gegeben haben sollte, die über keine daueraktiven Moleküle verfügten – was ich irgendwie bezweifele – dann wären sie sehr schnell aus dem Evolutionsrennen geworfen worden, wenn Organismen aufgetaucht wären, die solche daueraktiven Moleküle entwickelt gehabt hätten.

Schoenfelder veröffentlichte schließlich ein Buch mit dem Titel *The Dynamic State of Body Constituents* (Die Dynamik der Bausteine des Körpers), in dem er all seine Forschungsergebnisse beschrieb und interpretierte, und erregte damit bei den Chemikern und Biochemikern großes Aufsehen. Aber dann schied er am 11. September 1941 im Alter von dreiundvierzig Jahren freiwillig aus dem Leben.

Ich weiß nicht, warum er das tat. Feststeht, daß er vor Hitler geflohen war und daß es im September 1941 auch ganz danach aussah, als würde Deutschland als Sieger aus diesem Krieg hervorgehen. Ganz Europa war unter Hitlers Kontrolle. Großbritannien hatte die schweren Luftangriffe nur gerade so eben überlebt, und die Sowjet Union schien bei einer neuerlichen Invasion dem druckvollen deutschen Angriff nichts mehr entgegenzusetzen zu haben. Japan hatte sich auf die Seite der Nazis geschlagen, und den Vereinigten Staaten waren unter dem Druck ihrer eigenen Isolationisten die Hände gebunden. Ich erinnere mich gut an die Angst und den Druck jener Tag, der auf jedem lastete, der

Grund hatte die nationalsozialistische Rassenideologie zu fürchten. Schoenheimer mag vielleicht auch persönliche Gründe für seinen Schritt gehabt haben, aber ich kann mich des Gefühls nicht erwehren, daß auch die weltpolitische Gesamtsituation ihren Teil dazu beigetragen hat.

Es war auf jeden Fall eine Tragödie, und zwar in mehr als einer Hinsicht. Man bedenke, daß Schoenheimer das Markierungsverfahren mit Leitisotopen entwickelt hatte und uns damit zu einer völlig neuen Sicht der Stoffwechselvorgänge verholfen hat. Man bedenke aber auch, daß die Forschung auch nach seinem Tode mit solchen Tracern weiterarbeitete (woran Schoenheimer sich sicherlich auch beteiligt hätte) und auf diese Weise viele Stoffwechselprobleme im einzelnen lösen konnte. Es spricht eigentlich alles dafür, daß Schoenheimer es ein paar Jahre später auch geschafft hätte, den Nobelpreis zu erringen, wenn er es nur geschafft hätte, auch weiter zu leben.

Und überdies hat er auch nicht mehr die »hohe Zeit« einer anderen Art von Leitisotopen miterlebt, die nach dem 2. Weltkrieg entdeckt wurde. Daß er sich dies hatte entgehen lassen, würde er persönlich – wenn er dies wüßte – wohl als großen Verlust empfinden, wahrscheinlich sogar als noch größeren Verlust als den entgangenen Nobelpreis.

Diese andere Art von Leitisotopen werden wir im nächsten Kapitel behandeln.

3. Eine Pastete und ihre Folgen

Am 11. November 1985 begrüßte mich unser Portier an der Tür mit den Worten: »Sie stehen auf Seite 6 der New Yorker *Post*, Dr. Asimov.«

Ich runzelte die Stirn. Seite 6 ist die Seite, auf der persönliche Nachrichten ausgebreitet werden, so eine Art Klatschseite. So hatte man mir jedenfalls erzählt, denn ich selbst bekomme die *Post* nur sehr selten zu Gesicht. »Wieso das?« fragte ich.

Der Portier grinste. »Sie haben eine Frau geküßt, Dr. Asimov.« Er reichte mir die Zeitung.

Nun gut, daß ich Frauen küsse, ist an sich keine Nachricht. Meiner persönlichen Meinung nach sind Frauen prädestiniert dafür, geküßt zu werden. Warum, zum Teufel, scherte sich die *Post* darum? Ich schlug Seite 6 auf und ließ mich vom Aufzug zu meiner Wohnung hinaufbringen.

Dort angekommen, fiel ich sofort mit der Tür ins Haus: »Jetzt ist es passiert, Janet«, sagte ich zu meiner Frau. »Ich habe eine Frau geküßt, und nun steht es in der Klatschspalte einer Zeitung.«

»O nein«, stöhnte Janet, die diese harmlose Schwäche von mir kannte. »Nun werden alle unsere Bekannten anrufen, um mir das mitzuteilen.«

»Was soll's!« Ich reichte ihr die Zeitung mit dem Artikel:

Ein Mann von Welt wie Isaac Asimov braucht keine Autokinos. Der bekannte Science-fiction-Schriftsteller schien sich nicht darum zu kümmern, wer ihm alles zusah, als er kürzlich in der New Yorker Academy of Science in der East 63rd Street während einer Filmvorführung der neuen TBS-Show Creation of the Universe *eine Frau umarmte und küßte. Und warum sollte er auch? Die Dame hieß Janet Jepp-*

son und ist seit 12 Jahren seine Frau. Vielleicht war es der Titel der Vorführung, der die beiden Sechzigjährigen animierte.

Janet lachte aus vollem Halse. Sie war so amüsiert, daß sie nicht einmal gemerkt hatte, daß man sie als Sechzigjährige betitelt hatte, obwohl sie zu der Zeit (5. November) gerade erst 59 ¼ Jahre alt war.

»Du verkennst die Dinge, Janet«, unterbrach ich sie. »Denk einmal darüber nach, was diese Geschichte über unsere Gesellschaft aussagt. Da ist ein Mann, der nicht mehr ganz jung ist und der seine eigene Frau küßt, und das wird als so ungewöhnlich empfunden, daß es eine Zeitungsmeldung wert ist.«

Aber solche verrückten Artikel erscheinen nicht nur in Zeitungen, ähnliche Alltäglichkeiten werden sogar in Geschichtsbüchern festgehalten – und siehe da, die trivialsten Dinge entpuppen sich manchmal als ausgesprochen bedeutsam. In der Geschichte der Wissenschaft gibt es da beispielsweise die unselige Geschichte einer Wirtin und ihrer Sonntagspastete ...

Der Hauptakteur dieser Geschichte ist ein ungarischer Chemiker namens Gyorgy Hevesy (1885–1966). Sein Vater war ein Industrieller, der von dem österreichisch-ungarischen Kaiser Franz Joseph I. geadelt wurde, so daß der Name des Chemikers manchmal auch mit »von Hevesy« angegeben wird.

Im Jahre 1911 hatte Hevesy mit seiner Wirtin einen Streit. Er beklagte sich darüber, daß sie die Reste der Pastete, die sie ihm unweigerlich jeden Sonntag vorsetzte, weiterverwertete und unter das Essen, das sie wochentags servierte, mischte. (Ich persönlich kann darin zwar keine kriminelle Handlung erkennen, aber in jenen Tagen, als der Kühlschrank noch nicht zu den Selbstverständlichkeiten des Haushalts gehörte, mag diese Art von »Recycling« durchaus gefährlich gewesen sein.) Natürlich stritt die Wirtin diesen Vorwurf entschieden ab.

Hevesy arbeitete zu dieser Zeit gerade in Ernest Rutherfords Labor in Cambridge. Rutherford und seine Studenten waren intensiv mit der Erforschung der Radioaktivität befaßt, und so war es für Hevesy ein Leichtes, eine Spur radioaktiver Substanz zu bekommen, genauer gesagt, er benutzte eine winzige Kleinigkeit der Zerfallsprodukte von Thorium.

Eines Sonntags mischte Hevesy nach dem Essen unauffällig eine Idee der radioaktiven Substanz unter die Pastete. Am Mittwoch darauf gab es ein Soufflé, und Hevesy packte sein Elektroskop aus.

Ein Elektroskop besteht aus zwei Goldblättchen, die in einer Kammer eingeschlossen sind. Die Goldblättchen hängen an einem Metallstab, dessen eines Ende aus der Kammer herausragt. Wenn man dieses Ende nun mit einem elektrisch geladenen Gegenstand berührt, stoßen sich die beiden Blättchen infolge ihrer gleichnamigen Ladung ab, d. h. sie spreizen sich zu einem umgekehrten V auseinander.

Wenn ein derart aufgeladenes Elektroskop nun einer starken Strahlung der Art, wie sie von radioaktiven Substanzen ausgeht, ausgesetzt wird, dann werden die Ladungen der Blättchen neutralisiert und fallen zusammen. Als das Elektroskop in die Nähe des Auflaufs kam, fielen die Blättchen sofort zusammen. Mit anderen Worten, der Auflauf war radioaktiv, das heißt, er mußte Reste der Sonntagspastete enthalten.

Hevesy hatte – genau genommen – nichts anderes getan, als die Pastete mit einem radioaktiven Tracer zu markieren und dann die Bewegungen dieses Tracers zu verfolgen. Es war der erste Einsatz eines radioaktiven Tracers überhaupt, wenn auch nur für einen trivialen Zweck.

Hevesy selbst spielte den Vorfall zwar herunter und maß ihm angeblich keine Bedeutung bei. Doch das kann nicht ganz stimmen. Er wurde zumindest dadurch angeregt, über eine radioaktive Markierung nachzudenken, und das blieb nicht ohne Folgen.

1913 wandte er das Prinzip der radioaktiven Markierung bei einem chemischen Problem an. Viele Bleiverbindungen sind nur schwer löslich. Es wäre aber von chemischem Interesse zu wissen, bis zu welchem Grad solche Verbindungen löslich sind, doch genaue Messungen sind äußerst schwierig. Nehmen wir einmal an, man setzt einer pulverisierten Bleiverbindung Wasser zu und rührt dann solange um, bis sich die Verbindung so weit wie möglich gelöst hat. Dann filtert man das ungelöste Pulver ab und analysiert die klare Flüssigkeit auf seinen Gehalt an gelöstem Pulver. In der Lösung befindet sich jedoch so wenig von der Bleiverbindung, daß es sehr schwer ist, die genaue Konzentration zu bestimmen.

Hevesy kam nun der Gedanke, daß man das normale Blei nur mit Blei-210 mischen müßte, um das Problem zu lösen. Blei-210 entsteht bei der Zerfallsreihe von Uran und war damals unter dem Namen »Radium D« bekannt. Es läßt sich mit normalem Blei mischen und hat die gleichen chemischen Eigenschaften wie dieses, so daß es auch die gleichen Veränderungen erfahren würde. Mit diesem Mischblei könnte man eine eigene Bleiverbindung mit einem winzigen prozentualen Anteil des radioaktiven Blei-210 herstellen. Die exakte Menge des vorhandenen Blei-210 ließe sich ohne weiteres anhand der Stärke der radioaktiven Strahlung bestimmen. Diese Meßmethode ist so empfindlich, daß sie auch bei geringen Mengen genaueste Ergebnisse liefert.

Wenn nun die Bleiverbindung gelöst wird, dann löst sich auch das Blei-210 der Verbindung, und zwar genau in demselben Verhältnis wie die Verbindung selbst, das heißt, wenn man den Prozentsatz des gelösten Blei-210 mißt, mißt man automatisch auch den prozentualen Anteil der gelösten Bleiverbindung mit. Mit diesem Verfahren läßt sich die Löslichkeit einer Verbindung weitaus genauer bestimmen, als dies mit früheren Methoden möglich war.

Bis 1918 arbeitete Hevesy sowohl mit radioaktivem Blei als auch mit radioaktivem Wismut, um das Verhalten der Wasserstoffverbindungen dieser Metalle zu untersuchen.

1923 setzte Hevesy dann zum erstenmal radioaktive Tracer in der biochemischen Forschung ein. Er setzte der Flüssigkeit, die er für die Wasserpflanzen, mit denen er arbeitete, benutzte, winzige Mengen einer Bleilösung zu. Da Pflanzen Mineralsalze aus dem Wasser des Bodens aufnehmen, würden sie vermutlich auch Bleiverbindungen aufnehmen, wenn auch in nur sehr kleinen Mengen. Hevesy benutzte dazu Bleiverbindungen, die mit etwas Blei-210 angereichert waren. Die Pflanzen wurden in verschiedenen Zeitintervallen verbrannt, um die Asche auf ihre Radioaktivität hin zu untersuchen. Auf diese Weise ließ sich genaustens verfolgen, wie schnell und wieviel Blei von den Pflanzen aufgenommen worden war.

Der Verwendung von Blei und Wismut sind jedoch – und zwar speziell bei biochemischen Problemen – Grenzen gesetzt, da keines der beiden Elemente natürlich in lebendem Gewebe zu finden ist (sofern nicht eine zufällig Vergiftung vorliegt). Aus diesem Grund wurden Hevesys Forschungsergebnisse zwar mit einem gewissen Interesse aufgenommen, ansonsten aber als Sackgasse betrachtet. Erst 1943 erkannte man, welch außerordentliche Bedeutung seiner Arbeit (und der Sonntagspastete seiner Wirtin) letztendlich zukam und verlieh ihm den Nobelpreis in Chemie.

Doch wie kam es nun, daß die Markierung von Verbindungen durch Radioisotope so große Bedeutung erlangte ...

Auf den ersten Blick hätte man meinen können, daß Radioaktivität auf die exotischen Elemente am Ende des Periodensystems beschränkt sei. Uran (mit der Ordnungszahl 92) und Thorium (mit der Ordnungszahl 90) zerfallen unter Bildung einer Reihe von Folgeprodukten. Diese Zerfallsprodukte bestehen aus Atomen, deren Ordungszahl nicht unter 82 absinkt. (Es gab in beiden Fällen viel zu viele Zerfallsprodukte, um jedem einzelnen eine eigene Ordnungszahl zuordnen zu können, ein Umstand, der Frederick Soddy dann auch erstmals auf die Spur der Isotope brachte, wie ich in Kapitel 1 bereits erläutert habe.)

Unter all diesen Zerfallsprodukten ließen sich nur die Isotope von Blei (82) bzw. Wismut (83) einem Element zuordnen, das auch stabile Isotope besaß. Bei der Erforschung der radioaktiven Phänomene war man im übrigen auch während der gesamten 20er Jahre auf kein Radioisotop irgendeines Elements mit einer Ordnungszahl unter 82 gestoßen, und so lag einfach die Vermutung nahe, daß es von diesen leichteren Elementen schlichtweg keine Radioisotope gab.

Dann traten Frederic Joliot-Curie (1900–1958) und seine Frau Irene Joliot-Curie (1897–1956) – Tochter der berühmten Madame Marie Curie – auf den Plan.

Die Joliot-Curies waren intensiv damit befaßt, leichte

Atome wie Bor, Magnesium und Aluminium mit Alpha-Teilchen, einer Strahlung, die von einigen radioaktiven Substanzen ausgesendet wird, zu beschießen. Diese Art von Versuchen ging auf Rutherford zurück, der als erster beobachtete, daß dabei eine Kernumwandlung stattfand.

Ein Alpha-Teilchen besteht aus 2 Protonen und 2 Neutronen. Trifft es auf den Kern eines leichten Atoms, so kann es vorkommen, daß die beiden Neutronen zusammen mit einem der Protonen im Kern verbleiben, während das andere Proton wegfliegt. Rutherford entdeckte dieses Phänomen zum ersten Mal im Jahre 1919, als er Stickstoff mit Alpha-Teilchen bestrahlte. Der Stickstoffkern besteht aus 7 Protonen und 7 Neutronen. Wenn ein Proton und 2 Neutronen von dem Alpha-Teilchen hinzukommen, erhält man ein Produkt mit 8 Protonen und 9 Neutronen.

Ein Kern mit 8 Protonen und 9 Neutronen entspricht dem Kern von Sauerstoff-17, ein Isotop, das in der Natur selten vorkommt, dafür aber stabil ist. Rutherford hatte also Stickstoff-14 in Sauerstoff-17 übergeführt und mit dieser Umwandlung eines Elements in ein anderes etwas geschafft, was den Alchimisten früher verwehrt geblieben war.

Die Joliot-Curies erzielten ähnliche Ergebnisse. 1933 fanden sie heraus, daß der Kern von Aluminium 27 (13 Protonen und 14 Neutronen) beim Beschuß mit Alpha-Teilchen (2 Protonen und 2 Neutronen) 1 Proton und 2 Neutronen einfing und somit ein Kern mit 14 Protonen und 16 Neutronen entstand. Es handelt sich dabei um den Kern von Silizium-30, ein sehr seltenes, aber stabiles Isotop von Silizium.

Das bedeutete, daß – wie gehabt – auch beim Beschuß von Aluminium Protonen frei wurden. Das war absolut keine Überraschung. Aber dann stellte das Ehepaar Joliot-

Curie fest, daß zusätzlich zu den Protonen auch eine bestimmte Menge von Neutronen und Positronen ausgesendet wurden. Das war schon ein wenig überraschender.

Ein Neutron – es war gerade erst vier Jahre zuvor, das heißt 1931, endeckt worden – ist einem Proton sehr ähnlich, mit dem einzigen Unterschied, daß es elektrisch neutral ist, während das Proton eine Ladung von + 1 besitzt. Das Positron, das erst zwei Jahre zuvor entdeckt worden war, ist dagegen im Vergleich zum Proton und Neutron sehr leicht, weist aber wie das Proton eine Ladung von + auf. Wenn man ein Neutron und ein Positron miteinander kombiniert, hat man ein Teilchen, das hinsichtlich seiner Masse noch ungefähr einem Neutron entspricht und dabei eine Ladung von + 1 trägt. Kurz gesagt, man hat ein Proton. Wenn also bei einer Kernreaktion ein Proton frei wird, dann ist es auch denkbar, daß bei derselben Kernreaktion ein Neutron plus ein Positron, die zusammen einem Proton äquivalent sind, frei werden.

So weit, so gut. 1934 stellte das Ehepaar Joliot-Curie fest, daß die Emission von Protonen und Neutronen sofort abbrach, sobald man den Beschuß mit Alpha-Teilchen einstellte. Das war auch so zu erwarten. Doch dann kam die große Überraschung. Die Produktion von Positronen brach *nicht* ab. Sie hielt an, wobei die Geschwindigkeit allmählich in der für eine radioaktive Umwandlung charakteristischen Weise zurückging.

Was ging da vor?

Das Ehepaar Joliot-Curie hatte zunächst vermutet, daß das Aluminiumatom ein Neutron und ein Positron gleichzeitig abstrahlte und daß das Aluminium-27 auch auf diesem Weg – analog zur Abstrahlung eines äquivalenten Protons – in Silizium-30 umgewandelt wurde. Die Tatsache, daß keine weiteren Neutronen mehr abgestrahlt wurden, wohl aber noch Positronen, legte allerdings den Gedanken nahe, daß die beiden Teilchen unabhängig voneinander freigesetzt wurden. Das Neutron schien als erstes abgespalten und herausgeschleudert zu werden. Das würde bedeuten, daß beim Auftreten des Alpha-Teilchens auf den Aluminium-27-Kern 2 Protonen und 1 Neutron von dem Teilchen eingefangen wurden, während sein zweites Neutron herausgeschleudert wurde. Die 13 Protonen und 14 Neutronen des Aluminiums-27 würden also auf 15 Protonen und 15 Neutronen aufgestockt, das heißt wir hätten es mit einem Phosphor-30-Kern zu tun.

Phosphor-30 kommt jedoch *nicht* in der Natur vor. Natürliches Phosphor gibt es nur in einer einzigen Variante, und zwar als Phosphor-31 (15 Protonen und 16 Neutronen). Es gibt kein anderes natürliches Phosphorisotop.

Doch nehmen wir trotzdem einmal an, daß Phosphor-30 entsteht. Es müßte radioaktiv sein, denn nur so ließe sich erklären, warum es nicht in der Natur zu finden ist. Es würde nämlich, selbst wenn es irgendwo vorkäme, sofort wieder zerfallen.

Warum sollte es nun de facto nicht möglich sein, daß der Zerfall von Phosphor-30 mit der Emission von Positronen einhergeht? Das wäre immerhin eine Erklärung dafür, warum immer noch weiter Positronen emittiert werden, nachdem der Beschuß des Aluminiums mit Alpha-Teilchen schon längst abgebrochen wurde. Wenn das Phosphor-30 durch diesen Beschuß nämlich schneller gebildet wird, als es wieder zerfällt, dann bleibt, wenn keine Alpha-Teilchen den Kern mehr treffen, eine kleine Restmenge von Phosphor-30 übrig, die dann weiter zerfällt.

Aus der Rate, mit der die Geschwindigkeit der Positronenemission nachließ, ließ sich errechnen, daß die Halbwertszeit von Phosphor-30 etwa bei 2,5 Minuten liegt.

Die Abstrahlung von Positronen ist der Beta-Strahlung sehr ähnlich. Beta-Teilchen sind Elektronen mit hoher kinetischer Energie, und Positronen sind im Grunde nichts anderes als Elektronen mit umgekehrter Ladung, das heißt ein Elektron hat die Ladung − 1, während ein Positron eine Ladung von + 1 aufweist.

Wenn ein Elektron aus einem Kern herausgeschleudert wird, so geht ein elektrisch neutrales Neutron in ein Proton mit der Ladung + 1 über. Mit anderen Worten, ein Kern, der durch Abstrahlung eines Elektrons eine negative Ladung verliert, gewinnt gleichzeitig durch die Umwandlung eines Neutrons in ein Proton eine positive Ladung hinzu.

Bei der Emission von Positronen kehrt sich dieser Vorgang natürlicherweise um, da ein Positron ja die entgegengesetzte Ladung eines Elektrons trägt. Wenn also bei der Emission eines Elektrons ein Neutron in ein Proton übergeht, dann geht bei der Abstrahlung eines Positrons ein Proton in ein Neutron über. Strahlt Phosphor-30 nun ein Positron ab, dann verwandelt sich sein Kern mit seinen 15 Protonen und 15 Neutronen in einen Kern mit 14 Protonen und 16 Neutronen, das heißt, es entsteht Silizium-30.

Zusammengefaßt bedeutet dies folgendes: Wenn man Aluminium-27 mit Alpha-Teilchen beschießt, kann es sich entweder direkt in Silizium-30 verwandeln oder aber über den Umweg von Phosphor-30. Die Joliot-Curies waren damit die ersten, die den Nachweis für die Existenz »künstlicher Radioaktivität« erbracht hatten. Die Tragweite dieser Entdeckung wurde sofort erkannt, und demzufolge zeichnete man sie 1935 auch mit dem Nobelpreis in Chemie aus.

Nachdem das Forscherehepaar den Weg vorgezeichnet hatte, folgten auch andere Forscher ihren Spuren. Es wurde eine große Anzahl radioaktiver Isotope (»Radioisotope«) gefunden, das heißt, man fand letztendlich heraus, daß jedes einzelne Element des Periodensystems ohne Ausnahme Radioisotope besaß.

Nun, Radioisotope sind ganz offensichtlich für Markierungszwecke wohl besser geeignet als stabile seltene Isotope. Ein stabiles Isotop kann nur mittels Massenspektrographie nachgewiesen und mengenmäßig bestimmt werden, eine schwierige und umständliche Methode. Radioisotope können dagegen weitaus schneller und einfacher nachgewiesen und in bezug auf ihre Konzentration gemessen werden.

Hevesy war auch hier der erste, der auf diesem Gebiet praktisch einstieg. 1935 untersuchte er bei Pflanzen mit Hilfe von radioaktivem Phosphor als Tracer die Aufnahme von Phosphationen aus einer wässrigen Lösung.

Natürlich ist die Verwendung von Radioisotopen nicht ganz unproblematisch. Was passiert bei einer kurzen Halbwertszeit?

Wie ich bereits erwähnt habe, hat Phosphor-30 eine Halbwertszeit von 2,5 Minuten. Demzufolge muß jedes Experiment, bei dem mit Phosphor-30 gearbeitet wird, innerhalb von wenigen Minuten abgeschlossen sein, wenn der Zerfall von Phosphor-30 inzwischen nicht so weit vorangeschritten sein soll, daß ein Nachweis mit der genügenden Genauigkeit nicht mehr möglich ist. Glücklicherweise hat

Phosphor-32, ein weiteres Isotop dieses Elements, eine Halbwertszeit von 14,3 Tagen, womit man wesentlich mehr anfangen kann.

Für die Biochemie sind die fünf wichtigsten Elemente Wasserstoff (Ordnungszahl 1), Kohlenstoff (Ordnungszahl 6), Stickstoff (Ordnungszahl 7), Sauerstoff (Ordnungszahl 8) und Schwefel (Ordnungszahl 16). Das geeignete Radioisotop für Schwefel ist Schwefel-35 mit einer Halbwertszeit von 87 Tagen.

Bei Wasserstoff schien das Problem kniffliger zu sein. Tatsächlich gab es allen Grund zu der Annahme, daß Wasserstoff, auch wenn alle anderen Elemente Radioisotope besaßen, möglicherweise ohne Radioisotop war. Immerhin ist es das einfachste der Elemente. Wie sollte es also zerfallen können?

Der Kern des gewöhlichen Wasserstoffs besteht tatsächlich nur aus einem Proton und sonst nichts. Er müßte also stabil sein. Doch selbst als man mit Deuterium ein Wasserstoffisotop entdeckte, dessen Kern aus 1 Proton und 1 Neutron bestand, war auch dieses stabil.

Dessen ungeachtet wurde Deuterium sofort nach seiner Entdeckung von den Wissenschaftlern sehr vielseitig eingesetzt, unter anderem zum Beispiel auch für den Neutronenbeschuß.

Neutronen sind elektrisch neutral und können deshalb nicht so wie geladene Teilchen beschleunigt werden. Das bedeutet, man muß jeweils mit der Energie vorliebnehmen, mit der die Neutronen eine bestimmte Neutronenquelle verlassen. Man kann sie nicht auf höhere Energien beschleunigen. Im allgemeinen reichen diese Energien jedoch nur schwerlich für Experimente aus.

Ein Deuterium-Kern, ein sogennantes »Deuteron«, bestehend aus einem Proton und einem Neutron, kann dagegen beschleuigt werden, da es ja die Ladung + 1 hat. Demzufolge können Atomkerne mit beschleunigten hochenergetischen Deuteronen beschossen werden.

Die Energie, mit der das Proton und das Neutron im Deuteron zusammengehalten werden, ist nun im Verhältnis zu der Bindungsenergie in anderen Kernen verhältnismäßig schwach. Wenn sich ein beschleunigtes Deuteron einem Atomkern nähert, dann stößt der Kern das Proton aufgrund seiner gleichnamigen Ladung ab. Die Bindung zwischen dem Proton und dem Neutron wird gesprengt, so daß das Proton von dem Kern weggezwungen und in eine andere Richtung abgelenkt wird. Das Neutron hingegen bleibt – da es ungeladen ist – von der elektrischen Ladung des Kerns unbeeinflußt und rast weiter vorwärts bis es den Kern trifft und mit ihm verschmilzt.

1934 unternahm ein australischer Physiker mit Namen Marcus Laurence Elwin Oliphant (geb. 1901) den Versuch, Deuterium seinerseits mit beschleunigten Deuteronen zu beschießen. Dabei wird das Proton immer wieder aus seiner Bindung gelöst und in eine andere Richtung gelenkt, während das Neutron weiter in Richtung Deuterium-Kern (ein niederenergetisches Deuteron) fliegt, wo es dann bleibt. Das Ergebnis ist ein Kern mit 1 Proton und 2 Neutronen: Wasserstoff-3 oder, wie es auch genannt wird, Tritium. Oliphant hat es entdeckt. Wasserstoff-3 ist, wie sich herausstellte, radioaktiv und das einzig bekannte Radioisotop von Wasserstoff. Es zerfällt unter Abstrahlung eines Elektrons (Beta-Strahlung), das heißt, in seinem Kern wird ein Neutron zu einem Proton. Damit entsteht ein Kern mit 2 Protonen und 1 Neutron: Helium-3, ein äußerst seltenes, aber stabiles Isotop.

Die Halbwertszeit von Wasserstoff-3 beträgt 12,26 Jahre, so daß einer Verwendung als radioaktives Leitisotop nichts im Wege steht.

Das Glück, daß den Biochemikern bei Schwefel und Wasserstoff so hold war, stand ihnen bei Sauerstoff und Stickstoff jedoch nicht zur Seite.

Das Stickstoffradioisotop, das noch am wenigstens instabil ist, ist Stickstoff-13 (7 Protonen und 6 Neutronen) mit einer Halbwertszeit von nur 10 Minuten. Bei Sauerstoff liegen die Dinge noch schlechter. Das stabilste Sauerstoffradioisotop ist Sauerstoff-15 (8 Protonen und 7 Neutronen). Seine Halbwertszeit beträgt nur ungefähr 2 Minuten.

Aufgrund ihrer allzu großen Zerfallsgeschwindigkeit eignet sich keines der beiden Radioisotope besonders gut als Tracer. Man wird auch – das steht mit absoluter Sicherheit fest – kein Radioisotop von Sauerstoff bzw. Stickstoff mit einer längeren Halbwertszeit mehr finden. Bei diesen beiden Elementen müssen wir also wohl oder übel bei der Markierung von Molekülen auf die seltenen, aber stabilen Isotope Sauerstoff-18 bzw. Stickstoff-15 zurückgreifen. (Das ist trotzdem kein Grund zum Jammern. Wir sind froh, daß wir wenigstens diese beiden Isotope haben, die den Biochemikern schon von großem Nutzen waren.)

Eine Zeitlang sah es so aus, als sei die Situation bei Kohlenstoff, dem wichtigsten Element auf dem Gebiet der Biochemie, nicht viel besser. Während der 30er Jahre galt Kohlenstoff-11 (6 Protonen und 5 Neutronen) mit einer Halbwertszeit von 20,4 Minuten als das noch stabilste Kohlenstoffradioisotop.

Das war recht kurz. Doch die Biochemiker taten ihr Bestes, um damit zurechtzukommen. Sie stimmten ihre Versuche auf die knappe Zeitvorgabe ab, was im übrigen auch bestimmte Vorteile mit sich brachte. Denn wenn ein kurzer Versuch erfolgreich abgeschlossen wird, kann er immer und immer wieder – auch in verschiedenen Varianten – ohne allzugroßen Zeitverlust wiederholt werden. Hinzu kommt, daß ein kurzlebiges Radioisotop sehr stark strahlt – daher seine Kurzlebigkeit – so daß man mit äußerst geringen Mengen auskommt. Doch trotz aller Erfolge, die mit Kohlenstoff-11 erzielt wurden, waren die Möglichkeiten dieses Isotops letztendlich eben doch begrenzt.

Es war bekannt, daß eigentlich ein Isotop Kohlenstoff-14 existieren müßte, und zwar als Radioisotop. Bei den leichteren Elementen gibt es für jede Gesamtzahl von Protonen und Neutronen im Kern immer nur ein stabiles Element. Stickstoff-14 ist stabil (7 Protonen und 7 Neutronen), das heißt, Kohlenstoff-14 (6 Protonen und 8 Neutronen) mußte mit Sicherheit instabil sein. Man nahm an, daß es unter Abstrahlung eines Elektrons zerfiel, wobei der Kern anstelle eines Neutrons ein weiteres Proton hinzubekam, so daß Stickstoff-14 entstand.

Was allein noch Kopfzerbrechen bereitete, war die Halbwertszeit von Kohlenstoff-14. Gegen Ende der 30er Jahre tendierten die Chemiker zu der Annahme, daß sie im Bereich von Sekundenbruchteilen lag. Immer wieder versuchten sie, einem radioaktiven Zerfall auf die Spur zu kommen, den sie Kohlenstoff-14 hätten zuordnen können, doch leider ohne jeden Erfolg. Doch jeder Fehlschlag schien ein weiteres Indiz für die extreme Kurzlebigkeit von Kohlenstoff-14, und somit war auch nicht an eine Isolierung dieses Radioisotops zu denken.

Dann machte sich im Jahre 1939 der kanadisch-amerikanische Biochemiker Martin David Kamen (geb. 1913) daran, systematisch mit äußerster Gewissenhaftigkeit jede

Kernreaktion zu untersuchen, bei der möglicherweise Kohlenstoff-14 entstehen könnte. Er beschoß sowohl Bor-, Kohlenstoff- als auch Stickstoffatome der Reihe nach mit Protonen, Deuteronen und Neutronen.

Bis Anfang 1940 war das Ergebnis gleich Null. Aber dann beschoß Kamen Kohlenstoff mit Deuteronen, die eine bestimmte Energie hatten, und erzeugte damit eine schwach radioaktive Strahlung. Diese Radioaktivität behielt der Kohlenstoff bei allen chemischen Umwandlungen bei, was auf das Vorhandensein eines Kohlenstoffisotops hindeutete.

Wenn bei diesem Versuch ein Kohlenstoffisotop entstanden war, so bedeutete das, daß das Deuteron sein Neutron an den Kohlenstoffkern abgegeben haben mußte, während sein Proton sich selbständig gemacht hatte. Mit einem zusätzlichen Neutron bleibt zwar das Element dasselbe, seine Massenzahl steigt jedoch um 1. Aus Kohlenstoff-12, dem gewöhnlichen Isotop, würde somit Kohlenstoff-13, der ebenfalls stabil ist, aber selten vorkommt. Auf die gleiche Weise würde Kohlenstoff-13 seinerseits in das Radioisotop Kohlenstoff-14 übergehen.

Wenn diese Überlegung stimmte, dann wäre es das beste, den Anteil von Kohlenstoff-13 in dem Kohlenstoff, der beschossen wird, zu erhöhen. Das tat man denn auch, und tatsächlich, als man den mit Kohlenstoff-13 angereicherten Kohlenstoff mit Deuteronen bombardierte, wurde eine wesentlich höhere Radioaktivität gemessen. Schließlich gelang es auch, Kohlenstoff-14 in so ausreichender Menge zu produzieren, daß man ihn näher untersuchen konnte. Und dann kam der eigentliche Schock für die Biochemiker: Kohlenstoff-14 hatte eine Halbwertszeit von 5730 Jahren!

Mit Kohlenstoff-14 ließen sich somit Versuche durchführen, die, wenn man wollte, auch ein ganzes Leben lang dauern konnten, ohne daß man mit der Radioaktivität Probleme bekäme. Sie würde nicht verschwinden und tatsächlich so gut wie konstant bleiben.

Trotzdem gab es da Anfang der 40er Jahre immer noch ein Problem. Radioisotope ließen sich nur in kleinen Mengen herstellen und waren deshalb sehr teuer. Allerdings beschäftigten sich die Wissenschaftler zu der Zeit, als gerade Kohlenstoff-14 entdeckt wurde, auch mit der Kernspaltung von Uran; mit dem Ergebnis, daß man Ende des 2. Weltkriegs den Kernreaktor erfunden hatte.

In einem Kernreaktor werden durch die Spaltung von Urankernen riesige Mengen von langsamen Neutronen erzeugt. Diese langsamen Neutronen werden von den verschiedensten Atomen eingefangen, so daß Elemente mit einer höheren Massenzahl entstehen. Es ist aber auch möglich, daß ein Neutron eingefangen wird und ein Proton oder ein Alpha-Teilchen herausgeschleudert wird, so daß ein Radioisotop eines anderen Elements entsteht. Auf diese Weise lassen sich für jedes biochemisch signifikante Element brauchbare Radioisotope erzeugen, einschließlich Wasserstoff-3 und Kohlenstoff-14; mit der Erfindung des Kernreaktors war für die Markierungstechnik das goldene Zeitalter angebrochen.

Kohlenstoff-14 war natürlich der wichtigste Tracer unter allen radioaktiven Leitisotopen. Ich denke nur an seine außerordentliche Bedeutung in Verbindung mit der Photosynthese, ein Kapitel, das ich mir jedoch für ein andermal aufheben will. Statt dessen möchte ich im nächsten Kapitel auf zwei andere wichtige Aspekte von Kohlenstoff-14 eingehen, zwei Aspekte, die mit der Markierung von Molekülen gar nichts zu tun haben.

4. Die innere Bedrohung

Lester del Rey ist sowohl als Science-fiction-Autor, als auch als Herausgeber und Kritiker äußerst erfolgreich. Er ist einer der geradlinigsten, aufrichtigsten und intelligentesten Menschen, die ich kenne. Er gehört – und darauf bin ich stolz – zu meinen ältesten Freunden. Ich kenne ihn nun schon seit 45 Jahren.

Unsere Beziehung ist von ganz besonderer Art. Wenn wir beide allein sind, begegnen wir uns nur mit Freundschaft und Wärme. Doch sobald eine dritte Person hinzukommt, ändert sich das abrupt. Lester fletscht die Zähne und gibt es mir.

Ich kann mich nur immer wiederholen: »Lester würde sein letztes Hemd für mich hergeben, aber mit einem freundlichen Wort von ihm darf ich nicht rechnen.«

Sie dürfen das nicht falsch sehen. Ich kann genauso austeilen. So warte ich auch nur darauf, daß er eines Tages zu mir sagt: »Hier Isaac, nimm mein letztes Hemd.«

Ich würde dann nur ganz ruhig sagen – ich brenne schon richtig darauf – »*Dein* letztes Hemd? Wer will das denn schon?«

Auf jeden Fall wurde von uns beiden gemeinsam vor ein paar Jahren ein Fernsehinterview aufgezeichnet. Wir unterhielten uns beide sehr vernünftig und behandelten uns gegenseitig mit äußerster Höflichkeit. Jeder mußte den Eindruck gewinnen, daß wir absolut sachlich und fair argumentierten.

Und dann wandte sich die nette Interviewerin gegen Ende der Sendung mit folgender Frage an mich: »Dr. Asimov, ich habe gehört, daß Sie es ablehnen, mit einem Flugzeug zu fliegen. Es kommt einem seltsam vor, daß jemand, der in seiner Phantasie kreuz und quer durch die Galaxis reist, nicht fliegen will. Was ist der Grund dafür?«

Ich kann diese Frage schon nicht mehr hören, dennoch blieb ich höflich: »Es gibt keinen vernünftigen Grund, es ist ganz einfach Angst.«

Woraufhin Lester, der sich fast eine halbe Stunde lang schwer zusammengenommen hatte, seine Zurückhaltung aufgab und herausplatzte: »Man kann es auch Feigheit nennen. *Ich* fliege, wenn es sein muß, zu jeder Zeit.«

Völlig vergessend, daß wir im Fernsehen waren, schoß ich zurück: »Na klar, dein Leben ist ja auch nichts wert, mein lieber Lester.«

Damit war das Programm beendet. Die Moderatorin lächelte gezwungen und bedankte sich bei uns beiden. Mir wurde allerdings ganz heiß, als mir mit einem Mal so richtig bewußt wurde, daß wir an diesem Abend über den Sender gehen würden und daß meine liebe Frau Janet am Fernseher sitzen würde.

Meine Frau ist nämlich zufällig in Lester vernarrt. Ich war ziemlich nervös, und so beschloß ich, ihr die Hiobsbotschaft doch lieber diplomatisch beizubringen.

Ich rief sie also an und erklärte ihr, was vorgefallen war. Sie war bestürzt: »Und das hast du *im Fernsehen* gesagt!« Das war zuviel für ihr butterweiches Herz. Sie fing an zu weinen.

Ich rief Lester ans Telefon und bat ihn, ihr zu sagen, daß es ihm nichts ausmachte.

Lester gab sich alle erdenkliche Mühe, sie zu beruhigen, aber ohne Erfolg, und den ganzen nächste Tag schaute sie mich immer nur an und wiederholte: »Du hast es im Fernsehen gesagt.«

In meiner Verzweiflung versuchte ich es schließlich mit

einem logischen Einwand: »Lester hat immerhin damit angefangen.«

Doch dieses Argument fegte sie ganz einfach mit der ihr eigenen Logik hinweg: »Das ist keine Entschuldigung!« konterte sie.

Nun gut! Diese Episode fiel mir nur gerade ein, weil ich soeben mit Lester telefoniert habe. Dabei sollte ich es aber auch bewenden lassen und lieber etwas über den Kohlenstoff-14 erzählen.

Die ersten drei Kapitel handelten alle in der einen oder anderen Weise von Isotopentracern, und auch das vierte Kapitel befaßt sich mit diesem Thema. In Kapitel 3 habe ich Ihnen erzählt, wie groß die Überraschung war, als man entdeckte, daß Kohlenstoff-14 mit einer Halbwertszeit von 5 730 Jahren ein ziemlich langlebiges Radioisotop war.

Aufgrund dieser langen Halbwertszeit und in Anbetracht der Tatsache, daß Kohlenstoff der zentrale Träger aller Lebenserscheinungen ist, wurde Kohlenstoff-14 sofort der wichtigste Tracer in der Biochemie.

Wenn wir von der Halbwertszeit ausgehen, dann dürfte es heute keinen natürlich vorkommenden Kohlenstoff-14 geben, auch wenn die Halbwertszeit von 5 730 Jahren verglichen mit einem Menschenleben, ja selbst verglichen mit unserer Kulturgeschichte ziemlich lang ist.

Die Schrift wurde etwa 3000 v. Chr. erfunden. Wenn man nun unter die erste Tonschicht, in die die Keilschrift eingedrückt wurde, ein Pfund Kohlenstoff-14 gelegt hätte und das Ganze bis zum heutigen Tag unberührt hätte ruhen lassen, dann wäre heute noch etwa ein halbes Pfund Kohlenstoff-14 übrig.

Die Halbwertszeit ist jedoch relativ kurz, wenn man sie

mit dem geologischen Alter unserer Erde vergleicht. Wenn die ganze Erde nur aus Kohlenstoff-14 bestünde, dann wäre sie bis auf die letzten paar Atome in ungefähr einer Million Jahre völlig zerfallen. Eine Million Jahre ist aber nur 1/4600 der Lebenszeit der Erde. Wenn also Kohlenstoff-14, auf welche Weise auch immer, vor mehr als einer Million Jahre entstanden sein sollte, dann wäre heute – ganz gleich in welcher Menge dieses Isotop verhanden gewesen wäre – nichts mehr davon übrig.

Uns ist keine Reaktion bekannt, bei der Kohlenstoff-14 im Laufe der Erdgeschichte entstanden sein könnte, die nicht auch heute noch wirksam wäre. Das heißt, wenn Kohlenstoff-14 heute nicht auf natürlichem Weg auf der Erde entsteht, dann ist er zu keiner Zeit auf natürliche Weise entstanden. Kohlenstoff-14 dürfte also auf der Erde nur in den winzigen Mengen vorkommen, die Wissenschaftler in ihren Labors herstellen können.

Und dennoch, es *gibt* in der Natur eine geringe Menge von Kohlenstoff-14. Dies läßt sich nur damit erklären, daß irgendein Prozeß abläuft, bei dem das Isotop *hier und jetzt* entsteht.

Der amerikanische Chemiker lettischer Abstammung Aristid V. Grosse (geb. 1905) stellte 1934 die These auf, daß kosmische Strahlen in Wechselwirkung mit den Atomen der Erdatmosphäre Kernreaktionen auslösen, die Ausgangspunkt für die Erzeugung von Radioisotopen ohne menschliche Einwirkung sein könnten.

Nähere Untersuchungen ergaben schließlich, daß dies tatsächlich der Fall war. Die Höhenstrahlungsteilchen, die aus dem Weltraum kommend in die obere Erdatmosphäre eindringen («Primärstrahlung«) sind positiv geladene Atomkerne, deren Geschwindigkeit bei etwa 99 % der

Lichtgeschwindigkeit liegt. Bei ungefähr neun Zehnteln der Primärteilchen handelt es sich um Kerne von Wasserstoffatomen, das heißt um Protonen.

Die Protonen (und die vereinzelten schwereren Atomkerne) stoßen früher oder später mit den Kernen der Luftmoleküle zusammen. Aufgrund ihrer hohen Geschwindigkeit geschieht dies mit sehr hoher Energie, so daß die Kerne der Luftmoleküle zertrümmert werden. Es kommt zu einer »Sekundärstrahlung«, deren Teilchen zwar nicht ganz so energiereich wie die Primärteilchen, aber immer noch hochenergetisch sind. Unter diesen Sekundärteilchen befinden sich auch Neutronen.

Ab und zu trifft nun eines dieser Neutronen auf den Kern eines Stickstoff-14-Atoms (die Luft besteht zum größten Teil aus Stickstoff). Das Neutron schlägt ein Proton aus dem Kern, bleibt dabei aber selbst in dem Kern. Nachdem der Kern von Stickstoff-14 aus 7 Protonen und 7 Neutronen besteht, haben wir nun also einen Kern mit 6 Protonen und 8 Neutronen, das heißt, es entsteht Kohlenstoff-14, der Einfachheit halber auch Radiokohlenstoff genannt.

Der entstehende Radiokohlenstoff verbindet sich sehr schnell mit dem Sauerstoff zu radioaktivem Kohlendioxid.

Die Kohlenstoff-14-Atome im dem Radiokohlendioxid zerfallen natürlich letztendlich wieder. Innerhalb des Kohlenstoff-14-Kerns geht ein Neutron unter Aussendung eines Beta-Teilchens (schnelles Elektron) in ein Proton über: Der Kern verwandelt sich wieder zu Stickstoff-14. Bei diesem Prozeß wird das Stickstoffatom von dem Sauerstoff weggerissen, das heißt, wir sind wieder da, wo wir vor dem Auftreffen der Höhenstrahlung waren.

Zwischenzeitlich produzieren die Primärteilchen aber weitere Neutronen, durch die weiterer Stickstoff-14 in

Kohlenstoff-14 umgewandelt wird. Zwischen dem radioaktiven Zerfall der Kohlenstoff-14-Atome und deren Neubildung aus dem Stickstoff hat sich ein Gleichgewicht eingestellt. Die Erdatmosphäre besitzt also einen konstanten Gehalt an Kohlenstoff-14-Atomen (in Form von radioaktivem Kohlendioxid).

Dieser Gehalt an Kohlenstoff-14 in der Atmosphäre ist sehr gering, aber aufgrund der Radioaktivität leicht nachweisbar und auch meßbar. Allem Anschein nach trifft auf 540 Milliarden Kohlenstoffatome in der Erdatmosphäre 1 Kohlenstoff-14-Atom.

Das scheint auf den ersten Blick nicht viel zu sein, aber die Erde hat eine Menge Atmosphäre, das heißt, selbst wenn der Anteil an Kohlendioxid sehr gering ist und davon wiederum nur ein Teil Kohlenstoff ist, der seinerseits nur höchst selten in Form des Isotops Kohlenstoff-14 vorkommt, so gibt es immerhin noch ungefähr 1300 Kilogramm (also beinahe 1 ⅓ Tonnen) Kohlenstoff-14 in der Atmosphäre.

Darüber hinaus sind die Kohlenstoff-14-Ressourcen der Erde nicht nur auf die Atmosphäre beschränkt. Auch im Meer ist etwas Kohlendioxid und mithin auch etwas radioaktives Kohlendioxid gelöst.

Auch die Pflanzen nehmen Kohlendioxid bei der Assimilation auf und bauen daraus ihr Gewebe auf, wobei sie zusammen mit dem inaktiven Kohlendioxid auch radioaktives Kohlendioxid absorbieren, da Kohlenstoff-14 die gleichen chemischen Eigenschaften aufweist wie die stabilen Isotope Kohlenstoff-12 und Kohlenstoff-13.

Tiere, die sich von Pflanzen ernähren, bauen natürlich ebenfalls den Kohlenstoff aus den Pflanzenbestandteilen einschließlich Kohlenstoff-14 in ihr Gewebe ein. Letztlich kommt Kohlenstoff-14 also in allen Lebenformen vor, und zwar ohne jede Ausnahme.

Nun zerfällt der Kohlenstoff-14 im lebenden Gewebe zwar ganz langsam, aber es wird auch wieder neuer Kohlenstoff-14 aus der Atmosphäre (bei Pflanzen) bzw. aus der Nahrung (bei Tieren) aufgenommen, so daß der Gehalt an Kohlenstoff-14 in lebendem Gewebe stets konstant bleibt.

Sobald der Organismus allerdings abstirbt, hört der Stoffwechsel auf: Weder aus der Atmosphäre, noch aus der Nahrung kann weiter Kohlenstoff-14 aufgenommen werden. Der zum Zeitpunkt des Absterbens im Gewebe vorhandene Kohlenstoff-14 zerfällt langsam aber unaufhörlich.

Wir wissen genau, mit welcher Geschwindigkeit Kohlenstoff-14 zerfällt, und wir können auch die Betastrahlung, die er abgibt, nachweisen und messen. Aus der Zahl der abgestrahlten Betateilchen können wir auf den Gehalt an Kohlenstoff-14 in einer bestimmten Probe von tierischen oder pflanzlichen Überresten schließen. Wenn man nun diesen Wert mit dem Gehalt an Kohlenstoff-14 in lebenden Organismen vergleicht, kann man errechnen, wie lange der Kohlenstoff-14 bereits zerfällt und damit auch, wie lange die untersuchte tote Materie bereits tot ist.

Diese Methode klappt natürlich nicht, wenn die toten Organismen in die Nahrung gelangen und deren Kohlenstoff-14 in das Gewebe des Nahrungsaufnehmenden – das kann ebenso ein Blauwal wie ein einfacher Spaltpilz sein – eingebaut wird. Es gibt jedoch Überreste von toten Lebewesen, die über Jahrtausende hinweg erhalten bleiben, wie altes Holz, Holzkohle von alten Lagerfeuern, alte Textilien, Bruchstücke von alten Seemuscheln und so weiter.

Es war der amerikanische Chemiker Willard Frank Libby

(1908-1980), der diese Kohlenstoff-14-Methode 1946 zur Altersbestimmung derartiger Objekte entwickelte. 1960 wurde er dafür mit dem Nobelpreis für Chemie ausgezeichnet.

Die Radiokohlenstoffdatierung (englisch »radiocarbon dating«) ist nicht einfach. Wenn man eine Probe Holz von heute nimmt, erhält man für jedes Gramm gespeicherten Kohlenstoff pro Minute nur dreizehn niederenergetische Betateilchen. Bei einem Alter von fünftausend Jahren, zählt man vielleicht noch sieben Teilchen pro Minute. Diese Betateilchen müssen inmitten der verschiedenen anderen Strahlungen des Umfelds, die nicht mit dem Kohlenstoff-14 in Zusammenhang stehen, ausfindig gemacht werden, das heißt, die Zähler müssen gegen die artfremden Strahlungen entsprechend abgeschirmt werden.

Die Genauigkeit dieser Technik läßt sich durch einen Vergleich überprüfen. Man bestimmt das Alter des Holzes, das bei alten ägyptischen Gräbern verwendet wurde, und vergleicht dieses Alter mit dem geschichtlich vorgegebenen Alter. Das Ergebnis ist nicht schlecht, wenn man auch einräumen muß, daß die Radiokarbonmethode im Vergleich zur offensichtlichen Beweiskraft der geschichtlichen Fakten längst nicht so genau ist.

Sie mögen nun fragen, warum dann überhaupt Radiokarbonmethode, wenn doch die normale Geschichtsforschung schon genauer ist. Nun, die ägyptischen Funde führen uns nur etwa fünftausend Jahre in die Vergangenheit zurück. Vor dieser Zeit, das heißt in der prähistorischen Zeit, ist eine Datierung nach herkömmlichem Muster in der Tat nur sehr vage möglich, und hier läßt die Radiokarbonmethode eben doch eine verhältnismäßig genaue Altersbestimmung der Funde zu. Man kann auf diese Weise in der Tat bis zu siebentausend Jahre alte Objekte datieren.

So ließ sich mit der Radiokarbonmethode beispielsweise in etwa feststellen, wann die ersten menschlichen Wesen auf dem amerikanischen Kontinent auftauchten und wann die Gletscher zuletzt zurückwichen. So hatte man lange Zeit angenommen, daß dies das letzte Mal vor vielleicht fünfundzwanzigtausend Jahren geschehen sei, mußte dann aber aufgrund einer Radiokarbondatierung von Holzproben feststellen, daß die letzte Eiszeit erst zehntausend Jahre zurückliegt.

Kann man nun aber wirklich davon ausgehen, daß die Datierung mit Radiokohlenstoff genau ist? Gibt es dabei nicht irgendwelche Fehlerquellen?

Angenommen, die Zerfallsrate von Kohlenstoff-14 ist über die Jahrtausende hinweg konstant, woran die Physiker nicht zweifeln, dann ist eine Fehlerquelle die Fraktionierung. Kohlenstoff-14 ist etwa um 4,5 % schwerer als Kohlenstoff-12, das bedeutet, er reagiert zwar chemisch genauso wie Kohlenstoff-12, doch tut er dies ein bißchen träger. Wenn man also eine bestimmte Menge Kohlenstoff einem chemischen Prozeß unterzieht, so ist der Teil, der zuerst reagiert, reicher an Kohlenstoff-12 und ärmer an Kohlenstoff-14 als der Teil, der noch nicht reagiert hat. Derartige Fraktionierungseffekte müssen mit berücksichtigt werden, und sie werden es auch.

Problematischer ist die Sache schon in bezug auf die Ausgangsmenge des gebildeten Kohlenstoffs-14. Woher nehmen wir die Gewißheit, daß die kosmische Strahlung zu jeder Zeit konstant war? Könnte sich nicht die Zahl der Betateilchen, die auf die Atmosphäre auftreffen, über die Jahre hinweg verändert haben?

In periodischen Abständen kann eine Supernova innerhalb eines Umkreises von einigen hundert Lichtjahren von der Erde explodieren. Würde das nicht bedeuten, daß die Erde zeitweise mit einem Schwall zusätzlicher Betateilchen bestrahlt würde?

Hinzu kommt, daß sich auch eventuelle Schwankungen bei der Feldstärke des erdmagnetischen Feldes auf die Wirksamkeit der Höhenstrahlung auswirken können, und es ist inzwischen definitiv bekannt, daß die Feldstärke tatsächlich über Jahre hinweg gesehen beträchtliche Schwankungen aufweist.

Wie groß die Schwankungen der Höhenstrahlung und der damit verbundenen Produktionsrate von Kohlenstoff-14 sind, läßt sich in etwa an den Jahresringen von altem Holz ablesen, wenn man sie auf ihren Gehalt an Kohlenstoff-14 hin untersucht. Auf diese Weise lassen sich solche Schwankungen dann auch bei der Datierung berücksichtigen.

Aber kosmische Phänomene wie Supernovas und planetarische Magnetfeldänderungen sind beileibe nicht die einzigen Unsicherheitsfaktoren. Ganz gleich, ob man es nun wahrhaben will oder nicht, auch menschliche Aktivitäten spielen in diesem Zusammenhang eine Rolle. Nach dem 2. Weltkrieg fanden jahrzehntelang Atombombenversuche in der Atmosphäre statt. Die Folge davon war, daß Unmengen von Neutronen in die Atmosphäre geschleudert wurden, was wiederum einen signifikanten Anstieg der Kohlenstoff-14-Konzentration in der Erdatmosphäre bewirkte. – Und das sollten wir einmal näher beleuchten.

Schauen wir uns einmal genauer an, inwieweit der menschliche Körper in seiner natürlichen Umgebung durch Radioaktivität belastet wird. Es gibt geringe Mengen von

Uran und Thoium im Gestein und im Erdreich um uns herum, in den Ziegeln und Steinen, die für den Hausbau verwendet werden und so weiter. Realiter entstehen beim Zerfall von Uran und von Thorium winzigste Mengen eines radioaktiven Gases, und zwar von Radon, sehr zur Beunruhigung der Leute, die sich neuerdings Gedanken über eine zu hohe Konzentration von Radon in Innenräumen machen. Diese Gefahr besteht allerdings eigentlich erst seit der Zeit, da wir im Zuge der Energiesparmaßnahmen damit begonnen haben, eifrig zu isolieren und somit nicht mehr gewährleistet wird, daß das entstehende Radon durch eine entsprechende Ventilation aus unseren Wohnräumen in die Atmosphäre geblasen wird.

Darüber hinaus gibt es eine ständige Höhenstrahlung und die daraus resultierenden Sekundärstrahlungen, die unseren Körper unser ganzes Leben lang durchdringen.

All diese energetischen Strahlungen können in unserem Körper Moleküle aufspalten, wobei es gelegentlich zu Mutationen kommen kann, die sich schlimmstenfalls in Form von Krebs und genetischen Mißbildungen manifestieren.

Doch die Menschheit (das heißt alles Leben) war seit ihren Anfängen solcher Art von externen Strahlungen ausgesetzt, und immer waren die destruktiven Auswirkungen geringer als die konstruktiven Effekte, wenn man berücksichtigt, daß ein gewisses Maß an Mutation notwendig ist, um eine vernünftige Evolution zu gewährleisten. Ohne die Strahlung, die zugegebenermaßen das fatale Risiko von Krebs und Mißbildungen in sich birgt, wären wir überhaupt nicht da – alles hat seinen Preis.

Außerdem ist die externe Strahlung nicht so schlimm, wie es den Anschein hat. Wenn solche Teilchen in unseren Körper eindringen und durch ihn hindurchgehen, haben sie nur eine ganz geringe Chance, auf ein Molekül zu treffen, dessen Spaltung zu einer Mutation führen könnte. Meist, und das heißt eigentlich fast immer, verstrahlen sie sich an Wassermolekülen oder an irgendwelchen anderen relativ unempfindlichen Bausteinen des Körpers.

Aber nicht jede Strahlung kommt von außen. Der Körper ist selbst radioaktiv. Der Feind lauert im Innern!

Der Körper besteht aus verschiedenen Elementen, von denen einige natürlich vorkommende Radioisotope haben. Eines dieser Elemente ist Kalium, ein absolut lebensnotwendiger Baustein des Körpers. In der Natur (und in unserem Körper) kommen drei Kaliumisotope vor: Kalium-39, Kalium-40 und Kalium-41. Unter diesen dreien ist Kalium-40 das seltenste Isotop. Auf 8400 Kaliumatome kommt nur 1 Kalium-40-Atom. Dieses Kalium-40 ist allerdings ganz leicht radioaktiv. Es hat eine Halbwertszeit von 1,3 Milliarden Jahren und strahlt deshalb ständig Betateilchen aus.

Der menschliche Körper besteht etwa zu 1 % aus Kalium, das heißt ein 70 Kilogramm schwerer Erwachsener enthält also 700 Gramm Kalium, was wiederum bedeutet, daß er 83 Milligramm Kalium-40 in sich trägt. Wir können berechnen, wie viele Kalium-40-Atome in diesen 32 Milligramm enthalten sind, und wir können berechnen, wie viele dieser Atome pro Sekunde zerfallen und Betateilchen aussenden. Das Ergebnis lautet 1900 pro Sekunde.

Diese Betateilchen spalten Atome und Moleküle und richten Schaden an. Wenn man allerdings bedenkt, daß der Körper aus 50 Billionen Zellen besteht, dann wird im Durchschnitt jede Zelle nur von einem Kalium-40-Betateilchen pro Jahr getroffen. Und auch dieses Betateilchen verstrahlt im allgemeinen seine Energie auf harmlose Weise.

Man hat tatsächlich ausgerechnet, daß die Strahlung von

Kalium-40 den Körper in etwa so belastet wie die Höhenstrahlung, und da wir mit der Höhenstrahlung leben können, können wir auch mit Kalium-40 leben.

Kein anderes für die Funktionsfähigkeit des Körpers notwendige Element besitzt ein natürliches radioaktives Isotop mit langer Halbwertszeit. Dafür haben aber zwei solcher Elemente ein kurzlebiges Radioisotop, das nur deshalb existiert, weil es ständig durch die Höhenstrahlung produziert wird. Eines davon ist natürlich Kohlenstoff-14, das andere Wasserstoff-3 (Tritium).

1946 wies Libby nach, daß kosmische Strahlen Wasserstoff-3 bilden, der in der Natur deshalb in geringen Mengen vorkommt. Wasserstoff-3 hat eine Halbwertszeit von 12,26 Jahren, das ist nur der 460. Teil der Halbwerstzeit von Kohlenstoff-14. Er schwindet dementsprechend schneller dahin, so daß die Konzentration in der Atmosphäre (und demzufolge auch in den Pflanzen und damit in uns) sehr viel geringer ist, als dies bei Kohlenstoff-14 der Fall ist.

In natürlich vorkommendem Wasserstoff kommt auf 10^{18} Atome nur 1 Wasserstoff-3-Atom. Der menschliche Körper besteht zu ca. 12 Prozent aus Wasserstoff, in dem jedoch nur 8,4 Billiardstel Gramm Wasserstoff-3 enthalten sind, eine verschwindend geringe Menge also. Wasserstoff-14 löst im gesamten Körper nur drei Zerfallsprozesse pro Sekunde aus.

Dies kann man als absolut insignifikant vergessen.

Übrig bleibt jetzt noch der Kohlenstoff-14. Der menschliche Körper besteht zu 15 Prozent aus Kohlenstoff, das heißt eine 70 kg schwere Person besteht unter anderem aus 10,5 Kilogramm Kohlenstoff. Da auf 540 Milliarden Atome Kohlenstoff 1 Kohlenstoff-14-Atom kommt, enthält der menschliche Körper bei 70 Kilogramm Gewicht

190 Millionstel Gramm Kohlenstoff-14. Unter Berücksichtigung der Halbwertszeit von Kohlenstoff-14 ergibt sich rechnerisch, daß in einer Sekunde ungefähr 3100 Betateilchen von Kohlenstoff-14 ausgesendet werden.

Das bedeutet, daß in einem 70 kg schweren menschlichen Körper insgesamt ungefähr 22 100 Betateilchen pro Sekunde erzeugt werden. Daran ist das Kalium-40 mit 86 Prozent, der Kohlenstoff-14 mit 14 Prozent und der Wasserstoff-3 mit 0,00014 Prozent beteiligt.

Da das Kalium-40, wie ich gerade dargestellt habe, im Körper nicht in ausreichend großer Menge vorhanden ist, um als gefährlich eingestuft werden zu können – zumindest nicht gefährlicher als die Höhenstrahlung – liegt der Gedanke nahe, daß wir sicherlich auch den Kohlenstoff-14 und den Wasserstoff-3 als irrelevant betrachten können und sich dieses Kapitel damit erledigt hat.

Doch stop! Wir müssen noch einmal neu ansetzen.

Die verschiedenen Teile des Körpers sind nicht alle gleich lebensnotwendig. Das ist allgemein bekannt. Eine Kugel in der Schulter oder im Fuß ist zwar kein Vergnügen, aber sie bringt uns wahrscheinlich nicht gleich um. Eine Kugel im Herzen oder im Gehirn bedeutet dagegen das sofortige Ende.

Desgleichen kann ein energetisches Teilchen beim Durchgang durch eine Zelle eine Reihe von Wassermolekülen, Fettmolekülen oder Stärkemolekülen treffen, ohne irgendeinen irreparablen Schaden anzurichten. Dasselbe Teilchen kann jedoch enormen Schaden anrichten, wenn es auf ein DNS-Molekül trifft, da das DNS-Molekül für die Funktionsfähigkeit der Zelle von vitalem Interesse ist und seine Beschädigung zu einer Mutation führen kann, deren

Folge möglicherweise Krebs oder genetische Mißbildungen sind.

Die Masse der DNS-Moleküle in den Zellen macht jedoch nur ungefähr den 400. Teil der gesamten Zellmasse aus, so daß die die Zelle in irgendwelchen Richtungen planlos durchdringenden Teilchen nicht oft auf ein DNS-Molekül treffen werden und ihre Energie sich – wie bei der Kugel in der Schulter – für relativ unbedeutende Veränderungen verbrauchen wird. Das gilt auch für den Fall, daß das Teilchen durch irgendeinen Zerfall innerhalb des Körpers entstanden ist.

Mit anderen Worten, die Strahlung, die ihren Ursprung innerhalb des Körpers hat, unterscheidet sich in seiner Wirkungsweise meist nicht von der Strahlung, die von außen auf den Körper einwirkt. Nur wenn das radioaktive Atom sich zufällig wirklich in dem DNS-Molekül selbst eingenistet hat, haben wir einen echten inneren Feind.

Kalium-40 scheidet diesbezüglich aus, da das DNS-Molekül keine Kalium-Atome besitzt. Kohlenstoff- und Wasserstoffatome besitzt es hingegen, das heißt, es müssen auch geringe Spuren von Kohlenstoff-14 und Wasserstoff-3 vorhanden sein.

Beim Wasserstoff-3-Atom ist die Zahl der Zerfälle tausendmal geringer als bei dem weitaus häufigeren Kohlenstoff-14-Atom. Vergessen wir also den wahrscheinlich unbedeutenden Wasserstoff-3 und konzentrieren wir uns ganz auf den Kohlenstoff-14.

Jedesmal, wenn ein Kohlenstoff-14-Atom zerfällt, entsteht ein Stickstoff-14-Atom. Diese Verwandlung von Kohlenstoff in Stickstoff verändert die chemischen Eigenschaften des DNS-Moleküls, und dies ist in sich bereits eine Mutation, von der man allerdings nur schwer sagen kann, wie gefährlich sie ist. Die chemische Veränderung dürfte indessen noch das geringste Problem sein, wenn das Kohlenstoff-14-Atom ein Betateilchen abstrahlt. Es kommt dabei nämlich zu einem Rückstoß, bei dem der explodierende Kohlenstoff-14 womöglich gezwungen wird, die Bindung zu den Nachbaratomen zu sprengen.

Mit anderen Worten, das DNS-Molekül zerbricht in zwei Teile, mit dem Ergebnis einer möglicherweise drastischen Mutation.

Man müßte nun ausrechnen, wieviele Kohlenstoffatome in den DNS-Molekülen einer Zelle vorhanden sind und wieviele davon Kohlenstoff-14-Atome sind. Ich habe das einmal näherungsweise berechnet und bin dabei auf 1 Kohlenstoff-14-Atom pro 20 Zellen und 1 Zerfall pro Jahr und pro 24 000 Zellen gekommen.

Das scheint nicht sehr viel zu sein, aber denken Sie daran, es gibt immerhin an die 50 Billionen Zellen im Körper, so daß wir es auf ungefähr sechs Zerfälle von Kohlenstoff-14 in all den verschiedenen DNS-Molekülen eines 70 kg schweren Körpers *pro Sekunde* bringen.

Was bedeuten sechs Zerfälle pro Sekunde? Eigentlich nichts, ließe sich vermuten. Und wenn es sich dabei um normale Zerfälle mit planlos die Zelle durchdringenden Teilchen handelte, dann wäre diese Vermutung auch richtig. In diesem Fall jedoch *bewirkt jeder einzelne Zerfall genau zum Zeitpunkt des Zerfalls eine Mutation.*

Die meisten dieser Mutationen können natürlich relativ harmlos sein. Es kann auch vorkommen, daß eine Zelle aufgrund einer schwerwiegenden Mutation abstirbt, dann aber ohne weiteres wieder ersetzt werden kann.

Es gibt dabei aber auch Zellen (hauptsächlich Nerven- und Gehirnzellen), die nicht wieder ersetzt werden können.

Möglich ist auch, daß die betreffende Zelle bei bestimmten Mutationen nicht abstirbt, dafür aber zu einer Krebszelle mutiert. Man darf wohl behaupten, daß die in allen Organismen zu findenden einschneidenden Mutationen in erster Linie (wenn auch nicht nur) auf die Kohlenstoff-14-Atome in DNS-Molekülen zurückzuführen sind und daß die Wirkung der Höhenstrahlung in direktem Zusammenhang mit den Kohlenstoff-14-Atomen, die durch sie produziert werden, steht.

Ich habe auf die Gefahr von Kohlenstoff-14 in DNS-Molekülen zum erstenmal in einem kurzen Artikel mit dem Titel »The Radioactivity of the Human Body« in der Zeitschrift *The Journal of Chemical Education* vom Februar 1955 hingewiesen. (In den frühen 50er Jahren habe ich tatsächlich ein paar Jahre lang Artikel für wissenschaftliche Zeitschriften geschrieben. Dieser hier war zufällig der letzte.)

Ich glaube, ich war wohl der erste oder beinahe der erste, der darüber schrieb. Willard Libby war möglicherweise ein paar Monate früher dran, aber ich bin mir diesbezüglich nicht ganz sicher. Ich kannte jedenfalls seine Arbeit noch nicht, als ich meinen Artikel schrieb.

Der letzte Absatz meiner Abhandlung lautete folgendermaßen:

»Unter diesem Aspekt wäre es interessant zu wissen, ob eine mit Kohlenstoff-14 angereicherte Nahrung die Mutationsrate bei einem Tier wie beispielsweise der *Drosophila* oder das Krebsrisiko bei Mäusen ansteigen ließe und ob irgendeine Wechselbeziehung zwischen einem eventuellen Ansteigen der Mutations- bzw. Krebsrate und einem eventuellen Ansteigen von Kohlenstoff-14-Atomen in den Genen existiert.«

Ich weiß nicht, ob derartige Versuche jemals durchgeführt worden sind. Was mich betrifft, so hatte ich weder die Übung noch die Ausstattung, um mich selbst an diese Aufgabe zu machen. Auch wußte ich zu der Zeit, als ich den Artikel schrieb, noch nicht, daß die atmosphärischen Atomwaffenversuche ein drastisches Ansteigen des Kohlenstoff-14-Gehalts in der Atmosphäre zur Folge hatten.

Linus Pauling wußte jedoch tatsächlich darüber Bescheid und erkannte bald darauf, was das bedeutete (ich kann nur hoffen, daß mein Artikel in *The Journal of Chemical Education* – eine Zeitschrift, die er, wie er mit später erzählte, regelmäßig las – etwas zu dieser Erkenntnis beigetragen hat). Er startete sofort eine Kampagne, um die führenden Politiker und die Öffentlichkeit weltweit davon zu überzeugen, daß jede Kernreaktion in der Atmosphäre das Krebsrisiko und die Gefahr von genetischen Mißbildungen aufgrund des steigenden Kohlenstoff-14-Gehalts in der Atmosphäre und damit auch in den Genen, erhöhe.

Diese seine Argumente waren mehr als alles andere dafür verantwortlich, daß es 1963 zur Unterzeichnung des Atomteststoppvertrags kam und damit die Atomwaffenversuche in der Atmosphäre eingestellt wurden.

Ich bin darauf ziemlich stolz. Mein eigener Anteil daran ist zwar nur mikroskopisch klein, und der Verdienst gebührt allein Professor Paulig, doch von allen guten wissenschaftlichen Ideen, die ich im Laufe meines Lebens hatte – und ich hatte einige – war diese Idee, glaube ich, die beste.

5. Der Lichtbringer

Gestern wurde ich von einem sowjetischen Journalisten vor der Fernsehkamera interviewt. Da meine Science-fiction-Literatur in der Sowjetunion sehr populär ist und ich außerdem auch dort geboren bin, werde ich ab und an schon mal von den sowjetischen Medien interviewt.

Gewöhnlich fragt man mich dann nach meiner Meinung zum Frieden, zur Liebe und zur Zusammenarbeit unter den Völkern, und ich versichere ihnen dann immer, daß ich für alles drei bin. Normalerweise mangelt es mir schon bei diesen Themen keineswegs an Eloquenz. Gestern aber ging es um Science-fiction und um mich selbst. Damit war man, wie Sie sich wohl denken können, bei mir genau an der richtigen Adresse: Ich bekam ganz glänzende Augen und wuchs, was meine Eloquenz anbetrifft, förmlich über mich hinaus.

Als ich gerade bei dem Thema Robotertechnik (»robotics«) angelangt war, hielt ich plötzlich für einen Moment inne und sagte: »Ich habe übrigens dieses Wort »robotics« erfunden.« Der Interviewer nahm das mit Intersse und Erstaunen zur Kenntnis, und ich stürzte mich in medias res.

Hinterher habe ich darüber nachgedacht. Ich bin ungeheuer stolz darauf und lasse es mir auch nicht nehmen, darauf hinzuweisen, daß es mir gelungen ist, mit meiner Wortschöpfung in amerikanische Lexika aufgenommen worden zu sein – und nun habe ich die »frohe Kunde« auch noch über die ganze Sowjetunion hinweg verbreitet. Aber ist das eigentlich fair?

Denken Sie einmal an all die großen Entdecker und Erfinder, deren Namen völlig untergegangen sind, weil sie über keine modernen Kommunikationsmittel verfügten. Irgend jemand muß schließlich das Rad erfunden haben, aber wie sollte er die Botschaft von seiner Großtat weiterverbreiten oder für immer dokumentieren?

Niemand weiß, wer als erster Feuer schlug, wer als erster darauf kam, aus Mergelschiefer Kupfer herauszuschmelzen, wer als erster die Idee hatte, Ziegen anzubinden, um ihnen ihre Milch zu stehlen, oder wer als erster ausrief: »He, laßt uns Getreide anbauen, damit wir im Winter was zu essen haben!« Wenn man das alles bedenkt, dann sollte ich mich fast schämen, daß ich in einer Situation bin, wo ich der ganzen Welt die Nachricht aufzwingen kann, daß ich ein Wort erfunden habe.

Natürlich, bei einer Reihe von gleichartigen anonymen Entdeckungen gibt es irgendwann einmal auch die erste Entdeckung, die mit einem Namen verbunden ist. Wer war beispielsweise der erste namentlich bekannte Entdecker eines chemischen Elements? Um welches Element handelte es sich dabei, und wann wurde es entdeckt? Aber wie immer, schön langsam der Reihe nach.

Von den über hundert Elementen, die heute bekannt sind, waren mindestens neun schon im frühen Altertum bekannt. Sie wurden damals zwar nicht als solche erkannt (im Sinne von Grundsubstanzen, aus denen unser Universum auf atomarer Ebene aufgebaut ist), da die alten Griechen und Römer ihre eigenen – falschen – Vorstellungen von dem, was Elemente sind, hatten, doch das soll uns nicht weiter stören. Wir wollen über Elemente im Sinne unserer heutigen Nomenklatur sprechen.

Sieben der früh bekannten Elemente waren Metalle. Sie waren deshalb bekannt, weil sie zufällig in geringen Mengen in verhältnismäßig reiner Elementarform vorkamen und weil diese Elementarform leicht zu erkennen war.

Wenn nämlich jemand zufälligerweise über ein Goldnugget stolpern sollte, würde er anhand der gelben Farbe und aufgrund des Glanzes sofort erkennen, daß es sich dabei keineswegs um einen gewöhnlichen Kieselstein handelt. Zu dem Aussehen käme noch die Tatsache, daß es schwerer als andere Steine vergleichbarer Größe wäre und daß es bei einem Hieb mit der Steinaxt weder zerkrümeln noch zerspringen würde, sondern sich verformen würde. Angesichts seiner Schönheit und seiner guten Formbarkeit nimmt es nicht wunder, daß man in prähistorischen Gräbern in Ägypten und Mesopotamien schon Goldornamente gefunden hat.

Aufgrund dieser Eigenschaften machte man sich auf die Suche nach Gold, aber da Gold eines der seltensten Elemente ist, war die Ausbeute gering, fand dafür aber um so mehr Beachtung. Man suchte auch andere ähnliche Substanzen. Das Wort Metall kommt übrigens aus dem Griechischen und heißt soviel wie »suchen«.

Die Silbervorkommen sind vielleicht zwanzigmal größer als die von Gold, aber Silber ist chemisch auch aktiver als Gold. Deshalb kommt es wahrscheinlich auch mehr in Verbindung mit anderen Metallen in Form von »Erzen« vor. Diese Erze haben keine metallischen Eigenschaften und sehen eher wie normales Gestein aus. Infolgedessen wurden Silber-Nuggets auch später als Gold-Nuggets entdeckt, obwohl man auch sie schon in prähistorischer Zeit kannte.

Später, als man dann in der Lage war, durch Erhitzen der Erze ein Metall abzuscheiden, war Silber dann verbreiteter als Gold.

Kupfer kommt so in etwa 450mal häufiger vor als Silber und 9000mal häufiger als Gold: Und obwohl Kupfer chemisch viel aktiver ist als die beiden anderen Elemente, kann man es, und zwar gar nicht so selten, in elementarem Zustand finden. Es kann sein, daß Kupfer sogar noch vor dem Gold für Ornamente verwendet wurde. Als man es dann erst einmal verstand, das Kupfer aus dem Kupfererz herauszuschmelzen, konnte man es sich sogar leisten, Kupfer in großen Mengen für die Werkzeug- und Waffenherstellung zu verwenden.

Eisen ist eines der häufigsten Elemente. Es kommt über tausendmal häufiger vor als Kupfer. Es ist jedoch so aktiv, daß es unter normalen Bedingungen nur in Form von Erzen gefunden wird und elementar überhaupt nicht vorkommt. Das Eisenerz läßt sich dazu auch noch viel schwerer schmelzen als Silber- oder Kupfererz. De facto gelang es erst den Hethitern um 1500 v. Chr. eine praktikable Methode für das Schmelzen von Eisenerz zu entwickeln.

Nichtsdestoweniger fällt metallisches Eisen manchmal in Form eines Meteoriten vom Himmel, und so erklärt es sich, daß auch Eisen schon in prähistorischer Zeit in seiner Elementarform bekannt war.

Blei kommt im Vergleich zu Kupfer nur ein Drittel so häufig vor, es ist jedoch einfach aus seinem Erz zu gewinnen. Wenn man Erze verhüttete, um das begehrte Silber und Kupfer herauszuschmelzen, lieferten zufällig beigemengte Bleierze auch Blei.

Blei empfand man als genauso dumpf und häßlich, wie Gold einem glänzend und schön erschien, so daß es – so wie Gold als Edelmetall schlechthin galt – zum Inbegriff des »unedlen Metalls« wurde. Nichtsdestoweniger hat Blei seinen Wert. Zum einen war es, abgesehen von Gold, die dichteste frühgeschichtlich bekannte Substanz. Deshalb verwendete man, wenn man einen sowohl kleinen als auch schweren Gegenstand brauchte und sich Gold nicht leisten konnte, ganz einfach Blei. Zum anderen war Blei aber auch sehr weich und ließ sich leicht zu Rohren formen, durch die man Wasser leiten konnte, so daß man die allzu zerbrechlichen Tonröhren schließlich gegen Bleirohre austauschte.

Zinn wurde wahrscheinlich auf indirektem Wege entdeckt. Bei der Verhüttung von Kupfererzen, die verhältnismäßig reines Kupfer lieferten, erhielt man ein Metall, das für Werkzeuge, Waffen und Rüstungen zu weich war. Wenn man dem Kupfererz nun aber ein anderes Erz beimengte, entstand eine Metallegierung, die ein gutes Stück härter war als Kupfer selbst. Es handelte sich dabei um Bronze, und das geheimnisvolle Additiv war Zinn. Die Helden des Trojanischen Krieges hatten Schilde, Rüstungen und Speerspitzen aus Bronze. Sie lebten in der sogenannten Bronzezeit, die die Steinzeit ablöste und ihrerseits von der Eisenzeit abgelöst wurde.

Zinn konnte aus Zinnerzen herausgeschmolzen werden und dann mit Kupfer in einem Verhältnis legiert werden, das hinsichtlich Qualität und Kosten optimal ausgewogen war. Allerdings machen die Zinnvorkommen nur ein Fünfzehntel der Kupfervorkommen aus, und die Zinnminen des Mittelmeerraums waren schon ziemlich früh ausgebeutet. (Dies war das erstemal in der Geschichte, daß lebenswichtige Bodenschätze erschöpft waren.) Die Phönizier wagten sich dann auf den Atlantik hinaus und fanden Zinnerz auf den »Zinn-Inseln« (vermutlich Cornwall), was ihnen zu großem Reichtum verhalf.

Quecksilber war das letzte der in der Frühzeit entdeckten Metalle. Da es sich dabei um ein flüssiges Metall handelte, fand diese Entdeckung natürlich große Beachtung.

Zusätzlich zu diesen sieben Metallen gibt es auch noch zwei Nichtmetalle, die bemerkenswerterweise in elementarem Zustand vorkommen. Eines davon ist Schwefel, ein

Stoff, der zwar von einem intensiven Gelb ist, dem aber jener schöne metallische Glanz fehlt, den wir vom Gold her kennen. Die Entdeckung von Schwefel war wirklich kein Kunststück.

Der bemerkenswerteste Aspekt bei Schwefel war die Tatsache, daß er brannte, worauf die Leute sozusagen mit der Nase gestoßen wurden, wenn sie in der Nähe von Schwefelvorkommen ihre Lagerfeuer machen wollten. Alle gängigen, in grauer Vorzeit bekannten Brennstoffe stammten von lebenden Dingen: Holz, Öle usw. Schwefel war die einzige Substanz, die keinerlei Verbindung zu organischen Stoffen hatte und leicht entzündbar war.

Bemerkenswert ist beim Verbrennen von Schwefel nicht nur die intensiv blaue Flamme, sondern auch das dabei entstehende unerträglich beißende Gas. Dieses Phänomen und die Tatsache, daß dererlei beißender Gestank in der Nähe von noch aktiven Vulkanen aufsteigt, haben zweifellos in der Phantasie der Leute das Bild von einer unterirdischen Hölle entstehen lassen, in der nicht nur das ewige Fegefeuer brennt, sondern zu allem Übel auch noch hauptsächlich Schwefel als Brennstoff verwendet wird (daher die Redewendung »Feuer und Schwefel«).

Schließlich gibt es noch den Kohlenstoff in elementarer Form. Jedes Feuer, das in der Nähe eines Felsens oder in einer Höhle abgebrannt wird, hinterläßt eine Rußschicht, und diese Rußschicht ist eigentlich nichts anderes als reiner Kohlenstoff. Ein anderes Beispiel: Wenn ein Holzstoß unter verminderter Luftzufuhr abgebrannt wird, verbrennt das Holz im Inneren des Stapels nicht vollständig. Es bleibt eine schwarze Substanz zurück, die, wenn sie unter ausreichender Luftzufuhr entzündet wird, mit kleinerer Flamme und weitaus höheren Temperaturen als gewöhnliches Holz verbrennt. Es handelt sich dabei um Holzkohle, die eigentlich wiederum nichts anderes als reiner Kohlenstoff ist.

Die Existenz von Ruß und Holzkohle dürfte nicht lange unentdeckt geblieben sein.

Über diese sieben Elemente hinaus gibt es verschiedene weitere Elemente, die wahrscheinlich bereits im Mittelalter isoliert worden sind, über deren frühe Geschichte wir jedoch wenig wissen.

Man weiß beispielsweise, daß Kupferhandwerker noch bevor die übliche Kupfer-Zinn-Legierung, die sogenannte Bronze, Verwendung fand, herausgefunden hatten, daß Kupfererz in Verbindung mit einem anderen Erz (nicht Zinn) ebenfalls eine Kupferlegierung ergab, die sehr viel härter als reines Kupfer war.

Das Schlimmste daran war nur, daß das Arbeiten mit dieser Frühbronze gefährlich war und die Todesrate bei den Arbeitern, die dieses andere Erz abbauten und mit dem Kupfererz mischten, hoch war. Das andere Erz war zufällig Arsen. Als man dann auf das Zinnerz stieß, nahm man begreiflicherweise vom Arsenerz Abstand.

Natürlich ist die Entdeckung und die Verwendung eines Erzes eine Sache und die Isolierung des Elements, das es enthält, eine andere. Dennoch, wenn Menschen es gelernt haben, Kupfer, Zinn, Blei, Quecksilber und Eisen aus ihren entsprechenden Erzen zu gewinnen, so liegt die Vermutung nahe, daß es auch gelingt, aus jedwedem anderen Erz das betreffende Element herauszuschmelzen.

Aus dem Arsenerz läßt sich das Arsen ohne große Schwierigkeiten gewinnen. In der Antike und im frühen Mittelalter hat man dies wohl auch bei einer Reihe von Gelegenheiten getan. Zu jener Zeit wurden wissenschaftliche Entdeckungen jedoch nicht extra veröffentlicht, sofern sich daraus keine sinnvollen Anwendungsmöglichkeiten ergaben. Arsenerze waren giftig, und so müssen nur wenige Leute damit gearbeitet haben. Das eventuell gewonnene Arsen hatte keinen besonderen Nutzen und wurde vergessen.

Der erste, der das elementare Arsen mit Nachdruck in das Bewußtsein der Gelehrtenwelt brachte, war Albertus Magnus (1193–1280), ein deutscher Gelehrter. Er bereitete es aus dem Erz auf und beschrieb es in seinen Schriften so sorgfältig und genau, daß er keinerlei Zweifel daran ließ, daß es sich dabei um Arsen handelte. Aus diesem Grund wird Albertus Magnus manchmal auch der Ruhm zuteil, um das Jahr 1230 das Arsen »entdeckt« zu haben. Wenn dem so wäre, wäre er die erste Person, die – namentlich, zeitlich und örtlich dokumentiert – ein Element entdeckt hätte. Aber das ist keineswegs abgesichert. Es spricht vielmehr alles dafür, daß Arsen schon viel früher von Leuten, deren Namen uns nicht bekannt ist, isoliert wurde.

Dann sind da noch schwarze Farbstoffe zu nennen, die bereits in der Antike zur Schwärzung der Augenbrauen und Augenlider – ähnlich wie heutzutage Mascara – verwendet wurden. Möglicherweise hat man davon in Ägypten sogar schon um 3000 v. Chr. Gebrauch gemacht. Einer dieser solchermaßen genutzten Farbstoffe hieß bei den Römern »Stibium« und ist heute unter dem Namen »Stibnit« bekannt. Chemisch gesehen handelt es sich bei diesem Farbstoff um Antimonsulfid.

Antimon hat ähnliche chemische Eigenschaften wie Arsen, und so wie man Arsen ohne Schwierigkeiten aus seinem Sulfiderz in elementarer Form gewinnen kann, ist dies auch bei Antimon möglich. Das wurde im übrigen auch gemacht. So fand man zum Beispiel im alten Mesopotamien eine Vase, die aus der Zeit um 3000 v. Chr. stammen dürfte, die fast aus purem Antimon besteht. Aber es gibt auch andere antike Funde, die Antimon enthalten.

Dokumentarisch festgehalten wurde Antimon zum erstenmal in einem Buch mit dem Titel *Der Triumphwagen des Antimon*. Das Buch soll 1450 verfaßt worden sein und wird einem deutschen Mönch namens Basilius Valentinus zugeschrieben. Das ist auch der Grund dafür, daß Valentinus manchmal als Entdecker des Antimons apostrophiert wird. Aber er ist es natürlich nicht. In Wirklichkeit ist nicht einmal erwiesen, ob er überhaupt je gelebt hat. Das Buch könnte auch um 1600 von jemandem geschrieben worden sein, der den Namen des Mönches nur dafür benutzte, um ihm mehr Seriosität zu verleihen.

Das Element Wismut, das ebenfalls zu der Arsengruppe der Elemente gehört, dürfte zum erstenmal um 1400 – manche glauben sogar noch früher – isoliert worden sein. Seine Entdeckung wird ebenfalls manchmal Valentine zugeschrieben, doch wir können mit Sicherheit davon ausgehen, daß der wahre Entdecker unbekannt ist und der tatsächliche Zeitpunkt der Entdeckung ebenfalls weiter zurückliegt.

Schließlich haben wir noch das Zink. In alten Zeiten wurden Zinkerze mit Kupfererzen gemischt. Die Legierung, die dabei entsteht, ist »Messing«. Was das Messing besonders auszeichnet, ist seine Farbe, die der Farbe von Gold sehr nahekommt. Ansonsten hat es zwar mit den anderen Eigenschaften von Gold nichts gemein, doch manchmal reicht schon die bloße Ähnlichkeit des Aussehens.

An sich ließe sich elementares Zink sehr leicht aus Zinkerz gewinnen. Problematisch ist lediglich die Tatsache, daß Zink bei den hohen Schmelztemperaturen leicht verdampft und verschwindet. (Zink gehört zu der Familie der Elemente mit niedrigem Schmelz- und Siedepunkt, zu der auch das Quecksilber gehört.) Nichtsdestoweniger ist die Wahrscheinlichkeit groß, daß elementares Zink schon zu den Zeiten der Römer gewonnen wurde.

So stellt sich also die Situation im Jahre 1674 dar: Man kannte etwa 13 Stoffe, sprich Elemente in unserem heutigen Sinne. Dies waren – alphabetisch geordnet: Antimon, Arsen, Blei, Eisen, Gold, Kohlenstoff, Kupfer, Quecksilber, Schwefel, Silber, Wismut, Zink und Zinn. Man kannte sie alle in verhältnismäßig reiner Form, doch die Entdeckung keines dieser Elemente läßt sich mit einem genauen Zeitpunkt, Ort oder Namen in Verbindung bringen.

Und damit kommen wir zum Phosphor.

Das Wort »phosphorus« fand schon im Altertum in den wissenschaftlichen Sprachgebrauch Eingang. Nach Sonnenuntergang taucht manchmal im Westen ein sehr heller Stern auf, dessen Pendant zu anderen Zeiten am östlichen Himmel in der Morgendämmerung erscheint, nämlich der Abend- und der Morgenstern. Zunächst glaubten die Griechen, es handele sich um zwei verschiedene Sterne. Sie nannten den Abendstern »Hesperos« (lateinisch »Hesperus«) nach ihrem Wort für »Westen« und gaben dem Morgenstern den Namen »Phosphoros« (lateinisch »Phosphorus«) nach ihrem Wort für »Lichtbringer«, denn sobald der Morgenstern im Osten aufging, brach auch bald der Tag an.

Die Römer gaben den beiden Sternen lateinische Namen gleicher Bedeutung, nämlich »Vesper« für den Abenstern und »Lucifer« für den Morgenstern.

Letztendlich kam man aber dahinter (dank der babylonischen Astronomen, die auf diesem Gebiet unzweifelhaft die Nase vorn hatten), daß es sich beim Abend- und beim Morgenstern um ein und dasselbe Objekt handelte, und so kamen die beiden Namen aus der Mode. Der Stern (tatsächlich ist es ein Planet) wurde bei den Griechen unter dem Namen »Aphrodite« bekannt, während er für die Römer und für uns zur »Venus« wurde.

Und damit verschwand der Name »Phosphorus« für gut zweitausend Jahre aus dem wissenschaftlichen Vokabular, und zwar bis zu der Zeit eines gewissen Hennig Brandt, einem deutschen Chemiker, der um 1630 geboren wurde und um das Jahr 1692 starb.

Brandt stand ganz in der Tradition der Alchimisten (er wird manchmal als der »letzte der Alchimisten« bezeichnet) und war intensiv damit befaßt, eine Substanz zu entwickeln, die es ermöglichte, ein unedles Metall, zumindest aber Silber, in Gold zu verwandeln.

Dabei kam ihm – aus welchen Gründen auch immer – der Gedanke, daß er diese katalytische Substanz vielleicht aus Urin herstellen könne. 1674 machte er sich also an die ziemlich stinkige Arbeit, große Mengen von Urin solange einzukochen, bis sich die gelösten Substanzen als feste Kruste in seinen Gefäßen abgesetzt hatten. Darin war unter anderem auch – gemäß unserer heutigen Terminologie – Natriumphosphat enthalten.

Anschließend versuchte er den festen Rückstand, wie von den Erzen her bekannt, einzuschmelzen, um zu sehen, ob er auf diese Weise nicht ein neues Metall gewinnen könnte, das ihm als Katalysator bei der Goldherstellung dienlich sein würde. Diese Prozedur bewirkte indessen, daß das Natriumphosphat einige seiner Phosphoratome freigab, und damit war Brandt in der Lage, relativ reines Phosphor herzustellen.

Niemand hatte bis dato jemals elementares Phosphor gesehen, niemand hatte jemals seine Existenz in Betracht gezogen. Es war das erste Element, das in der Neuzeit rein dargestellt wurde, das erste Element, von dem man weiß, wann (1674), wo (Hamburg) und von wem (Hennig Brandt) es zum erstenmal rein dargestellt wurde.

Doch warum so ein Aufhebens deshalb? Natürlich ist die Entdeckung einer neuen Substanz mit Eigenschaften, wie man sie dato noch von keinem Element her kannte, eine aufregende Sache. Aber hier ging es um mehr als das.

Es ging darum, daß die neue Substanz im Dunkeln grün glühte. Diese mysteriöse und gespenstische Eigenschaft veranlaßte Brandt dazu, seine Entdeckung »phosphorus«, also »Lichtbringer«, zu nennen, und so kam es, daß das Wort unter einer völlig anderen Bedeutung als bei den alten Griechen wieder Eingang in die wissenschaftliche Terminologie fand.

Gewiß, es gab Mineralien, die in der Dunkelheit leuchteten, ein Phänomen, das man heute »Phosphoreszenz« nennt, was jedoch mit Phosphor speziell nichts zu tun hat (trotz der Namensverwandtschaft). Diese Phosphoreszenz tritt jedoch nur auf, wenn das Mineral vorher dem Licht ausgesetzt war, wobei die Leuchtkraft in der Dunkelheit ziemlich schnell wieder nachläßt. Phosphor leuchtet dagegen auch, wenn er nicht dem Licht ausgesetzt war, und seine Leuchtkraft hält lange Zeit an.

Diese Leuchtkraft sorgte damals unter den Chemikern für die gleiche Aufregung wie über zwei Jahrhunderte später das strahlende Radium, das Marie Curie isoliert hatte. (Dabei gibt es natürlich einen Unterschied. Phosphor leuchtet, weil er sich spontan und langsam mit Sauerstoff verbindet, wobei chemische Energie freigesetzt wird, die zum Teil in Licht umgewandelt wird. Radium leuchtet dagegen, weil sein Kern spontan zerfällt, wobei Kernenergie entsteht, die teilweise in Licht umgewandelt wird.)

Die allgemeine Aufregung um diese Leuchtkraft veranlaßte auch andere Chemiker Phosphor für sich selbst zu gewinnen. Man kam sogar zu Brandt, um sich die nötigen Informationen zu holen, mit deren Hilfe man dann Phosphor herstellte, um anschließend (ohne Erfolg) den Anspruch darauf zu erheben, der echte Entdecker zu sein. Dem britischen Chemiker Robert Boyle gelang es tatsächlich, 1680 unabhängig von Brandt Phosphor rein darzustellen. Er war jedoch sechs Jahre zu spät dran, und so kommt Brandt das Verdienst der Entdeckung zu.

Phosphor gehört zu derselben Hauptgruppe der Elemente, zu der auch Arsen, Antimon und Wismut gehören. Antimon und Wismut sind Metalle, und Arsen gilt als Halbmetall, doch bei Phosphor, dessen Atome wesentlich kleiner als die der anderen drei Elemente sind, handelt es sich garantiert um kein Metall. Nach dem Verfahren von Brandt dargestellt, ist er ein weißer, wachsartiger, fester Stoff. Man bezeichnet ihn als »weißen Phosphor«.

Natürlich suchte man nach einem Weg, sich die Leuchtkraft von Phosphor zunutze zu machen. Der deutsche Gelehrte Gottfried Wilhelm Leibniz (1646–1716) schlug sogar begeistert vor, das Kerzenlicht durch ein genügend großes Stück weißen Phosphors zu ersetzen.

Die Herstellung von Phosphor ist jedoch so schwierig, daß eine Scheibe davon, die groß genug wäre, um einen Raum auszuleuchten, so teuer wäre, daß man sich dafür ein Leben lang mit Kerzen eindecken könnte.

Aber der leuchtende Phosphor gab ja auch Wärme ab und konnte, wenn er mit irgendeinem brennbaren Stoff in Berührung kam, denselben nach einer Weile in Brand setzen. Tatsächlich gingen die Chemiker anfangs ziemlich sorglos mit Phosphor um (so wie die Chemiker später zunächst auch ziemlich sorglos mit Radium umgingen), so daß durch ihre Unachtsamkeit so manchesmal ein Feuer in ihrer Wohnung oder an ihrem Arbeitsplatz ausbrach.

So fing man an, der Frage nachzugehen, ob sich ein Feuer nicht mit chemischen Mitteln entzünden ließe.

Bis dahin hatte man ein Feuer immer mit Hilfe von Reibung entfacht. Man rieb zwei Hölzer solange aneinander, bis sich genügend Wärme entwickelt hatte, um ein Stück Zunder zu entzünden. Die kleine Flamme wurde dann dazu benutzt, ein größeres Feuer zu entzünden. Man konnte auch einen Feuerstein und Stahl gegeneinander schlagen und mit den entstehenden Funken Zunder entzünden.

Aber warum überzog man nicht einfach das Ende eines Holzsplints (oder Pappstreifens) mit einer geeigneten chemischen Substanz, die das Holz bzw. die Pappe zu gegebener Zeit in Brand setzte? Man hätte dann eine kleine Flamme, deren Brenndauer ausreichen würde, um ein größeres Feuer zu entzünden. Kurz, die Rede ist vom Zündholz ...

Solche chemischen Zündhölzer wurden zum erstenmal in den ersten Jahrzehnten des 19. Jahrhunderts produziert. Man verwendete dazu jedoch nicht immer Phosphor. Bei einer Art von Zündhölzern bestand der Zündkopf am Ende eines Stabes aus einer Glasperle, in der sich chemisch aktives Kaliumchlorat in einem feuchten Gemenge befand. Das Ganze war mit Papier umwickelt. Wenn der Kopf zerbrochen wurde, entzündete das Kaliumchlorat das Papier. Diese Zündhölzer nannte man Prometheus-Hölzer, und zwar nach dem Gott der griechischen Mythologie, der den Menschen von der Sonne das Feuer brachte. Diese Methode war sehr umständlich und unsauber, wie Sie sich sicher vorstellen können.

Eine andere Art von Zündhölzern entzündete sich nicht spontan, sondern mußte erst an einer rauhen Fläche angestrichen werden, um die Temperatur zu erhöhen. Die Reibungswärme bewirkte am aktiven Ende eine chemische Reaktion, aufgrund deren das Zündholz sich plötzlich entzündete. Diese »Streichhölzer« enthielten kein Phosphor. Die Amerikaner nannten sie »loco-focos«, eine Bezeichnung, die sogar Geschichte machen sollte:

Im Jahre 1835 kam es zwischen dem liberalen und dem konservativen Flügel der Demokraten in New York City zu hitzigen Auseinandersetzungen. Als die Konservativen bei einer Parteisitzung eine Niederlage witterten, löschten sie einfach die Lichter, um die Sitzung zu beenden. Die Liberalen zündeten jedoch mit ihren »loco-focos« Kerzen an und machten weiter. Daraufhin betitelten die konservativen Demokraten die Liberalen eine Zeitlang geringschätzig als »Loco-focos«, eine Bezeichnung, die von der Gegenpartei, den Whigs, mit Freuden auf die ganze Partei der Demokraten übertragen wurde.

Diese phosphorfreien Streichhölzer – auch »Luzifer-Hölzer« genannt – waren schwer zu entzünden, und wenn sie schließlich Feuer fingen, kam es manchmal zu einem solchen Funkenregen, daß man sich Kleidung und Hände verbrannte.

Im Jahre 1831 stellte allerdings ein Franzose namens Charles Sauria zum erstenmal praktische Streichhölzer mit Phosphor her. Dabei war das aktive Phosphor mit anderen Materialien vermengt, um zu verhindern, daß das Streichholz sich entzündete, bevor es angestrichen worden war. Diese Zündhölzer zündeten schnell und leise und waren darüberhinaus auch haltbar. Sie schlugen schließlich alle anderen Arten von Zündhölzern aus dem Rennen.

Es gab dabei nur einen Pferdefuß. Der in den Streichhölzern verwendete Phosphor war giftig, und die Leute, die diese Zündhölzer fertigten, nahmen diesen giftigen Phosphor in ihren Körper auf. Die Folge davon war eine Degeneration der Knochen. Die »Phosphornekrose« führte langsam und schmerzvoll zum Tode.

Auch hier läßt sich eine Parallele zu den Erfahrungen ziehen, die man ein Jahrhundert später mit Radium machte. Die Gefährlichkeit von Radium und anderen radioaktiven Substanzen wurde zunächst nicht erkannt, und so arbeitete man winzige Mengen von Radium in die Zifferblätter von Uhren ein, damit die Zeiger und Ziffern bei Dunkelheit leuchteten.

Die Leute, die in den Farbriken mit dem Radium in Berührung kamen, wurden strahlenkrank und starben, bis das Ganze schließlich verboten wurde. (Ich erinnere mich noch, in meiner Jugend eine Armbanduhr mit Radium-Beschriftung getragen zu haben.)

Glücklicherweise entdeckte im Jahre 1845 ein österreichischer Chemiker, ein gewisser Anton von Schroetter (1802–1875), daß weißer Phosphor bei Erhitzung in einem stickstoff- und kohlendioxidhaltigen Milieu seine Atome umsortiert (es findet keine chemische Reaktion statt) und eine andere Modifikation von Phosphor, nämlich – entsprechend seiner Farbe – roten Phosphor, bildet.

Roter Phosphor hat den Vorteil, daß er nicht giftig ist und daß seine Verwendung relativ sicher ist. Um das Jahr 1851 stellte Schroetter deshalb Streichhölzer mit rotem Phosphor her. Dabei stellte sich jedoch heraus, daß diese Streichhölzer wegen der größeren Stabilität von rotem Phosphor nur sehr schwer entzündbar waren. Aus diesem Grund blieben die Streichhölzer mit weißem Phosphor bis zum Ende des Jahrhunderts auch weiterhin populär. Dann wurden sie allerdings gesetzlich verboten. Vor die Wahl gestellt, systematischer Tod oder ein bißchen Unbequemlichkeit, entschied sich die Gesellschaft mit der üblichen Verzögerung und den üblichen Vorbehalten für die Unbequemlichkeit. Schließlich gelang es dann aber, die Zündköpfe mit dem roten Phosphor chemisch so aufzupeppen, daß sie am Ende absolut leicht anzustreichen waren.

Der nächste Schritt waren die »Sicherheitshölzer«. Die normalen Streichhölzer konnten an jeder rauhen Oberfläche angestrichen werden, da alle Chemikalien für die Entzündung der Flamme im Zündkopf vorhanden waren. Es war durchaus möglich, daß sie sich per Zufall entzündeten und völlig unerwartet für böse, wenn nicht sogar lebensgefährliche, Überraschungen sorgten.

Angenommen, man ließ nun eine Substanz aus dem Zündkopf weg – den roten Phosphor zum Beispiel – und brachte ihn auf einen Spezialstreifen auf. Ein derartiges Sicherheitsstreichholz würde sich dann nur noch entzünden, wenn es auf dem entsprechenden Streifen angestrichen würde.

Aber damit will ich es für den Augenblick erst einmal bewenden lassen. Mehr über Phosphor folgt im nächsten Kapitel.

6. Ein Baustein nicht nur für Knochen

Neulich fand ich mich bei einem offiziellen Frühstück auf einem Ehrenplatz wieder, ohne daß man mich dabei als Redner eingeplant hätte. Das allein genügte schon, um mein jugendliches Anlitz zu verfinstern. Warum scheuchte man mich auf einen Ehrenplatz und ließ mich nicht am Tisch meiner lieben Frau Platz nehmen, wenn man meine Anwesenheit nicht auch ausnutzen wollte?

Nun, man würde mich natürlich vorstellen, so daß ich zumindest aufstehen und nett lächeln konnte. Es stellte sich dann allerdings heraus, daß der, der mich vorstellte, noch nie etwas von mir gehört hatte und meinen Namen so verstümmelte, daß ich mich schnell wieder hinsetzte und mich weigerte zu lächeln.

Es sah also gar nicht danach aus, als sollte dies mein Tag werden. Aus purer Verzweiflung vertrieb ich mir schließlich die Zeit damit, einen frechen Limerick für meine Nachbarin zur Linken zu schreiben, die mich nun *tatsächlich* kannte (und die de facto dafür verantwortlich war, daß ich hier festklebte).

Ich vermute, daß sie mir meine Verärgerung ansah und sich deshalb darum bermühte, mich aufzuheitern und die Aufmerksamkeit der anderen auf mich zu lenken. Sie wandte sich an den Mann zu *ihrer* Linken und sagte: »Schauen Sie einmal diesen lustigen Limerick, den Dr. Isaac Asimov für mich verfaßt hat.«

Der Geschäftsmann warf gelangweilt einen Blick darauf, sah mich dann an und sagte: »Sind Sie vielleicht zufällig Schriftsteller?«

Peng! Ich erwarte ja nicht, daß die Leute mein Zeugs unbedingt lesen, aber ich erwarte doch, daß sie zumindest andeutungsweise wissen, daß ich Schriftsteller bin.

Mein Freund, der links neben mir saß und bemerkte, wie meine Hand nach dem Messer neben meinem Teller griff, beeilte sich, die Situation zu retten und sagte hastig: »Oh, er *ist* ein Schriftsteller. Er hat dreihundertfünfzig Bücher geschrieben.«

Völlig unbeeindruckt fragte der Knabe noch einmal nach: »Dreihundertfünfzig Limericks?«

»Nein, dreihundertfünfzig *Bücher*!«

Und dann kam es zwischen dem Mann und mir zu folgendem Dialog:

MANN: *(weiterhin auf seinen Limericks herumreitend):* »Sind Sie Ire?«

ASIMOV: »Nein.«

MANN: »Wie können Sie dann Limericks schreiben?«

ASIMOV: »Ich bin in Rußland geboren und schreibe Odessas.«*

MANN: *(mit verblüfftem Gesicht):* »Benutzen Sie ein Textverarbeitungsgerät?«

ASIMOV: »Ja.«

MANN: »Können Sie sich vorstellen, ohne Textverarbeitung auszukommen?«

ASIMOV: »Sicher.«

MANN: *(die Antwort übergehend):* »Können Sie sich vorstellen was mit *Krieg und Frieden* passiert wäre, wenn Dostojewski mit Textverarbeitung gearbeitet hätte?«

ASIMOV: *(verächtlich):* »Gar nichts, weil *Krieg und Frieden* nämlich von Tolstoi geschrieben wurde.«

Damit war das Gespräch beendet, und ich konzentrierte mich wieder darauf, das Essen zu überleben – was mir auch gelang, wenn auch nur mit Mühe ...

Ganz umsonst war das Ganze indessen doch nicht. Meine Begegnung mit diesem sturen »Knochen« brachte mich immerhin auf die Idee, mein nächstes Essay für das F & SF-Magazin mit einer Betrachtung über Knochen zu beginnen.

---

* Für den unwahrscheinlichen Fall, daß Ihnen die Pointe entgangen sein sollte: Limerick ist eine Stadt in Südwestirland und Odessa eine Stadt in Südwestrußland.

Der Grundstoff des Lebens, so wie wir es auf der Erde kennen, ist das Wasser, in dem Moleküle verschiedener Größen gelöst sind bzw. frei herumschweben. Im großen und ganzen bedeutet das, daß Lebensformen weich und gallertartig sein können wie zum Beispiel Regenwürmer. Weichheit ist also durchaus eine Möglichkeit zu überleben, und wenn man das Alter der Erde betrachtet, so reduzierte sich sieben Achtel der Zeit auch alles Leben auf diese Möglichkeit. Das Harte wurde als Lebensform erst in relativ jüngster Zeit entwickelt.

Natürlich konnten selbst die weichsten und kolloidalsten Lebewesen nicht einfach als wässrige Lösungen im Ozean existieren. Sie wären fein verteilt und weggewaschen worden. Jedes Lebewesen brauchte eine äußere Hülle, die den molekularen Lebensträger zusammenhielt und ihn gegen das Meer abgrenzte.

Dies geschah durch den Aufbau von Makromolekülen (Ketten von kleinen Molekülen), die als Zellmembranen dienten. Pflanzenzellen konzentrierten sich auf Zuckereinheiten und bauten aus langen Ketten von Glukosemolekülen Zellulose auf, ein Molekül, das heute das weitest verbreiteste organische Molekül der Erde ist. Zellulose ist die Hauptkomponente von Holz. Baumwolle, Leinen und Papier bestehen praktisch aus reiner Zellulose.

Tierische Zellen stellen keine Zellulose her. Sie bedienten sich anderer Makromoleküle (Proteine zum Beispiel), um ihre Kohärenz zu gewährleisten. Das widerstandsfähige Protein Keratin ist Hauptbestandteil der Haut, Schuppen, Haare, Nägel, Hufe und Klauen. Ein anderes widerstandsfähiges Protein ist das Kollagen. Es findet sich in Sehnen und Bändern, sowie ganz allgemein im Bindegewebe.

Aber vor ungefähr 600 Millionen Jahren kam es ganz

plötzlich zu einem Evolutionssprung: Verschiedene Tiergruppen (»Phyla«) entwickelten auf einmal die Eigenheit, anorganische Substanzen als Schutzwände zu verwenden. Diese waren im wesentlichen mineralischer Natur, und sie waren härter, fester und für die Umwelt undurchdringlicher als alles, was aus organischen Substanzen aufgebaut war. (Sie waren auch schwerer, unempfindlicher und weniger empfindsam, ja sie zwangen oftmals solche Kreaturen, niedergedrückt von ihrem Gewicht ein bewegungsloses Leben zu führen.)

Diese »Skelette« dienten nicht nur als Schutz, sondern boten auch eine gute Möglichkeit, Muskeln daran zu befestigen, wodurch die Zugkraft und die Stärke der Muskeln erhöht wurde. Außerdem sind es diese harten Teile, die wir in Form von Fossilien in Sedimentgestein finden. Da sie ihrer Natur nach gesteinsähnlich sind, könnten sie sich – unter entsprechenden Bedingungen – ohne weiteres so verwandeln, daß sie noch gesteinsähnlicher werden. Auf diese Weise können sie ihre ursprüngliche Gestalt und Form über Hunderte von Millionen Jahren hinweg bewahren. Das ist auch der Grund dafür, daß Fossilien nur in Gesteinen zu finden sind, die jünger als 600 Millionen Jahre sind. Davor gab es keine harten Teile, die versteinern hätten können.

Die einfachsten Tiere, die ein Skelett bildeten, waren die einzelligen »Radiolaren«. Diese mikroskopisch kleinen Lebewesen haben schöne Skelette aus komplizierten anorganischen Skelettnadeln, die aus Kieselerde (Siliziumdioxid), dem Hauptbestandteil von Sand, bestehen.

Obwohl Kieselerde in rauhen Mengen vorkommt, wurde es dennoch nicht zum Hauptbaustoff von Skeletten. Es ist für die Organismen offensichtlich zu schwierig, damit zurechtzukommen. Der Mensch besitzt beispielsweise ebenso wie im allgemeinen die Tiere keinerlei Siliziumverbindungen als wesentliche Baustoffe seines Körpers. Wenn sich solche Verbindungen jemals im Körper befinden, dann nur temporär als Verunreinigungen, die wir über unsere Nahrung aufgenommen haben.

Mit dem Auftauchen der einfachsten Mehrzeller zeichnete sich die Tendenz ab, Skelette aus Kalziumverbindungen, insbesondere Kalziumkarbonat – auch bekannt als Kalkstein – zu bilden.

Die Schalen bestimmter Mollusken (Muscheln, Austern, Schnecken) bestehen aus Kalziumkarbonat. Das trifft auch für Mitglieder anderer Phyla wie Korallen, Moostierchen, Armfüßer usw. zu. Auch die Eierschale von Reptilien und Vögeln sind aus Kalziumkarbonat.

Der Stamm Arthropoda (Gliederfüßer) fand jedoch einen Kompromiß. Sie verschwanden nicht unter einer schweren Schale, die sie wie Austern zur Unbeweglichkeit verdammte. Sie verzichteten auf anorganische Verstärkung überhaupt und blieben bei organischen Makromolekülen, die sie allerdings verbesserten.

Die Arthropoden (dazu gehören Krebse, Krabben, Garnelen, Insekten jeder Art, Spinnen, Skorpione, Tausendfüßler usw.) haben alle ein Chitingerüst. »Chitin« kommt aus dem Griechischen und heißt soviel wie Panzerhaut oder Schale.

Chitin ist ein Makromolekül, das ähnlich wie die Zellulose aus Zuckermolekülen aufgebaut ist, allerdings mit einem Unterschied: Zellulose besteht aus Glukosemolekülverbänden (Glukose ist Einfachzucker und reichlich vorhanden), Chitin dagegen aus Glukosaminmolekülverbänden. Die Glukosen in dem Chitin sind alle durch eine kleine anhängende stickstoffhaltige Gruppe modifiziert, und das genügt, um dem Chitin völlig andere Eigenschaften zu verleihen, als die Zellulose sie aufweist.

Chitin ist widerstandsfähig genug, um als Schutz zu dienen, und dabei gleichzeitig flexibel und so leicht, daß jederzeit eine schnelle Bewegung möglich ist. Tatsächlich können Insekten trotz ihres Chitinpanzers fliegen. (Das geht natürlich nur, wenn sie dabei auch sehr klein sind.)

Chitin könnte durchaus eine der Ursachen dafür sein, warum die Arthropoden so erstaunlich erfolgreich sind. Es gibt weitaus mehr Spezies von Arthropoden als Spezies von allen anderen Stämmen zusammengenommen.

Damit sind wir bei den Chordatieren, dem letzten Stamm, der sich (aus seesternähnlichen Vorfahren) vor ungefähr 550 Millionen Jahren entwickelt hat. Was die Chordatiere von allen anderen Lebewesen unterscheidet, ist die Tatsache, daß sie erstens einen Nervenstrang haben, der hohl und nicht fest ist und der am Rücken und nicht am Bauch entlangläuft. Zweitens haben sie Kiemenschlitze, durch die sie Nahrung aus dem Wasser filtern können (bei Landbewohnern sind diese Evolutionsmerkmale nur im embryonalen Stadium vorhanden). Drittens haben sie einen versteiften Achsen- oder Rückenstrang (»Chorda dorsalis«), der entlang dem Nervenstrang verläuft (auch dieser Strang kann möglicherweise nur im embryonalen oder im Larvenstadium vorhanden sein).

Der Rückenstrang besteht hauptsächlich aus Kollagen und ist ein Beispiel für ein Innenskelett im Gegensatz zum Außenskelett anderer Tierstämme. In stümperhaften Ansätzen findet man Innenskelette auch in ein paar anderen Stämmen, doch spezialisiert darauf haben sich nur die Chordatiere. Sie gingen noch weiter als die Arthropoden: Sie ließen ihre Außenhaut ungeschützt und verlegten das

Skelett nach innen, wo es Form und Gestalt aufrechterhielt und als Anker für die Muskeln diente. Die Weichheit und Verletzlichkeit der ungeschützten Haut wurde mehr als wettgemacht durch die Widerstandsfähigkeit, die Kraft und die Beweglichkeit, die die Chordatiere dank des relativ leichten aber festen Innenskeletts entwickeln konnten. Kein Wunder, daß die größten, stärksten, schnellsten, intelligentesten und im allgemeinen erfolgreichsten Tiere, die je gelebt haben, die Chordatiere sind.

In der Entwicklungsgeschichte der Chordatiere traten schon sehr bald an die Stelle des einfachen Achsenstrangs eine Reihe getrennter Stückchen aus Skelettgewebe, die faktisch den Nervenstrang umschlossen und ihn damit zusätzlich schützten. Diese separaten Skelettteilchen heißen »Wirbel« und bilden zusammen die »Wirbelsäule«. Heute besitzen alle Chordatiere mit Ausnahme von drei Gruppen sehr primitiver Organismen eine Wirbelsäule. Sie bilden den Unterstamm Vertebrata und heißen Vertebraten bzw. Wirbeltiere.

Die frühesten Wirbeltiere, die sich vor ungefähr 510 Millionen Jahren entwickelten, waren die ersten Tiere, die Knochen bildeten. Es handelte sich dabei um eine anorganische Substanz, die zwar auch aus Kalziumverbindungen bestand, jedoch nicht gerade aus Kalziumkarbonat. Dieser Knochen trat nur außerhalb des Körpers in Erscheinung, vornämlich in der Kopfregion. Diese frühen Vertebraten hießen »Ostracodermaten« (aus dem Griechischen, »Schalenhaut«). Die inneren Wirbel bestanden aus Knorpelmasse, die sich in der Hauptsache aus Kollagen zusammensetzte.

Das Außenskelett der Ostracodermaten schränkte jedoch die Mobilität ein und war keine sehr glückliche Lösung. Wirbeltiere ohne Außenpanzer, die auf Mobilität und Beweglichkeit bauten, waren besser dran. Selbst heute sind solche Chordaten mit Außenpanzer wie Schildkröten, Gürtel- und Schuppentiere nicht übermäßig erfolgreich.

Die Ostrocodermaten entwickelten sich in zwei Richtungen. Sie verbesserten ihr Innenskelett, indem sie knorpelartige Auswüchse bildeten, die vier Gliedmaßen möglich machten, und indem sie darüber hinaus die Voraussetzungen für bewegliche Kiefer schufen. Dann verloren sie den Außenpanzer: Unsere heutigen Haie und ihnen verwandte Lebewesen entstanden. Die Haie haben keinen Panzer und eine Knorpelwirbelsäule behalten (obwohl ihre Zähne aus knochenartigem Material bestehen). Sie haben sich bis zum heutigen Tag erfolgreich durchgesetzt.

Die zweite Entwicklung ging dahin, daß die Ostracodermaten – mit Gliedmaßen und Kiefern ausgerüstet – nicht einfach nur ihren Außenpanzer ablegten, sondern einen Teil davon unter die Haut verlagerten. Der Panzer, der bis dahin den Kopf geschützt hatte, wurde zu einem Schädel, der Gehirn und Sinnesorgane schützen sollte. Auch in das übrige Skelett wanderte Knochenmasse. Auf diese Weise entstanden vor ca. 420 Millionen Jahren die Knochenfische (»Osteichtyes«), die heute noch die Gewässer unserer Erde dominieren.

Aus den Knochenfischen entwickelten sich die Amphibien, aus den Amphibien die Reptilien, aus den Reptilien die Vögel und Säugetiere. Alle von ihnen haben das innere Knochenskelett beibehalten. Das schließt natürlich auch Sie ein. Da der Mensch zu den Wirbeltieren gehört, gehört es auch zu seinen Merkmalen. Kein Lebewesen außer den Wirbeltieren hat Knochen.

Knochen sind genauso wie Austernschalen eine Kalziumverbindung. Wie unterscheiden sich dann aber Knochen von Austernschalen?

Der erste, der Knochen mit Erfolg chemisch analysierte, war der schwedische Mineraloge Johann Gottlieb Gahn (1745-1818). Er bediente sich dabei der damals neu entwickelten Lötrohr-Analyse. Das Lötrohr erzeugte eine kleine heiße Flamme, in der Mineralien erhitzt werden konnten. Der Schmelz- bzw. Verdampfungsvorgang, die Farbentwicklung und die entstehende Asche lieferten dem geübten Fachmann genügend Hinweise auf die Zusammensetzung der Substanz. Im Jahre 1770 untersuchte Gahn Knochen mit dieser Lötrohr-Methode und entdeckte dabei auch Kalziumphosphat, dessen Molekül – wie der Name schon sagt – ein Phosphoratom enthält.

Im letzten Kapitel habe ich beschrieben, wie genau ein Jahrhundert zuvor Phosphor entdeckt worden war. Er war aus Urin gewonnen worden, so daß man annahm, daß es ein Baustein des Körpers sei (oder aber nur ein Fremdstoff, der mit dem Urin so schnell wie möglich ausgeschwemmt wurde). Gahn war der erste, der lokalisierte, wo sich dieser Phosphor im Körper befand, nämlich in den Knochen.

Doch Knochen gibt es nur bei den Wirbeltieren. Wie steht es mit den wirbellosen Tieren oder auch mit den Pflanzen? Kommt Phosphor nur lokal begrenzt vor oder ist er ein universeller Baustein aller Lebensformen?

1804 veröffentlichte der Schweizer Biologe Nicolas Theodore de Saussure (1767-1845) eine Reihe von Analysen verschiedener Pflanzen, die über deren wasserlösliche Mineralien und deren Verbrennungsrückstände Aufschluß gaben. Danach waren in allen Proben Phosphate vorhanden, was darauf hindeutete, daß Phosphorverbindungen ein universeller Bestandteil pflanzlichen Lebens und möglicherweise allen Lebens ist.

Auf der anderen Seite ließ sich die Möglichkeit auch nicht ausschließen, daß die Pflanzen mannigfaltige Atome aus dem Boden aufnehmen, für die sie – auch in geringer Zahl – keine Verwendungsmöglichkeit haben. Da Pflanzen nun aber nicht über den effizienten Verdauungsapparat der Tiere verfügen, könnten sie in diesem Fall die nutzlosen Atome einfach irgendwo in ihrem Gewebe ablagern, was sie bei einer Analyse wieder zum Vorschein brächte. So entdeckte Saussure zum Beispiel auch geringe Mengen von Silizumverbindungen und Aluminiumverbindungen in der Asche von Pflanzen. Dabei haben wir bis zum heutigen Tag keinen eindeutigen Beweis dafür, daß Silizium oder Aluminium wesentliche Bausteine des Lebens sind.

Wir könnten das Problem auch von der anderen Seite her angehen und herausfinden, welche Elemente beim Pflanzenwachstum beteiligt sind. Es war von Anfang an klar, daß Pflanzen dem Boden vitale Stoffe entziehen und daß der Boden, wenn man nicht für Ausgleich sorgte, langsam unfruchtbar wurde. Im Laufe der Zeit fand man schließlich heraus, daß sich verschiedene tierische Substanzen als »Fruchtbarmacher« eigneten, wie Blut, zermahlene Knochen, verwesender Fisch usw. Am häufigsten, weil am bequemsten, wurden tierische (oder menschliche) Exkremente als Düngemittel verwendet.

Der Problem bei Jauche und anderen tierischen Produkten ist deren chemische Komplexität, so daß wir nicht sicher sagen können, welche Komponenten wirklich der Düngung, das heißt dem Wachstum, dienen und welche nur so aufgenommen werden.

Im 19. Jahrhundert bahnte sich jedoch eine Wende an:

Man rückte von der Naturdüngung ab, und zwar zum einen, weil Naturdünger – wie wir alle wissen – stinkt und die »frische« Landluft in Frage stellte, und zum anderen, weil er Träger von Krankheitskeimen war und wahrscheinlich für die Entstehung und Ausbreitung der Epedemien jener Tage mitverantwortlich war.

Der deutsche Chemiker Justus von Liebig (1803–1873) war der erste, der sich eingehend mit Kunstdüngern befaßte und 1855 ganz klar erkannte, daß Phosphate für die Düngung von essentieller Bedeutung sind.

Wenn Phosphate für Pflanzen und vermutlich auch für Tiere lebensnotwendig sind, dann müssen sie auch noch woanders als nur in den Knochen zu finden sein. Er muß auch in weichem Gewebe vorkommen, und das bedeutet, es muß irgendwelche organischen Verbindungen in diesem Gewebe geben, die sich aus den normalerweise dort vorhandenen Elementen wie Kohlenstoff, Wasserstoff, Sauerstoff, Stickstoff, Schwefel zusammensetzen, zusätzlich aber auch Phosporatome besitzen.

Eine derartige Verbindung wurde auch tatsächlich gefunden, und zwar noch bevor Liebig sein Düngungssystem ausgearbeitet hatte. 1845 untersuchte der französische Chemiker Nicolas Theodor Gobley (1811–1876) den Fettstoff im Eigelb. Er gewann eine Substanz, deren Moleküle er durch Hydrolyse aufspaltete. Auf diese Weise erhielt er Fettsäuren. Das kann man auch von einem ordentlichen Fett erwarten. Er erhielt aber auch mit Glyzerin veresterte Phosphorsäure, ein organisches Molekül mit einem Phosphoratom. 1850 gab er der ursprünglichen Substanz den Namen »Lezithin« nach dem griechischen Wort für »Eigelb«.

Gobley gelang es noch nicht, die genaue chemische Formel für Lezithin aufzustellen. Heute kennen wir sie: Das Lezithin-Molekül besteht aus 42 Kohlenstoffatomen, 84 Wasserstoffatomen, 1 Stickstoffatom und 1 Phosphoratom, nur einem Phosphoratom von insgesamt 137 Atomen, was aber ausreicht, um die Existenz von organischen Phophaten nachzuweisen.

Man hat inzwischen noch andere ähnliche Verbindungen entdeckt, die man in der Gruppe der »Phosphoglyceride« zusammenfaßt.

Tatsächlich sind die Phosphoglyceride auch für den Knochenaufbau von Bedeutung. Sie sind am Aufbau der Zellmembranen mitbeteiligt und dienen als Isoliermaterial für die Nervenzellen. Die weiße Gehirnsubstanz (weiß wegen der dicken Schichten isolierender Fettstoffe), die die Nervenfasern umschließt, ist in der Tat besonders reich an Phosphoglyceriden.

Als dies entdeckt wurde, dachte man zunächst, daß Phosphor etwas mit dem Denken zu tun haben könnte, und so kam der Slogan auf »Kein Phosphor, kein Denken«. In gewisser Beziehung war das sogar richtig, denn wenn die Nervenfasern nicht angemessen isoliert sind, arbeiten sie nicht, und wir denken nicht. Es besteht jedoch nur eine indirekte Verbindung. Wir könnten angesichts der lebenswichtigen Funktion der Nieren genauso gut sagen »Keine Nieren, kein Denken« was auch richtig ist, was aber nicht bedeutet, daß wir mit unseren Nieren denken.

Man entdeckte auch, daß Fisch verhältnismäßig reich an Phosphor ist, was zu dem Mythos führte, daß Fisch »Nervennahrung« sei. Das ist in etwa genauso richtig wie die Ansicht – der gute alte Popeye läßt grüßen – Spinat verleiht augenblicklich Bärenkräfte ...

Die Entdeckung des Lezithins kam einem Dammbruch gleich: Man fand eine Reihe weiterer organischer Phosphate. Sie sind auch Teil bestimmter Proteine in Milch, Eiern und Fleisch. Ganz offensichtlich ist Phosphor ein essentieller Baustein des Lebens insgesamt und nicht nur wesentlich für den Knochenbau.

Aber was bewirkt Phosphor, was tun all diese Phosphatgruppen wirklich? Es reicht nicht, einfach nur dazusein. Sie müssen auch etwas tun.

Der erste Hinweis in dieser Richtung kam im Jahre 1904, als der englische Biochemiker Arthur Harden (1865-1904) sich mit Hefe beschäftigte, um die chemischen Details der Fermentierung von Zucker in Alkohol herauszufinden. Diese Umwandlung erfolgte mit Hilfe von Enzymen. Aber in jenen Tagen kannte man Enzyme nur dem Namen nach (gr. »in Hefe«) und wußte, daß sie irgendwelche chemischen Umwandlungen bewirkten.

Harden füllte die fein zerriebene Hefe mit den Enzymen in einen Beutel, der aus einer Membran bestand, die für die kleinen Moleküle, nicht aber für die großen Moleküle durchlässig war. Er hielt den Beutel dann lange genug unter Wasser, um die kleinen Moleküle entweichen zu lassen, und fand dann heraus, daß die Restsubstanz im Beutel Zucker nicht mehr fermentierte. Das bedeutete jedoch nicht, daß das Enzym ein kleines Molekül war, das in das Wasser entwichen war. Denn das Wasser bewirkte ebenfalls keine Fermentierung des Zuckers. Beides zusammengemischt ließ den Zucker dagegen wieder fermentieren.

Auf diese Weise wies Harden nach, daß ein Enzym aus einem großen Molekül (Enzym), das mit einem kleinen Molekül (Koenzym) zusammenwirkte, bestand. Das kleine Enzym, fand Harden heraus, enthielt Phosphor.

Das bedeutete, daß Phosphor an den molekularen Austauschprozessen, die im Gewebe stattfanden, beteiligt war. Phosphate waren Teil von Koenzymen, die mit vielen Enzymen zusammenwirkten, was aber noch nicht alles war.

Hefeextrakt fermentiert Zucker zunächst sehr schnell, doch die Aktivität läßt mit fortschreitender Zeit immer mehr nach. Die Vermutung liegt nahe, daß das Enzym mit der Zeit zerfällt. 1905 wies Harden jedoch nach, daß dies nicht der Fall sein konnte. Wenn er nämlich der Lösung anorganisches Phosphat hinzufügte, nahm das Enzym seine Arbeit wieder in vollem Umfang auf, während das anorganische Phosphat wieder verschwand.

Was passierte aber mit dem anorganischen Phosphat? Es mußte sich an etwas anlagern. Harden forschte weiter und entdeckte, daß sich zwei Phosphatgruppen an einen Einfachzucker, nämlich an Fruktose, gehängt hatten. Dabei war das Molkül »Fruktose-1,6-Diphosphat« entstanden, das manchmal zu Ehren von Harden und dessen Mitarbeiter W. J. Young auch als Harden-Young-Ester bezeichnet wird.

Harden-Young-Ester ist ein Beispiel für ein Stoffwechselzwischenprodukt, eine Verbindung also, die sich irgendwo zwischen dem Ausgangspunkt (Zucker) und dem Endpunkt (Alkohol) bildet. Auch hier zeigte sich wieder: Nachdem erst einmal der Anfang gemacht war, entdeckte man noch eine ganze Reihe anderer phosphorhaltiger Stoffwechselzwischenprodukte.

Aber wofür sollten diese phosphorhaltigen Zwischenprodukte gut sein? Der deutsch-amerikanische Biochemiker Fritz Albert Lipmann (1899–1986) lieferte 1941 die Antwort darauf. Er bemerkte folgendes: Die meisten organischen Phosphate gaben bei einer Hydrolyse, wenn die

Phosphatgruppe abgespalten wurde, eine bestimmte Menge Energie ab, und zwar ungefähr soviel, wie man auch erwarten durfte.

Bei der Hydrolyse einiger Phosphatester wurde jedoch beachtlich viel mehr Energie frei, was Lipmann dazu veranlaßte, von niederenergetischen und hochenergetischen Phosphatbindungen zu sprechen.

Nahrungsmittel enthalten eine Menge an chemischer Energie.

Wenn sie aufgespalten werden, liefern sie insgesamt mehr Energie, als der Körper so ohne weiteres aufnehmen kann. Es besteht die Gefahr, daß das meiste an Energie verloren geht. Im Verlaufe des Stoffwechselprozesses wird jedoch immer wieder reichlich Energie dafür gebraucht, um eine energiearme Phosphatbindung in eine energiereiche Phosphatbindung umzuwandeln, die damit zum Energiespeicher wird.

Es ist so, als bestände die Nahrung aus lauter 100-DM-Scheinen, die der Körper nicht wechseln kann. Wird sie dann aber energetisch aufgespalten und in energiereichen Phosphatbindungen »angelegt«, dann entspricht das dem Wechseln des 100-DM-Scheins in lauter 5-DM-Stücke, die leicht in den Handel gebracht werden können.

Die häufigste hochenergetische Phosphatbindung, die praktisch überall im Körper zu finden ist, gehört zu einem Molekül, das sich »Adenosintriphosphat«, abgekürzt ATP, nennt. Es ist der Energiespeicher des Körpers schlechthin. Einige Jahre lang galt ATP als die wichtigste Phosphorverbindung des Lebens.

Der Schweizer Chemiker Johann Friedrich Mischer (1844–1895) hatte indessen schon 1869 aus Eiter eine organische Substanz isoliert, die Phosphor enthielt. Er teilte diese Entdeckung seinem Chef, dem deutschen Biochemiker Ernst Felix Immanuel Hoppe-Seyler (1825–1895) mit, der dem Ganzen jedoch skeptisch gegenüberstand. Zu jener Zeit war das 24 Jahre zuvor entdeckte Lezithin noch die einzig bekannte phosphorhaltige organische Substanz, und Hoppe-Seyler fürchtete um seinen guten Ruf, wenn er seinem Labor grünes Licht für die Veröffentlichung dieser zweiten Entdeckung gab, bevor er nicht ganz sicher war. (Das nenne ich verantwortliche Wissenschaft!) Nach zwei Jahren hatte er die Substanz auch aus anderen Stoffen isoliert und kam schließlich zu dem Schluß, daß die Entdeckung als gesichert gelten konnte.

Da es den Anschein hatte, daß Zellkerne besonders reich an dieser Substanz waren, nannte man sie »Nuklein«. Später, als man sich dann näher mit ihrer Chemie befaßte, wurde daraus »Nukleinsäure«.

Um es kurz zu machen, ab 1944 war für die Biochemiker klar, welch entscheidende Rolle den Nukleinsäuren zukam, und zwar insbesondere einer Variante, die als Desoxyribonnukleinsäure (DNS) bezeichnet wurde und die heute als fundamentaler Baustein des Lebens, als Träger des Lebens schlechthin angesehen wird. Sie ist das Muster, nach dem die Proteine aufgebaut werden, die ihrerseits – vor allem in Form von Enzymen – die chemischen Vorgänge in der Zelle steuern und für die Unterschiede zwischen dir und mir oder auch zwischen uns und einer Eiche oder einer Amöbe verantwortlich sind.

Es hieße wahrscheinlich, die Dinge allzusehr zu vereinfachen, aber ich möchte fast sagen: Alles Leben reduziert sich auf Nukleinsäuren, der Rest ist Beiwerk.

(Ich muß in diesem Zusammenhang übrigens an eine faszinierende SF-Story denken, in dem es um ein Monster geht, das auf einem Planeten lebt, von dem jeglicher Phosphor unerreichbar verschwunden war. – Und dann entdeckt es Phosphor in den Knochen menschlicher Forscher, die soeben im Raumschiff gelandet waren. – Diese Geschichte erschien 1939, lange bevor man die Bedeutung von Nukleinsäuren kannte.)

TEIL II

Das Sonnensystem

7. Der Mond und wir

Manchmal kann ich eine Frage vorhersehen und bin dann entsprechend darauf vorbereitet.

So nahm ich zum Beispiel vor ein paar Tagen zusammen mit drei anderen Science-fiction-Autoren an einer konferenzgeschalteten Diskussion teil. Zwei dieser Herren waren in Sidney in Australien, wo sie sich auf den dort stattfindenden SF-Weltkongreß vorbereiteten. Der dritte Diskussionsteilnehmer befand sich in Auckland, Neuseeland, wo er auf seinem Weg zu eben demselben Kongreß Zwischenstation machte. Und ich war natürlich in New York, weil ich nicht reise.

Thema war Reagans Krieg der Sterne. Zwei der Autoren waren dafür und zwei dagegen. Dazu gehörte ich.

Ich kam also hier in New York ins Studio, wo man um 19 Uhr damit begann, unter Mithilfe von London die drei Leitungen zwischen New York, Sidney und Auckland zu schalten. Das brauchte seine Zeit.

Normalerweise werden ich schnell ungeduldig und fange bei dererlei Verspätungen an zu meckern, denn mit jeder

Minute wächst in mir der Unmut darüber, daß man mich von meiner Schreibmaschine weggeholt hat. Dieses Mal brachte ich es jedoch fertig, die Ruhe zu bewahren, ja, das Ganze amüsierte mich sogar, da ich schon wußte, was man mich als erstes fragen würde.

Schließlich standen die Leitungen, und zu meiner Freude richtete der Moderator seine erste Frage an mich:

»Mr. Asimov, glauben Sie, daß Star Wars funktionieren wird?«

Ich antwortete sinngemäß etwa folgendes: Star Wars ist auf Computer angewiesen, die weitaus komplexer sein müssen als alles, was wir heute zur Verfügung haben; dazu fehlen noch ein paar andere Geräte, die wir überhaupt noch nicht entwickelt haben, ganz zu schweigen von all den Programmen, die erst noch erarbeitet werden müssen. Wenn das dann schließlich alles steht – so es überhaupt je steht – haben wir es mit dem kompliziertesten System zu tun, mit dem wir je gearbeitet haben, haben dabei aber keine Chance, dieses System praktisch zu testen, bevor die Sowjets nicht auf die Idee kommen, einen Atomangriff zu starten. Dann muß es zum erstenmal, praktisch aus dem Stand auf vollen Touren arbeiten, und zwar absolut exakt und effizient, oder die Zivilisation geht baden.

Auf der anderen Seite haben wir seit achtzig Jahren Radio und seit zwanzig Jahren Satellitenfunk, und wenn es darum geht, mit diesen alten wohlbekannten Errungenschaften eine Konferenzschaltung aufzubauen, dann brauchen Sie dazu sage und schreibe 35 Minuten. Nun einmal ehrlich, glauben *Sie* unter diesen Umständen daran, daß es funktionieren wird? Und sind Sie bereit, die Welt darauf zu setzen?«

Obwohl ich eigentlich nicht gerne an solchen Diskussionen teilnehme, muß ich zugeben, daß ich diesen Moment genossen habe.

Es kommt jedoch auch vor, daß ich auf irgendwelche Fragen völlig unvorbereitet bin. Das Thema dieses Essays ergab sich beispielsweise aus einer solchen Frage, auf die ich absolut nicht gefaßt war. Und das kam ungefähr so:

Ich schreibe für jede Ausgabe von *Isaac Asimov's Science Fiction Magazine* ein Editorial über irgendein Thema von Science-fiction-Interesse.

In der Maiausgabe 1985 war dieser Artikel mit »Moonshine« überschrieben, wobei ich mich von Filmen inspirieren hatte lassen, bei denen sich Männer in Vollmondnächten in Wölfe verwandeln oder sonst irgendein gewalttätiges, absonderliches Verhalten an den Tag legen. Die Folgerung daraus ist, daß das Licht des Vollmonds in irgendeiner Weise einen unheilvollen Einfluß auf den menschlichen Körper ausübt. (Natürlich ist nur alle vier Wochen Vollmond, aber in diesen Filmen erscheint der Vollmond einen über den anderen Tag, nach dem gleichen Prinzip etwa, wie ein sechsschüssiger Revolver in einem 08/15-Western siebenunddreißig Schuß ohne Nachladen abgibt.)

Andererseits berichten ernstzunehmendere Leute jedoch immer wieder, daß die Selbstmord- und Schwerverbrechensrate bei Vollmond im allgemeinen steigt, und auch hier wird suggeriert, daß das Licht zu dieser Zeit etwas Unheimliches an sich hat.

In meinem Artikel habe ich mich daraufhin mit der Frage auseinandergesetzt, ob es nicht vielleicht doch eine rationale Erklärung für die periodische Verhaltensänderung des Menschen in Abhängigkeit vom Wechsel der Mondphasen gibt.

Mit Sicherheit glaubt kein vernünftiger Mensch daran, daß das Mondlicht per se dem Menschen irgend etwas anhaben kann.

Es handelt sich dabei ja eigentlich nur um reflektiertes Sonnenlicht, das ein wenig polarisiert ist. Aber selbst wenn vom Mondlicht irgendeine Wirkung ausgehen sollte, warum dann ausgerechnet nur bei Vollmond und nicht bei zu- oder abnehmendem Mond? Nein, nur bei Vollmond, nicht einen Tag vor und nicht einen Tag nach Vollmond. Ich nehme nicht an, daß irgend jemand ernsthaft behaupten wird, daß das Mondlicht in der einen Vollmondnacht sich so sehr von dem anderen Mondlicht unterscheidet, daß es einen Menschen zu einem Wolf werden läßt. Ich jedenfalls kann mir absolut nicht vorstellen, wie solch ein Licht das menschliche Verhalten direkt beeinflussen soll.

Nun kann natürlich jemand kommen und sagen, daß das Mondlicht indirekt wirkt. In der Vollmondnacht ist die Nacht viel heller als an anderen Tagen, und deshalb kommt es zu vermehrten nächtlichen Aktivitäten, sprich nächtlichen Verbrechen. Dazu ist jedoch zu sagen:

1. Die Nacht ist während der ganzen Vollmondwoche ganz schön hell. Die Nacht vor dem tatsächlichen Vollmond und die Nacht danach sind kaum weniger hell als die Vollmondnacht selbst. Warum also das ganze Aufhebens um die eine Vollmondnacht?

2. Der Himmel ist oft bedeckt, und so kann es durchaus vorkommen, daß es trotz Vollmond sehr dunkel ist. Kommt es denn nur in klaren Nächten zu all den Sonderbarkeiten, die dem Vollmond zugeschrieben werden? Ich habe nichts dergleichen gehört.

Man könnte mir natürlich entgegenhalten, ich hätte diesen Mondeffekt eben nicht genau genug untersucht. Vielleicht nehmen die Verbrechensrate und die seltsamen Verhaltensweisen wirklich mit dem nächtlichen Helligkeitspegel langsam zu und auch wieder ab und sind bei klarem Himmel ausgeprägter als bei bedecktem Himmel. Ich bezweifle dies zwar, aber konzidieren wir dies einmal und sehen weiter.

3. Leute, die so ein Aufhebens in bezug auf die Mondphasen machen und meinen, daß der Grad der nächtlichen Helligkeit von Bedeutung sei, leben bestenfalls in der Welt des vorigen Jahrhunderts. Wir leben heute im Zeitalter der künstlichen Beleuchtung. Nacht für Nacht sind Amerikas Städte so hell erleuchtet, daß Astronomen verzweifelt ein bißchen Dunkelheit suchen, um ihren Beruf auszuüben. Ob wir nun Voll-, Halb- oder Neumond haben, ist für die Gesamthelligkeit einer beleuchteten Ortschaft heutzutage kaum noch von Bedeutung.

Aber vielleicht wendet nun jemand ein, daß der Einfluß des Mondes subtilerer Art ist und nicht direkt mit seinem Licht in Verbindung steht. Der Mondeffekt könnte ja auf etwas beruhen, was sich an künstlicher Beleuchtung möglicherweise gar nicht messen läßt, auf etwas, was durch etwaige Wolken hindurchwirkt und bei Vollmond ein Maximum erreicht.

Darin stecken eine ganze Menge Fragen. Aber wie es der Zufall so will, übt der Mond tatsächlich auf die Erde eine Wirkung aus, die mit seinem Licht nicht das Geringste zu tun hat, die sich an nichts Irdischem messen läßt und die in der Tat durch alle Wolken und sonstigen vorstellbaren Barrieren hindurchgeht. Die Rede ist nicht etwa von irgendeiner besonders geheimnisvollen Kraft, sondern von der Gravitation des Mondes.

Aufgrund des Gravitationsfeldes des Mondes kommt es

auf der Erde zu einem Gezeiteneffekt, das heißt zu Flut und Ebbe. Bei Mondaufgang und Monduntergang ist der Wasserstand niedrig. Er ist hoch, wenn der Mond seinen Kulminationspunkt erreicht, und zwar ganz gleich, ob es sich dabei um den oberen oder den unteren Kulminationspunkt auf dem Antimeridian auf der anderen Seite der Himmelssphäre handelt.

Darüber hinaus spielt aber auch die Stellung von Mond und Sonne zueinander bei der Höhe des Hochwasser- und des Niedrigwasserstandes eine Rolle, da die Anziehungskraft der Sonne ebenfalls Gezeiten entstehen läßt (wenn auch nicht so ausgeprägt wie der Mond). Das bedeutet, daß mit dem Phasenwechsel des Mondes, der ja von der Position des Mondes zur Sonne abhängt, auch eine Verstärkung bzw. Abschwächung der Gezeiten einhergeht.

Bei Vollmond und Neumond addieren sich die Anziehungskräfte von Mond und Sonne, da beide in Opposition bzw. Konjunktion stehen; die Flut erreicht dann ihren höchsten, die Ebbe ihren tiefsten Punkt. Im ersten oder dritten Mondviertel wirken die Anziehungskräfte von Mond und Sonne rechtwinklig zueinander; Flut und Ebbe sind am wenigsten ausgeprägt.

Mit anderen Worten, es gibt zwei Gezeitenzyklen. Der eine ist ein einfaches Auf und Ab, das sich im periodischen Wechsel etwa zweimal pro Tag wiederholt. Der zweite Zyklus ist ein langsameres Ansteigen und Abfallen der jeweiligen Hochwasser- und Niedrigwasserstände selbst über einen periodischen Zeitraum von circa einem Monat.

Die Frage ist nun, kann einer dieser beiden Gezeitenzyklen irgendwelche Auswirkungen auf das menschliche Verhalten haben? Wenn dem so ist, dann ist eine solche Wirkung jedoch keinesfalls bewußt wahrnehmbar. Oder können Sie den Zeitpunkt von Flut und Ebbe allein nach der Art, wie Sie sich fühlen, bestimmen?

Natürlich wäre es möglich, daß der Gezeitenrythmus in irgendeiner Weise unterschwellig auf uns wirkt. Er könnte unseren Hormonhaushalt durcheinanderbringen, was sich zu bestimmten Mondphasen in vermehrten Alpträumen, irrationalen Gefühlsausbrüchen oder in der Neigung zu Depressionen niederschlagen könnte.

Aber wie sollte das vor sich gehen? Vielleicht durch unbekannte Kräfte oder Einflüsse? Nein, das ist Mumpitz.

Dem ließe sich natürlich entgegenhalten, daß es einmal eine Zeit gab, vor 1901, da kannte man auch noch nicht das ultraviolette Licht. Und dennoch konnte man auch 25 000 Jahre vor Christus schon einen Sonnenbrand bekommen.

Angenommen, im Jahre 25 000 v. Chr. hätte ein Cro-Magnon-Mensch gesagt: »Ich habe mir durch die Wirkung eines unentdeckten Bestandteils des Sonnenlichts einen Sonnenbrand geholt.« Wäre das nun Mumpitz oder wäre das ein Fall von bemerkenswertem naturwissenschaftlichem Verständnis?

Doch bevor Sie sich für das letztere entscheiden, denken Sie einmal darüber nach, daß derselbe Cro-Magnon-Mensch genausogut hätte sagen können: »Ich sollte der Führer des Stammes werden, weil ein unentdeckter Bestandteil des Sonnenlichts mir ein besonderes Charisma und eine göttliche Kraft verleiht, die euch anderen nicht innewohnt.«

Mit anderen Worten, wenn man mit einer unbekannten, unentdeckten Kraft operiert, findet man für alles eine Erklärung. Es gibt kein Kriterium, anhand dessen sich feststellen ließe, ob eine spezielle Aussage über sie richtig oder falsch ist. Da es de facto sehr viel mehr potentiell falsche als potentiell richtige Aussagen gibt (so hat 2 + 2 beispielsweise nur eine richtige Antwort und eine unendliche Anzahl von falschen Antworten, selbst wenn wir uns nur auf ganze Zahlen beschränken), ist demnach alles, was wir über eine Sache, über die wir nichts wissen, sagen, mit ziemlicher Sicherheit falsch.

Wenn wir uns hinter dem Unbekannten verstecken, dann befinden wir uns eigentlich schon auf der falschen Fährte, und das kann, da es sich doch um Wissenschaft handelt, nicht in unserem Interesse liegen.

Doch hier mag manch einer einwenden, daß wir ja gar nicht über eine unbekannte Kraft reden, sondern über den Gezeiteneffekt. Die Gezeiten treten beim Meer, einer riesigen Ansammlung von Salzwasser, in Erscheinung. Das menschliche Gewebe besteht ebenfalls hauptsächlich aus Salzwasser. Natürlicherweise wirken die Gezeiten auf uns genauso wie auf das Meer, das heißt, wenn wir über Vollmond sprechen, sprechen wir über die Flut im menschlichen Körper.

Die Gezeiten erreichen allerdings auch bei Neumond einen Höchststand. Doch die Leute reden irgendwie immer nur vom Vollmond. Aber lassen wir das für den Moment und betrachten wir einen anderen Punkt.

Der Gezeiteneffekt ist auf der ganzen Erde wahrnehmbar.

Neben den Gezeiten der Meere gibt es auch Gezeiten in der Atmosphäre und in der Erdkruste. Die Meeresgezeiten sind nur zufällig besser zu beobachten. Die Wasserhaltigkeit des menschlichen Gewebes ist also absolut kein Grund für die Vollmondanfälligkeit.

Worauf Sie entgegnen könnten: »Das tut nichts zur Sache. Wenn die Gezeiten sich auf den ganzen menschlichen Körper auswirken, um so besser.«

Nun, dann will ich auf einen anderen Punkt kommen, der mehr Gewicht hat.

Die Gezeiten beruhen auf den entfernungsabhängigen Kräften der Massenanziehung. Die Stärke der Massenanziehung ist umgekehrt proportional zum Quadrat der Entfernung. Die dem Mond zugewandte Seite der Erde ist der Anziehungskraft stärker ausgesetzt als die vom Mond weiter entfernte, abgewandte Seite. Die abgewandte Seite ist 12 756 km weiter vom Mond entfernt als die mondnahe Seite. Durch die daraus resultierende Anziehungsdifferenz wird die Erde quasi in die Länge gezogen, so daß sowohl auf der mondnahen als auch der mondfernen Seite kleine Ausbuchtungen, sprich die Gezeiten, entstehen.

Wenn wir es nun mit einem Körper zu tun haben, der kleiner als die Erde ist, ist der Entfernungsunterschied zwischen mondnaher und mondferner Seite auch kleiner, das heißt, die Gezeitenwirkung nimmt ebenfalls ab, und zwar im Quadrat zum Größenunterschied.

Bei einem aufrecht direkt unter dem Mond stehenden Menschen sind die Füße etwa 1,80 m weiter vom Mond entfernt als der Kopf. Die Erde ist über sieben Millionen Mal dicker, als der Mensch groß ist. Wenn wir diesen Wert quadrieren, dann kommen wir zu dem Ergebnis, daß die Gezeitenwirkung des Mondes auf einen Menschen nur etwa 1/50 000 000 000 000 (1 Fünfzigtrillionstel) mal so stark ist, wie die auf die Erde.

Kann ein derart winziger Gezeiteneffekt wirklich eine nennenswerte Verhaltensänderung bei einem Menschen bewirken?

Nun, auf der Suche nach irgendeiner Erklärung habe ich damals in meinem Editorial folgendes geschrieben:

... es ist sicher richtig, daß sie (die Gezeiten) die Lebewesen beeinflussen, die an der Küste oder in der Nähe der Küste leben. Ebbe und Flut müssen eng mit ihrem Lebensrythmus verknüpft sein. So könnte beispielsweise die Zeit der höchsten Tide am besten für die Eiablage geeignet sein. Die Verhaltensweisen solcher Lebewesen stehen also mit den Mondphasen in einem gewissen Zusammenhang. Daran ist nichts Geheimnisvolles, wenn man die Verbindung Mond – Gezeiten – Verhalten betrachtet. Wenn man jedoch den Zwischenschritt wegläßt und lediglich eine Verbindung Mond – Verhalten herstellt, dann wird aus einer rationalen Betrachtungsweise ein quasi-mystisches Phänomen.

Aber was für eine Verbindung soll es zwischen Würmern und Fischen am Meer und der Spezies Mensch geben?

Diese Verbindung ist sicherlich nur aus der Evolution heraus zu verstehen. Es wäre wohl zu weit hergeholt, uns als Verwandte des heutigen Gezeitengetiers zu betrachten, aber wir stammen von Organismen ab, die vor 400 Millionen Jahren wahrscheinlich an der Schnittstelle zwischen Wasser und Land gelebt haben und daher dem Gezeitenwechsel unmittelbar ausgesetzt waren.

Nun gut, aber das war vor 400 Millionen Jahren. Können wir einfach behaupten, daß der Gezeitenrhythmus jener Tage uns heute noch in irgendeiner Form tangiert? Das klingt zwar unwahrscheinlich, ist aber durchaus vorstellbar.

Immerhin ... haben wir noch ein paar Knochen am Ende der Wirbelsäule, die als Rest von einem Schwanz übrig geblieben sind, den unsere Vorfahren schon seit min-

destens 200 Millionen Jahren nicht mehr besitzen. Wir haben einen Wurmfortsatz, der das Relikt eines Organs ist, das sogar seit noch längerer Zeit ohne Nutzen für uns ist . . .

Warum sollten also nicht auch Spuren biochemischer oder psychologisch bedingter Eigenschaften unserer Vorfahren in uns zurückgeblieben sein? Speziell Spuren eines Biorhythmus, der auf die Gezeiten abgestimmt war . . . ?

Mit dieser Art der Argumentation habe ich versucht klarzumachen, daß der Einfluß des Gezeitenwechsels auf unser Verhalten möglicherweise ein Relikt unserer Vorfahren aus frühester Zeit sein könnte, für die dieser Rhythmus eine Frage von Leben und Tod war. Das Ganze ist allerdings nur eine rationale Konstruktion, an der die »Sache mit dem Vollmond« aufgehängt werden könnte. Ohne genaue Untersuchungen – beispielsweise den Anstieg und Abfall des Hormonspiegels in Zusammenhang mit den Gezeiten und den Nachweis einer damit einhergehenden Verhaltensänderung – hat das alles nur spekulativen Wert und ist eigentlich unzulässig.

In meinem Editorial – so dachte ich zumindest – hatte ich das ganze Problem bis ins Einzelne sorgfältig und objektiv abgehandelt (wie auch in diesem Aufsatz; ja eigentlich noch sorgfältiger und noch sachlicher). Aber dann bekam ich Briefe, auf die ich in keiner Weise gefaßt war und in denen mir eine Frage vorgelegt wurde, die mir nie und nimmer in den Sinn gekommen wäre.

Warum ich – so hieß es da – es versäumt hätte, auf die offensichtliche Verbindung zwischen dem Mond und der Menstruation einzugehen.

Dazu kam, daß der Tenor dieser Briefe (sie kamen übrigens ausschließlich von Frauen) für mich persönlich schokkierend war. Die Briefeschreiberinnen schienen tatsächlich zu glauben, daß ich dieses Thema aus sexistischen Motiven nicht angeschnitten hätte, daß ich es allein deshalb nicht für erwähnenswert befunden hätte, weil die Menstruation reine Frauensache sei. In mehr als einem Brief wurde mir vorgeworfen, 51 Prozent der menschlichen Rasse »vergessen« zu haben.

Warum habe ich die Menstruation nun aber wirklich unerwähnt gelassen? Ganz einfach deshalb, weil mir nie in den Sinn gekommen ist, daß irgend jemand, der darüber nachdenkt, sie irgendwie mit dem Mond in Verbindung bringen könnte.

Nun gut, der weibliche Zyklus scheint tatsächlich ungefähr die Länge des Mondlaufes zu haben. Die Übereinstimmung ist auffallend genug, wenn man bedenkt, daß das Wort »Menstruation« aus dem lateinischen Wort »mensis« gleich »Monat« abgeleitet ist. – Aber von welchem Wert ist das? Wir nennen die Ureinwohner Amerikas auch Indianer, weil Columbus glaubte in Indien gelandet zu sein. Doch die Tatsache, daß wir sie so nennen, ist noch lange kein Beweis dafür, daß die Vereinigten Staaten ein Teil von Indien sind.

In diesem Zusammenhang ist zu bedenken, daß von allen Tieren nur die Primaten menstruieren. Die Menstruationsperiode ist bei den verschiedenen Arten von Primaten sehr unterschiedlich lang, und der Mensch gehört zu den wirklich ganz wenigen Spezies, deren Regel ungefähr einen Monat lang ist. Wenn wir für diese Periode den Mond verantwortlich machen wollen, dann müssen wir aber auch eine Erklärung dafür finden, warum der Einfluß des Mondes so begrenzt ist. Warum pickt sich der Mond ausgerechnet den Menschen nahezu exklusiv aus allen anderen Spezies heraus?

Und dann ist da noch ein Punkt. Wenn eine besondere

Spezies einem bestimmten Zyklus gehorcht, dann reagieren alle Einzelwesen dieser Spezies etwa in der gleichen Weise. Wenn beispielsweise ein Baum einer bestimmten Spezies in einem bestimmten Gebiet im Frühling auszuschlagen beginnt, dann tun es ihm alle anderen Bäume etwa zu derselben Zeit gleich. Wenn eine Schwalbe zurückkehrt, dann kehren die anderen auch bald zurück.

Wir könnten demnach auch erwarten, daß sich der Einfluß des Mondes über die Gezeiten oder irgendeinen anderen Weg dahingehend auswirkt, daß bei allen Frauen die Regel bei einer bestimmten Mondphase einsetzt. Dies ist jedoch nicht der Fall. Es gibt nicht einen Tag im Jahr, an dem nicht bei knapp vier Prozent der Frauen im entsprechenden Alter die Regel einsetzt. Die Mondphase spielt dabei keine Rolle.

Um genau zu sein, ich habe davon gehört, daß sich bei Frauen, die auf engem Raum zusammenleben, der Menstruationszyklus allmählich angleicht und zeitlich zusammenfällt. Vermutlich »stecken sie sich gegenseitig an«. Vielleicht ist es ein ganz feiner Menstruationsgeruch, der auf die Periode der anderen stimulierenden Einfluß hat. Aber selbst wenn das zufällig der Fall sein sollte, so habe ich doch nie davon gehört, daß das gleichzeitige Einsetzen der Periode immer bei irgendeiner bestimmten Mondphase stattfindet. Offensichtlich ist dieses Phänomen bei jeder Mondphase möglich.

Wir könnten nun argumentieren, daß zwar die Einzelheiten der Periode nichts mit dem Mond zu tun haben, daß aber immerhin die *Länge* des Menstruationszyklus mit dem Mond in Zusammenhang steht.

Nun, ich bin ein Mann und habe demnach auch keine persönliche Erfahrung diesbezüglich einzubringen. Aber ich habe eine ganz gute Beobachtungsgabe und weiß doch, daß Frauen immer überrascht sind, wenn ihre Periode einen oder zwei Tage vor dem berechneten Zeitpunkt beginnt, genauso wie sie entzückt oder erschreckt sind – je nachdem – wenn die Periode einmal ein oder zwei Tage auf sich warten läßt.

Kurz gesagt, ich fürchte, daß die Länge des Menstruationszyklus ganz schön unregelmäßig ist in einem Universum, in dem der Zyklus der Mondphasen sehr regelmäßig ist.

Aber ich höre schon, wie jemand sagt: »Abweichungen gibt es immer einmal: Die *durchschnittliche* Länge der weiblichen Periode ist und bleibt 28 Tage, und das ist auch die Dauer des Mondwechsels und dementsprechend des Gezeitenrhythmus.«

Es tut mir ja leid, aber das ist nicht die Dauer des Mondwechsels, und ich werde auch erklären, warum nicht.

Der Mond umläuft die Erde (bezogen auf die Fixsterne) in 27,3216614 Tagen, das sind 27 Tage, 7 Stunden, 43 Minuten und 11,5 Sekunden. Wir können sagen – ohne allzu ungenau zu sein – ein Umlauf dauert 27 ⅓ Tage. Man nennt diesen Zeitraum einen »siderischen Monat« nach dem lateinischen Ausdruck für »Sternbild, Stern«.

Der siderische Monat ist jedoch nur für Astronomen von Interesse, da er nichts mit den Phasen des Mondes, nach denen die alten Völker den Monat definiert haben, zu tun hat.

Die Phasen hängen von der Konstellation des Mondes zur Sonne ab. Es ist die Zeit von Neumond zu Neumond, wenn Sonne und Mond gleichzeitig mittags den Meridian kreuzen; oder die Zeit von Vollmond zu Vollmond, wenn Sonne und Mond in Opposition zueinander stehen, das heißt, wenn die Sonne mittags und der Mond um Mitternacht durch den Meridian hindurchgeht.

Um dieses Zeitintervall zu bestimmen, müssen wir uns vorstellen, daß der Mond seinen Umlauf bei der Sonne beginnt und dort auch wieder beendet (von Neumond zu Neumond). Da der Mond die Erde in 27 ⅓ Tagen umläuft, müßte er ja eigentlich auch in 27 ⅓ Tagen wieder bei der Sonne angelangt sein. Das stimmt jedoch nicht, und zwar deshalb nicht, weil die Sonne nicht stillsteht.

Die Erde dreht sich in 365,2422 Tagen um die Sonne. Dabei entsteht der Eindruck, daß die Sonne sich – relativ zu den Fixsternen – von Westen nach Osten am Himmel verschiebt. Wenn der Mond seinen Umlauf bei der Sonne beginnt und sich nach Westen bewegt, bis er 27 ⅓ Tagen später wieder an demselben Fleck (relativ zu den Fixsternen) angekommen ist, hat sich die Sonne inzwischen ein bißchen ostwärts verschoben, das heißt, der Mond braucht noch etwas Zeit, um die Sonne »einzuholen«, damit wir wieder Neumond haben. Er braucht dazu ungefähr 2 ⅕ Tage. Dementsprechend hat das Zeitintervall von Neumond zu Neumond eine Dauer von 29,5305882 Tagen, das sind 29 Tage, 12 Stunden 44 Minuten und 2,8 Sekunden, also circa 29 ½ Tage.

Dieser Zeitabschnitt heißt »synodischer Monat« nach dem griechischen Wort für religiöse Zusammenkunft. Normalerweise oblag es nämlich den Priestern, den Zeitpunkt für den Neumond zu bestimmen, so daß der neue Monat rechtzeitig mit dem entsprechenden Ritual begonnen werden konnte.

Der Menstruationszyklus ist jedoch 28 Tage lang. Demgegenüber stehen also die 29 ½ Tage des Mondphasenzyklus. Der Unterschied ist doch eigentlich gering.

Reicht das nicht aus, um einen Zusammenhang herzustellen?

Nein, reicht es nicht. Wenn die Mondphasen und der Gezeitenwechsel in irgendeiner Verbindung mit dem Menstruationsrythmus stehen, dann müßten die beiden Rhythmen sich eigentlich decken, das tun sie aber nicht.

Nehmen wir einmal an, jemand hat einen absolut regelmäßigen Monatszyklus und erwartet seine Regel an einem bestimmten Tag, und zwar an einem Tag, an dem gerade der Vollmond auf die Erde niederscheint. Wenn nun an dem Mythos einer Verbindung zwischen Vollmond und Menstruation etwas dran wäre, dann müßte die nächste Regel wieder beim nächsten Vollmond einsetzen und die übernächste wieder bei Vollmond und immer so weiter.

Das aber passiert nicht. Jemand mit einem absolut regelmäßigen Monatszyklus wird seine nächste Regel 1 ½ Tage vor dem nächsten Vollmond bekommen, die übernächste drei Tage früher, dann 4 ½ Tage, 6 Tage usw.

Allmählich verschiebt sich die Regel immer mehr gegen den Mondzyklus, so daß sie nach etwas weniger als zwanzig Monatszyklen den Mondwechsel einmal »überrundet« hat, das heißt, selbst der zwanzigste Monatszyklus setzt nicht genau an einem Vollmondtag ein.

59 aufeinanderfolgende absolut regelmäßige Monatszyklen würden sich über einen Zeitraum von 1652 Tagen (das sind etwas mehr als 4 ½ Jahre) erstrecken. 56 synodische Monate dauern ebenfalls 1652 Tage. Dies ist der früheste Zeitraum, nach dem die beiden Zyklen wieder zusammenfallen können. Das bedeutet, wenn Regelbeginn und Vollmondnacht das erstemal zusammentreffen, muß man 4 ½ Jahre lang warten, bis bei der 59. Regel Regelbeginn und Vollmond zum zweitenmal zusammenfallen.

Wie man es also auch dreht und wendet, der Mond hat für die Menstruation alles in allem keinerlei signifikante Bedeutung.

Aber wie soll ich unter diesen Umständen denn nun die Tatsache erklären, daß der Monatszyklus etwa genauso lang ist wie ein synodischer Monat, wenn der Mond überhaupt keine Rolle spielt?

Nun gut, es *gibt* eine Erklärung dafür, aber sie ist völlig unspektakulär, und viele Leute werden vielleicht Schwierigkeiten haben, sie zu akzeptieren: Das ganze ist eine »zufällige Übereinstimmung«.

Ich würde jetzt gerne wissen, ob sich nun einige Frauen beleidigt fühlen. Gibt es eigentlich irgendeinen Grund, warum sie unbedingt eine Verbindung zwischen ihren körperlichen Prozessen und dem Mond herstellen wollen?

Ja, vielleicht. Vielleicht gibt ihnen die Vorstellung, mit dem Mond in Verbindung zu stehen, eine Verbindung, die Männer nicht haben, ein Gefühl von Bedeutung.

Diese Verbindung gibt es indessen nicht, und wenn Sie mich fragen, dann sind Frauen auch so schon wunderbar genug und haben es nicht nötig, sich auf irgendeinen Aberglauben zu berufen.

8. Der schiefe Planet

In den 50er Jahren schrieb ich eine sechsbändige Abenteuerserie für junge Leser, deren Held ein junger Mann namens Lucky Starr war. Jeder Band spielte in einem anderen Teil des Sonnensystems, und zwar der Reihe nach auf dem Mars, auf den Asteroiden, auf der Venus, dem Merkur, dem Jupiter und dem Saturn. Schauplatz des siebenten Buches, das jedoch nie geschrieben wurde, sollte der Pluto werden. Woran ich jedoch nie gedacht habe, war, meine Geschichte auf dem Uranus anzusiedeln.

Der Uranus scheint der am wenigsten beachtete Planet zu sein. Jeder andere Planet hat irgend etwas Markantes an sich, was ihn als Schauplatz für SF-Stories interessant macht. So ist Merkur der Sonne am nächsten, während der der Erde nächstgelegene Planet die Venus ist. Der Mars ist der bekannteste, der Jupiter der größte Planet. Der Saturn hat seine Ringe, und Neptun ist der erdfernste Riesenplanet. Pluto ist der am weitesten entfernte Planet überhaupt, den man auf seiner Umlaufbahn beobachten kann.

Und Uranus? Was gibt es über Uranus zu sagen? Wird er nur deshalb so stiefmütterlich behandelt, weil es von ihm nichts Bemerkenswertes zu vermelden gibt? Sicherlich nicht! Ich glaube, daß sein Schattendasein in diesem Fall zum Teil auch auf seinen unglücklichen Namen zurückzuführen ist, einen Namen, der zumindest im angelsächsischen Sprachbereich unaussprechlich ist.

Sein Name hat selbst mich in Verlegenheit gebracht. In meiner Jugend, als ich noch völlig unbeschwert war, war mir Uranus (eigentlich »Ouranos«) als griechischer Gott des Himmels bekannt. Ich wußte auch, daß die Muse der Astronomie deshalb Urania (engl. »yoo-RAY-nee-uh« gesprochen) war und daß man ein Element entdeckt hatte, das nach dem damals gerade neu entdeckten Planeten Uranus benannt worden war und im Englischen »uranium« (Uran) – ausgesprochen »yoo-RAY-nee-um« – hieß.

Für mich war es deshalb klar, daß der Name des Planeten »yoo-Ray-nus« ausgesprochen wurde, und so sprach ich ihn auch aus. Ich war mir dessen so sicher, daß ich gar nicht auf die Idee kam, deswegen ein Lexikon zu Rate zu ziehen.

Ja, ich merkte nicht einmal, daß der Name des Planeten, so wie ich ihn aussprach, ein Homonym von »your anus«* war.

Irgendwann traf ich jedoch jemanden, der den Namen mit der Betonung auf der ersten Silbe aussprach. In der mir eigenen Überheblichkeit verbesserte ich ihn natürlich sofort. Es kam zu einem kleinen Wortgefecht, in dessen Verlauf wir schließlich zum Lexikon griffen, und – o Schreck – ich verlor. Der Sieger gab sich mit meiner Niederlage aber noch nicht einmal zufrieden. Er setzte noch einen oben drauf und machte mich auf die anstößige Zweideutigkeit meiner Aussprache aufmerksam.

Zufällig ist jedoch die Aussprache von Uranus bei einer Betonung auf der ersten Silbe im Englischen auch nicht viel besser, denn dann klingt es wie »urinous«, was soviel wie »urinös, urinartig« oder auch »urinhaltig« bedeutet.

Im Endeffekt sind also beide Arten der Aussprache für die englische Zunge eine Zumutung, und deshalb vermeiden die Leute es, den Namen dieses Planeten in den Mund zu nehmen. Ich habe natürlich eine Lösung parat. Entweder übernimmt man die griechische Version des Namens, nämlich Ouranos (»OO-rih-nus«), oder man entschließt sich, den Namen mit einem kurzen »a« auszusprechen (»Yoo-RAN-us«). Da diese Vorschläge vernünftig sind, werden sie sich auch nicht durchsetzen.

Anfang 1986 tauchte der Uranus jedoch häufig in der Berichterstattung auf, und so mußten die Leute seinen Namen aussprechen. Und deshalb will ich mich heute auch mit diesem Planeten befassen, über den ich allerdings auch schon in früheren Essays dieser Reihe geschrieben habe. Doch

---

* »dein After« (AdÜ)

alles, was zu diesem Thema vor Januar 1986 geschrieben wurde, ist inzwischen kalter Kaffee.

Im Jahre 1977 wurden zwei Raumsonden, und zwar *Voyager 1* und *Voyager 2*, in Richtung Jupiter und Saturn gestartet, um diese beiden Riesenplaneten zu erkunden. Sie flogen 1979 an Jupiter und 1980 am Saturn vorbei und waren ein voller Erfolg. Danach verließ *Voyager 1* die Planetenebene und flog ziellos durch die unendlichen Weiten des Weltalls.

Voyager 2 wurde jedoch auf eine Flugbahn gebracht, die ihn an den noch weiter entfernt liegenden Planeten Uranus und Neptun vorbeiführen sollte. Im übrigen wurden die Geräte, die die Sonde mit sich führte, in einer Reihe von Manövern so aufgepeppt, daß sie, wenn sie schließlich den Uranus erreichen würde, besser für die Erkundung des Planeten ausgerüstet sein würde als bei ihrem Start im Jahre 1977.

Der Uranus ist beträchtlich kleiner als der Jupiter oder der Saturn. Mit 51 000 Kilometern mißt sein Durchmesser nur 3/7 des Saturndurchmessers und ist sogar nur ein Drittel so lang wie der Durchmesser des Jupiters, aber immerhin doch 4 mal länger als der Erddurchmesser, das heißt, er gehört noch zu den »Gasriesen«. Was seine Masse anbetrifft, so ist das Verhältnis zum Saturn 2:13 und zum Jupiter 1:22. In bezug auf die Erde ist seine Masse jedoch 14,5 mal größer.

Bei den meisten Planeten bildet die Rotationsachse mit der Bahnebene in etwa einen 90°-Winkel. Mit anderen Worten, wenn wir einen Planeten am Himmel betrachten, dann ist dessen Rotationsachse nahezu senkrecht auf uns gerichtet. Die Abweichung, das heißt die Achs- oder Äquatorneigung, ist im allgemeinen ziemlich gering. Bei Venus und

Jupiter beträgt sie ca. 3 Grad, die Erde hat eine Neigung von 23,5 Grad, der Mars eine Neigung von 24 Grad, beim Saturn sind es fast 27 Grad und beim Neptun an die 29 Grad. Die Äquatorneigung des Merkurs ist nicht genau bekannt, dürfte aber unter 28 Grad liegen.

Wenn sich das Planetensystem aus einer Riesenstaub- und -gaswolke mit großen und kleinen Wirbeln gebildet hätte, hätten sich vermutlich alle Planetenachsen genau senkrecht zur Ebene der Umlaufbahn um die Sonne ausgerichtet.

Die Planeten entstanden jedoch durch die Zusammenballung subplanetarischer Objekte. Wenn diese Objekte gleichmäßig aus allen Richtungen gekommen wären, stünden ihre Achsen auch senkrecht zur Bahnebene. Es ist jedoch wahrscheinlich, daß die späteren und größeren Brocken aus unterschiedlichen Richtungen ungleichmäßig aufprallten, so daß es zu einer zufallsbedingten Verschiebung der Achsenrichtung kam. Nun, der Uranus muß bei seiner Entstehung ein oder mehrere ganz fürchterliche Schläge abbekommen haben, und zu allem Überfluß auch noch alle aus etwa derselben Richtung. Seine Äquatorneigung beträgt nämlich sagenhafte 98 Grad.

Das bedeutet im Klartext, daß der Uranus sozusagen auf der Seite liegt, das heißt, seine Rotationsachse verläuft von uns aus gesehen nicht wie üblich von unten nach oben, sondern vielmehr von links nach rechts.

Der Uranus drehte sich in 84 Jahren um die Sonne. Aufgrund der besagten Achsneigung schraubt sich die Sonne aus der Sicht der nördlichen Uranus-Hemisphäre während einer halben Umlaufbahn hoch, bis sie den Zenith erreicht, und sinkt dann wieder auf den Horizont herab; aus der Sicht der südlichen Hemisphäre wiederholt sich dieser Vorgang während der anderen halben Umlaufbahn.

Jemand, der sich am Nord- oder Südpol des Uranus befände, würde die Sonne an einem bestimmten Punkt des Horizonts aufgehen sehen und beobachten können, wie sie langsam am Himmel emporsteigt, bis sie nach circa 21 Jahren (!) etwa genau über ihm stände. Nach weiteren 21 Jahren würde sie dann am gegenüberliegenden Punkt des Horizonts wieder untergehen, nachdem sie insgesamt 42 Jahre am Himmel gestanden hatte. Es dauerte dann noch einmal 42 Jahre, bis sie das nächstemal wieder aufginge.

Im Augenblick steht die Sonne am Himmel über dem Uranus fast im Zenith über dem Südpol des Planeten. Anders ausgedrückt, der Südpol zeigt ziemlich genau in Richtung Erde und Sonne. (Er muß auf beide gerichtet sein, da die Erde vom Uranus aus gesehen nie weiter als 3 Grad von der Sonne entfernt ist.)

Gegen Ende des Jahres 1985 näherte sich *Voyager 2* dem Uranus und bereitete sich darauf vor, den Planeten photographisch und meßtechnisch zu erforschen. Die Raumfähre hatte bis dahin ungefähr 10,5 Milliarden Kilometer zurückgelegt. (Der Uranus ist zwar nur 2,75 Milliarden Kilometer Luftlinie entfernt, aber die Flugbahn von *Voyager 2* beschrieb in Anbetracht der Massenanziehung der Sonne, des Jupiters und des Saturns und der beim Start relevanten Erdbewegung weite Bögen.)

Nachdem die Raumfähre nun den langen Weg zurückgelegt hatte, waren die Lichtverhältnisse um den Planeten herum allerdings sehr ungenügend. Das von der weit entfernten Sonne auf den Uranus ankommende Licht entspricht nur $1/4$ der Lichtausbeute des Saturns, $1/13$ der des Jupiters und $1/368$ der der Erde. Das bedeutet, daß sich die

Belichtungszeit bei Aufnahmen vom Uranus im Vergleich zum Jupiter und Saturn verlängert. Beim Saturn reicht eine Belichtung von 15 Sekunden. Beim Uranus braucht man fast 100 Sekunden. Dementsprechend reichte die Zeit nur für weniger Aufnahmen, die zudem möglicherweise auch noch unscharf waren.

Dem Anschein nach war der Uranus bläulich und nahezu unauffällig. Das entsprach durchaus den Erwartungen. Mit wachsender Sonnenferne nimmt die Wärmezufuhr ab, und damit werden auch die Temperaturunterschiede auf der Oberfläche des Planeten geringer. Solche Temperaturunterschiede sind jedoch für atmosphärische Störungen und die Bildung von sichtbaren Wolken und Stürmen verantwortlich.

Das ist auch der Grund für die zahlreichen streifigen Strukturen und Turbulenzen der Jupiteratmosphäre. Die Atmosphäre des Saturns ist weniger bewegt, während die des Uranus eigentlich ruhig ist.

Darüber hinaus werden auch mit zunehmender Entfernung von der Sonne verschiedene Gase aus der Atmosphäre »ausgefroren«. Die Jupiteratmosphäre ist verhältnismäßig reich an Ammoniak und anderen Gasen mit vergleichsweise hohem Siedepunkt. Diese Gase sind es dann auch, die zur Bildung der Wolken und farbigen Formationen beitragen. Auf dem Saturn befindet sich der Ammoniak tiefer in der Atmosphäre (wo die Temperatur so hoch ist, daß er noch gasförmig bleibt), und auf dem Uranus liegt die Ammoniakgrenze noch weiter unten.

Das bedeutet, daß beim Uranus die obere Atmosphäre vorwiegend durch Methan mit seinem besonders niedrigen Siedepunkt verunreinigt wird. Methan absorbiert rotes Licht und verleiht der Atmosphäre einen bläulichen Schein.

Außerdem ist Methan unter Sonnenlichteinwirkung – und sei sie auch nur so gering wie auf diesem fernen Planeten – recht reaktionsfreudig. Dadurch entsteht ein Kohlenwasserstoff-Smog, der es verhindert, tieferen Einblick in die Atmosphäre zu nehmen. (Es handelt sich dabei um die gleiche Art von Smog, wie sie in der methanreichen Atmosphäre des Saturn-Mondes Titan zu finden ist.)

Die chemischen Reaktionen, die durch Methan ausgelöst werden, müßten in einer farblichen Veränderung der Atmosphäre ihren sichtbaren Niederschlag finden, und zwar müßte sich eine solche Veränderung zur Zeit vor allem am Südpol bemerkbar machen, wo die Sonne im Zenith steht, so daß der Planet hier etwas mehr erwärmt wird als sonst irgendwo. Dies ist tatsächlich der Fall: Vom Südpol wurde ein geringfügiges Ansteigen der Röte gemeldet.

Natürlich ist der Prozentsatz an Methan in der Atmosphäre des Uranus nur sehr gering. Sie besteht genauso wie Jupiter, Saturn und dementsprechend die Sonne in erster Linie aus Wasserstoff und Helium, wobei der Wasserstoff überwiegt.

Moderne Infrarot-Untersuchunen von der Erdoberfläche aus schienen zu beweisen, daß die Uranus-Atmosphäre aus, sage und schreibe, 40 % Helium besteht, ein Prozentsatz, der die gesamte Astronomenwelt in hellste Aufregung versetzte, da die Zahl ihrer Meinung nach viel zu hoch gegriffen war. Der Heliumgehalt des Universums insgesamt liegt gemeinhin bei 25 %; die übrigen 75 % sind Wasserstoff (alles andere macht weniger als 1 % aus).

Sonne, Jupiter und Saturn haben einen Heliumanteil von maximal 25 %, und es ließ sich in der Tat nur schwer eine Erklärung für eine derartige Heliumanhäufung auf dem Uranus finden.

Eine Erklärung wäre vielleicht, daß der Uranus aufgrund seiner größeren Sonnenferne weniger Materie bei seiner Entstehung zur Verfügung hatte, sich deshalb langsamer entwickelte und kleiner als der Saturn wurde (der seinerseits kleiner als der Jupiter ist). Da der Uranus nun in jeder Phase seiner Entstehung kleiner als die beiden inneren Gasriesen war, war auch sein Gravitationsfeld weniger stark, so daß er nicht so viel Wasserstoff wie Jupiter und Saturn an sich binden konnte. Er war aber möglicherweise in der Lage, die schwereren Heliumatome in stärkerem Maße an sich zu binden. Auf diese Weise war zwar nicht mehr Helium vorhanden, aber der Prozentsatz an Helium war zumindest größer.

Der Haken an der Sache ist dabei jedoch die Tatsache, daß der Uranus kälter als Jupiter und auch kälter als Saturn ist und daß er bei seiner geringeren Oberflächentemperatur in der Lagen sein müßte, den Wasserstoff trotz seiner geringeren Größe ohne weiteres an sich zu binden.

Zur allgemeinen Erleichterung der Astronomen wurde dieses Problem schließlich von *Voyager 2* aus der Welt geschafft. Seine Beobachtungen ergaben, daß der Heliumgehalt der Uranus-Atmosphäre bei 12 bis 15 % liegt, also in der Größenordnung, die auch als angemessen galt.

Ziemlich tief in der Atmosphäre entdeckte man insgesamt vier Wolken, deren sorgfältige Beobachtung Aufschluß über die Rotationszeit des Planeten geben sollte.

Je kleiner der Planet – so vermutete man in Astronomenkreisen – desto länger die Rotationszeit. So dreht sich Jupiter, der größte Planet, in 9,84 Stunden um sich selbst; Saturn, der zweitgrößte Planet braucht 10,23 Stunden und die Erde 24 Stunden. Uranus, der größenmäßig zwischen Saturn und Erde einzuordnen ist, müßte also auch in bezug auf seine Rotationszeit zwischen diesen beiden Planeten liegen.

Noch bis vor kurzem hatte man für den Uranus eine Rotationsdauer von 10,8 Stunden angenommen. 1977 ergab sich jedoch aufgrund einer neuen Messung eine Rotationsdauer von möglicherweise 25 Stunden.

Das Problem bestand natürlich darin, daß man von der Erde aus keine genaue Markierung auf dem Uranus ausmachen konnte, die man als Bezugspunkt für die Umdrehung hätte nehmen können. Aus den Daten, *die Voyager 2* lieferte, ergab sich dann allerdings eine Rotationsdauer von 17,24 Stunden, ein Wert, der sicherlich akzeptabel ist.

Die Atmosphäre des Uranus gibt natürlich noch einige Rätsel auf. Die Temperatur an der sichtbaren Oberfläche der Uranus-Atmosphäre ist ungefähr überall gleich. Die schwache Sonneneinstrahlung scheint keine starken Temperaturunterschiede zuzulassen. Es gibt allerdings circa 30 Grad nördlicher und südlicher Breite ein Gebiet, wo die Temperaturen eine Idee abzufallen scheinen. Dafür hat man bis heute noch keine plausible Erklärung gefunden.

Dann hat man in der Atmosphäre auch Winde entdeckt, die mit etwa 100 Meilen Stundengeschwindigkeit in Drehrichtung wehen. Dieses Phänomen ist äußerst ungewöhnlich, weil nach allem, was wir über atmosphärische Strömungen wissen, die Windrichtung und die Drehrichtung gegenläufig sein müßten. Der Uranus scheint indessen – genauso wie Jupiter und Saturn – mehr Energie abzustrahlen, als er von der Sonne empfängt, was auf irgendeine Hitzequelle im Innern des Planeten, irgendeinen chemischen oder physikalischen Austauschprozeß schließen läßt, der möglicherweise die Ursache für diese anomale Windrichtung ist.

Als sich *Voyager 2* dem Uranus näherte, schien es zunächst so, als habe der Planet kein magnetisches Feld. Das war ein ziemlicher Schock für die Fachwelt, da man von einem Planeten mit schneller Rotation und einem elektrisch leitenden Inneren ein Feld erwartet. Da sowohl Jupiter als auch Saturn ein magnetisches Feld haben, war man sicher, daß Uranus ebenfalls ein solches haben würde. Wenn dem nicht so war, dann mußte man sich schon etwas Besonderes einfallen lassen, um dieses Phänomen zu erklären.

Glücklicherweise wurden die Astronomen bald ihrer Sorgen entledigt. Da *Voyager 2* sich dem Uranus von der Sonnenseite her näherte, wurde die Messung des magnetischen Feldes durch Elektronen in der Ionosphäre des Uranus abgeblockt. *Als Voyager 2* noch 470 000 km vom Mittelpunkt des Uranus entfernt war, trat er in die Magnetosphäre des Planeten ein. Das Magnetfeld existierte also. Es war 5mal stärker als das Erdmagnetfeld und erstreckte sich drüben auf der Nachtseite weit in den Weltraum hinaus. Alles war so, wie es sein sollte.

Nun, nicht alles. Normalerweise ist die Magnetachse gegen die Rotationsachse leicht geneigt und verläuft auch nicht unbedingt durch den Gravitationsmittelpunkt des Planeten. (Man hat bis heute noch keine befriedigende Erklärung dafür gefunden.)

Im Falle des Uranus haben wir es jedoch mit extremen Verhältnissen zu tun. Die Magnetachse ist nicht weniger als 60 Grad gegen die Rotationsachse geneigt, und der Mittelpunkt der Magnetachse ist 8000 km vom Mittelpunkt des Planeten entfernt. Was es mit dieser extremen Verschiebung auf sich hat, wissen wir nicht. Möglicherweise hat sie etwas mit der ebenso ungewöhnlichen Neigung der Äquatorebene zu tun.

Voyager 2 flog zwischen den Ringen und Miranda, dem – nach Beobachtungen von der Erde aus – innersten Satelliten des Planeten, hindurch. Am 24. Januar 1986 hatte sich die Raumfähre der Oberfläche von Miranda bis auf 28 000 km genähert und damit den satellitennächsten Punkt ihrer Flugbahn erreicht. Knapp eine Stunde später war sie bis auf 81 500 km an die Wolkenschicht des Uranus herangekommen und passierte damit ihren dichtesten Anflugpunkt in bezug auf den Planeten. Beide Passagen wichen nur um Sekunden von dem vorausberechneten Zeitplan und nur um 18 km von der planmäßigen Flugbahn ab. Das war wirklich überhaupt nichts.

Von der Erde aus hatte man 1977 neun dünne Ringe um den Uranus entdeckt, und zwar hatte man den Uranus beobachtet, als er sehr nah ein einem Fixstern vorbeizog, und dabei das intervallartige Aufblinken, das durch die vorbeiwandernden Ringe verursacht wurde, ausgewertet.

Voyager 2 bestätigte das Vorhandensein dieser neun Ringe und entdeckte dazu noch zwischen dem achten und neunten Ring – von innen nach außen gezählt – einen zehnten Ring. Dieser neue Ring ist sehr dünn und schwach und konnte deshalb auch unmöglich von der Erde ausgemacht werden.

Wie man von den Beobachtungen von der Erde aus bereits wußte, bestanden die Uranus-Ringe aus schwarzen Teilchen. Das ist an sich gar nichts Besonderes. Die kleineren Himmelskörper im äußeren Solarsystem sind oft vereist, wobei das Eis (im allgemeinen Wassereis mit möglicherweise geringen Anteilen von Ammoniak und Methan) von Gesteinen verschiedener Größe durchsetzt ist.

Es gibt zweierlei Möglichkeiten, warum sich solche vereisten Objekte verdunkeln. Sie können langsam das Eis durch

Verdunstung verlieren. wobei das Gesteinsmaterial zurückbleibt. Mit der Zeit, das heißt im Laufe von Milliarden von Jahren, wird die Eisschicht auf kleinen Objekten dünner und überzieht sich häufig mit einer Gesteinskruste, die dunkler als das Eis ist und ein weiteres Verdunsten des Eises verhindert. Eine zweite Möglichkeit besteht darin, daß das Methan in dem Eis möglicherweise langsam zu schwarzen teerartigen Substanzen polymerisiert und auf diese Weise die Oberfläche schwärzt.

Die mögliche Bildung einer solchen Kruste auf Kometen wird von mir in Kapitel 10 angesprochen, ein Kapitel, das ich, lange bevor die Raumsonde Giotto auf die Fährte von dem Kometen Halley geschickt worden war, geschrieben habe. Giotto fand heraus, daß Halley tiefschwarz war. (Dennoch sprühte er noch verdunstendes Eis ab, da er hier im inneren Solarsystem weitaus intensiver erwärmt wurde, als dies bei den Objekten in der Umgebung des Uranus der Fall ist.)

Es geht also nicht so sehr um die Frage, warum die Ringe des Uranus so schwarz sind, sondern vielmehr darum, warum die Saturn-Ringe so weiß sind. Offensichtlich sind die kleinen Körper in der Nähe des Saturn vereister* als die in der Nähe des Jupiters oder Uranus. Aber warum? Darauf gilt es eine Antwort zu finden.

Und noch etwas fand man heraus. Während die Ringe des Saturns aus Objekten aller Größenordnungen bestehen, angefangen beim feinsten Staub bis hin zu gebirgsähnlichen Objekten, haben die Objekte der Uranus-Ringe alle mehr

---

* Eine Ausnahme bildet der Satellit Iapetus, dessen eine Hemisphäre geschwärzt erscheint

oder weniger einheitlich die Größe von Findlingen. Die Uranus-Ringe sind eigentlich staubfrei. Auch dies ist ein Unterschied zwische Saturn und Uranus, für den es bis jetzt noch keine Erklärung gibt. Aber wenn Sie mich fragen, dann wird sich eines Tages herausstellen, daß der Saturn der atypische Planet ist.

Der Uranus besitzt ein Satellitensystem, das einige Eigenheiten aufweist. Von der Erde aus wurden fünf Satelliten entdeckt, von denen keiner ein Riesensatellit ist, das heißt, keiner hat einen Durchmesser von 3000 km oder mehr. Der Uranus ist der einzige Riesenplanet ohne Riesensatelliten. Neptun hat mit Triton, Saturn mit Titan und Jupiter mit Io, Europa, Ganymed und Callisto seinen bzw. seine Riesensatelliten. Und selbst die Erde hat den Mond. Warum ausgerechnet der Uranus keine Riesensatelliten besitzt, wissen wir nicht. Sollte dies etwas mit seiner ungewöhnlichen Axialneigung zu tun haben?

Die fünf Satelliten sind im übrigen genauso geneigt wie der Uranus selbst und drehen sich in dessen Äquatorebene. Während sich also die Satelliten aller anderen Planeten – von uns aus gesehen – links, rechts, links, rechts bewegen, bewegen sich die Satelliten des Uranus auf, ab, auf, ab.

Das könnte bedeuten, daß die Satelliten erst entstanden sind, nachdem sich die Drehachse des Uranus geneigt hatte. Wenn sich die Satelliten bereits in der Äquatorebene eines relativ gering geneigten Uranus befunden hätten, wären sie durch die Kippung des Planeten in höchst schiefe Umlaufbahnen geraten. Die Kippung muß schon sehr früh in der Geschichte des Sonnensystems stattgefunden haben, während die Satelliten (Monde) erst später dazukamen.

Die Satelliten sind dunkler als erwartet. Da sie von der

Erde aus lediglich als bloße Lichtpünktchen ausgemacht werden konnten, beurteilten die Astronomen ihre Größe nach ihrer Helligkeit, wobei sie – auf der Grundlage einer mutmaßlichen Vereisung – von einem mittelguten Reflexionsfaktor ausgingen. Da die Monde sich jedoch als dunkler erwiesen, als man angenommen hatte, konnten sie auch nur weniger Licht reflektieren und mußten demnach – um die beobachtete Gesamthelligkeit zu erklären – auch größer sein. Nachstehend finden Sie eine Aufstellung, aus der Sie ersehen können, welchen Durchmesser man den fünf Satelliten vor *Voyager 2* zuordnete, und welcher Durchmesser nach dem heutigen Erkenntnisstand jeweils anzusetzen ist.

Satellit	Durchmesser (km)	
	Vor *Voyager 2*	Nach *Voyager 2*
Miranda	240	480
Ariel	700	1170
Umbriel	500	1190
Titania	1000	1590
Oberon	900	1550

Man beachte, daß Mirandas Durchmesser doppelt so groß, Ariels Durchmesser 1,7 mal so groß, Umbriels 2,4 mal, Titanias 1,6 mal und Oberons Durchmesser 1,7 mal so groß ist, wie ursprünglich angenommen. Es versteht sich von selbst, daß die Satelliten in der umgekehrten Reihenfolge ihrer Größe entdeckt wurden. Miranda, als der kleinste der fünf Satelliten (auch der innerste) wurde erst 1948 entdeckt.

Am 31. Dezember 1985 entdeckte *Voyager 2* jedoch

noch einen sechsten Mond, der noch dichter am Uranus ist als Miranda. Während Miranda 130 000 km vom Mittelpunkt des Uranus entfernt ist, beträgt die Distanz des neuen Satelliten nur 85 000 km. Sein Durchmesser mißt auch nur 160 km. Sein vorläufiger Name ist 1985U1.

Im Januar 1986 wurden nicht weniger als neun weitere Monde entdeckt, die sich allesamt noch dichter am Uranus befinden als 1985U1. Die drei ersten – 1986U1, 1986U2 und 1986U3 – haben einen Durchmesser von etwa 80 km, während er bei den übrigen zwischen 20 und 50 km liegt. Der innerste Satellit, der jetzt bekannt ist, ist der 1986U7 mit einer Entfernung von nur 50 000 km zum Uranus. Er befindet sich innerhalb des Ringsystems.

In Zusammenhang mit diesen Kleinmonden gibt es noch eine ganze Reihe offener Fragen. Im Zuge der Erforschung von Jupiter und Saturn durch Raumsonden wurde der Begriff »Schäferhundmonde« eingeführt. Es handelt sich dabei um Kleinmonde, die einen speziellen Ring innen und außen flankieren und mit ihrer Schwerkraft die Ringteilchen zusammenhalten. Nun scheinen die meisten Uranusringe solche Monde aber nicht zu besitzen. Doch wie läßt sich deren Zusammenhalt dann erklären?

Ungeklärt ist auch folgender Sachverhalt. Jupiter, Saturn und Uranus besitzen alle eine Reihe von Kleinmonden, die den jeweiligen Planeten innerhalb oder direkt von der Peripherie des Ringsystems umkreisen. Auch Neptun hat wahrscheinlich solche Monde. Merkur und Venus haben überhaupt keine Satelliten, und die Erde hat einen großen, weit entfernten Trabanten, den Mond, dafür aber keine näher gelegenen Kleinmonde. Ist das Fehlen solcher nahen Kleinmonde dafür verantwortlich, daß diese Welten keine Ringe besitzen? Der Mars hat allerdings zwei nahe Kleinmonde und trotzdem keinen Ring. Wurden die Marsmonde eingefangen, nachdem sich ein Ring aufgelöst hatte? Die Ringbildung ist noch längst nicht vollständig erforscht. Sie gibt noch eine Reihe von Rätseln auf, die es zu lösen gilt.

Über die fünf vergleichsweise großen Monde des Uranus weiß man inzwischen mehr. Die Oberfläche des Oberon stellt sich als Kraterlandschaft dar, die helle Strahlen aussendet, was nicht weiter ungewöhnlich ist. Weit ungewöhnlicher ist dagegen die Tatsache, daß die Kraterböden dunkel sind.

Titania besitzt nicht nur Krater, sondern weist auch Senkungsgräben auf, und Ariel – Umbriel überspringen wir erst einmal – ist sogar mit noch breiteren Gräben und Canyons durchzogen. Ganz offensichtlich ist die Oberfläche der Monde um so zerklüfteter, je geringer deren Entfernung zu Uranus ist.

Miranda, der dem Uranus am nächsten ist, überraschte mit einer unerwartet großen Vielfalt von Landschaftsformen. Er hat von allem ein bißchen: Canyons wie der Mars, Rillen wie Ganymed und Tiefebenen wie Merkur. Darüber hinaus zeigt er eine Reihe von dunklen Linien wie ein hochkant gestellter Stapel Pfannkuchen, ein wie eine Rennbahn abgegrenztes Rillenfeld und einen hellen V-förmigen Winkel.

Die Tatsache, daß ein derart kleiner Körper eine derart vielgestaltige Oberfläche besaß, löste einige Verwirrung aus. Miranda ist viel zu klein, um geologisch aktiv zu sein. Man nimmt allgemein an, daß er knapp am Kollaps vorbeigekommen ist. Vielleicht wurde er von irgendeinem großen Körper getroffen und tatsächlich zerschmettert. (Saturns innerster vergleichbarer Trabant Mimas besitzt einen derart großen Krater, daß er bei dem Einschlag beinahe zersprungen sein muß.)

Der zerschmetterte Mond Miranda muß sich dann wieder aufgrund seiner eigenen Gravitation zusammengeballt haben, allerdings nicht in seiner ursprünglichen Form, sondern völlig zufallsbedingt mit dem Ergebnis der uns bekannten chaotischen Oberflächengestaltung.

Der Mond, der meiner Meinung nach jedoch ein echtes Rätsel ist, ist Umbriel. Er ist der dunkelste der Trabanten. Er ist offensichtlich ohne eigenes Gepräge, wenn man einmal von einem hellen Ring absieht, der unweit vom Rand der beleuchteten Hemisphäre den Mond umkränzt.

Warum ist Umbriel dunkler als die anderen Monde? Warum ist er »gesichtslos«? Woher kommt der helle Ring? Leider wird es vermutlich Jahre dauern, ehe wir einen weiteren (und vielleicht besseren) Blick auf Umbriel werden werfen können. Bis dahin können wir nur die Bilder, die wir haben, betrachten und staunen.

Für mich ist allerdings das interessanteste an Umbriel ein eigenartiger, wenn auch ganz sicher bedeutungsloser Zufall.

Im Jahre 1787 entdeckte der deutsch-englische Astronom William Herschel (1738–1822) – nachdem er sechs Jahre zuvor Uranus entdeckt hatte – die zwei hellsten Uranusmonde. Anstatt sie nach den Figuren der griechisch-römischen Mythologie zu benennen, nannte er sie nach dem König und der Königin aus Shakespeares »Sommernachtstraum« »Oberon« und »Titania«.

Als der englische Astronom William Lassell (1799–1880) den dritt- und vierthellsten Trabanten des Uranus im Jahre 1851 ausmachte, nannte er den helleren der beiden »Ariel« nach dem heiteren, fröhlichen Geist aus Shakespeares

»Sturm«. (Man nahm natürlich an, daß Ariel seiner Helligkeit entsprechend auch der größere der beiden Monde war. Heute wissen wir, daß der andere in Wirklichkeit größer ist, aufgrund seiner geringeren Helligkeit aber weniger Licht reflektiert.)

Den anderen dunkleren Mond nannte Lassell »Umbriel« nach einem Geist aus dem komischen Versepos »Der Lockenraub« von Alexander Pope (1688–1744). Umbriel war ein trübsinniger, schwermütiger, ständig stöhnender Geist, der seinen Namen von dem lateinischen Terminus für »Schatten« ableitete.

Als der fünfte Uranusmond von dem Amerikaner holländischer Abstammung Gerard Peter Kuiper (1905–1973) entdeckt wurde, stand wieder Shakespeare mit seiner charmanten Heldin »Miranda« aus »Der Sturm« Pate.

Ist es nicht eigenartig, daß der dunkle, schattenhafte Mond Umbriel nach einem trübsinnigen, ein mürrisches Schattendasein führenden Geist benannt wurde? Liegt darin nicht irgendeine tiefere Bedeutung?

Nein! Absolut nicht. Diese Übereinstimmung ist rein zufällig.

9. Der Riese, der ein Zwerg war

Vor einiger Zeit rief mich eine junge Dame an, die ihrem eigenen Bekunden nach irgendwelche Artikel für irgendeine Zeitschrift verfaßte. (Ich glaube nicht, daß ihre Tätigkeit irgend etwas mit Schriftstellerei zu tun hatte, denn ihre Arbeit bestand allein darin, verschiedene berühmte Leute anzurufen, um ihnen eine Frage zu stellen. Dann faßte sie alle Antworten zu einem Konglomerat zusammen, das dann gedruckt wurde. Dazu bedarf es wahrlich keiner schriftstellerischen Fähigkeiten.)

Vorsichtig fragte ich: »Um was für eine Frage handelt es sich?«

Sie kam ohne Umschweife zur Sache: »Welches ist Ihre Lieblingsbar, und warum ist es Ihre Lieblingsbar? Sind es die guten Drinks, das Ambiente, ihre Exklusivität, das Publikum oder was sonst?«

»Meine Lieblingsbar?« fragte ich erstaunt. »Sie meinen eine Bar, wo die Leute hingehen, um etwas zu trinken?«

»Ja, von all den Bars, die Sie je besucht haben.«

»Aber ich gehe in keine Bars, mein Fräulein. Ich trinke nicht. Und ich habe nie getrunken. Meines Wissens habe ich noch nie eine Bar betreten, es sei denn, um auf diesem Weg in einen Speisesaal zu gelangen.«

Pause. Und dann die Frage: »Sind Sie nicht Isaac Asimov, der Schriftsteller?«

»Jawohl, der bin ich.«

»Und sind Sie nicht der, der an die dreihundertfünfzig Bücher geschrieben hat?«

»Auch richtig. Aber ich habe jedes einzelne von ihnen stocknüchtern geschrieben.«

»Ist das wahr? Aber ich dachte, alle Schriftsteller trinken.« (Ich glaube, ihre Höflichkeit verbot es ihr, das zu sagen, was sie wirklich dachte, nämlich daß alle Schriftsteller Alkoholiker seien.)

Meine Stimme klang vermutlich ziemlich gezwungen, als ich ihr entgegnete, daß ich natürlich nicht für andere sprechen könne, daß ich aber auf jeden Fall nicht tränke.

Die Anruferin murmelte dann noch etwas von »eigentümlich« in den Hörer und legte schließlich auf.

Ich denke, diese Erfahrung, auf etwas Eigentümliches,

Sonderbares gestoßen zu sein, tat meiner Anruferin äußerst gut. Im Hinblick auf unsere geistige Gesundheit sollte jeder von uns ab und an aus seinem gedanklichen Trott aufgescheucht werden, eine Erfahrung, mit der die Wissenschaftler natürlicherweise ständig konfrontiert werden, wie zum Beispiel auch im Falle des Planeten Pluto.

Während der ersten drei Jahrzehnte unseres Jahrhunderts war man ständig auf der Suche nach einem »Planeten X«, der seine Bahn noch jenseits des Neptunorbits zog. Die Astronomen erwarteten einen Gasriesen zu finden, das heißt, einen Planeten, der größer als die Erde war, dabei aber eine geringe Dichte besaß, weil er im wesentlichen aus Wasserstoff, Helium, Neon und dem wasserstoffhaltigen Wasser-, Ammoniak- und Methaneis bestand.

Immerhin waren die vier äußersten Planeten unseres Sonnensystems, Jupiter, Saturn, Uranus und Neptun, ebenfalls alle Gasriesen. Warum also sollte der Planet jenseits von Neptun nicht auch einer sein?

Natürlich erwarteten die Astronomen, daß der Planet X aufgrund seiner größeren Entfernung von der Sonne kleiner als die bekannten Gasriesen war. Je größer die Entfernung war, desto dünner und unbedeutender waren nämlich eigentlich auch die präplanetarischen Gasnebel und desto kleiner mußte auch der Planet sein, der daraus entstanden war. Trotzdem vermutete man, daß dieser Planet X beträchtlich größer war als die Erde.

Immerhin ist Jupiter – der größte Gasriese mit der geringsten Entfernung zur Sonne – was seine Masse betrifft, 318 mal größer als die Erde. Saturn, der zweitnächste Sonnenbegleiter, bringt es auf 95 Erdmassen. Jenseits dieser beiden Riesenplaneten befinden sich Uranus und Neptun mit 15 bzw. 17 Erdmassen.

Einer der eifrigsten Forscher, der amerikanische Astronom Percivel Lowell (1855–1916), vermutete deshalb, daß sich dieser Abwärtstrend auch bei dem Planeten X fortsetzen würde und veranschlagte ihn demzufolge auf nur 6,6 Erdmassen. Dennoch hätte es niemanden überrascht, wenn sich herausgestellt hätte, daß seine Masse 10 Erdmassen entspricht.

Bei diesen Spekulationen über die Masse des gesuchten Planeten spielte jedoch nicht nur die Analogie eine Rolle. Es gab noch ein gewichtigeres Argument. Der Grund dafür, warum man überhaupt an die Existenz dieses Planeten X glaubte, waren die leichten Unregelmäßigkeiten der Bahnbewegungen des Uranus.

Die Astronomen suchten also nach einem Planeten, dessen Masse groß genug war, um die Bahnbewegung des Uranus selbst dann noch zu stören, wenn er zwei oder drei Milliarden Kilometer jenseits von Uranus zu finden war. Ein Planet von 10 Erdmassen durfte es also schon sein.

Der Planet X wurde schließlich im Jahre 1930 von dem amerikanischen Astronomen Clyde Tombaugh entdeckt. Er nannte ihn Pluto, ein Name, dessen erste beiden Buchstaben nicht nur zufällig an die Initialen von Percivel Lowell erinnern. Der Planet befand sich ziemlich genau dort, wo man ihn unter der Prämisse einer Beeinflussung der Uranusbahn auch vermutet hatte, was die These, daß es sich um einen Gasriesen handeln müsse, noch untermauerte.

Der Augenblick der Entdeckung sorgte jedoch erst einmal für einen gewaltigen Schock, dem im Laufe des nächsten halben Jahrhunderts noch eine ganze Reihe weiterer handfester Überraschungen folgen sollten.

Neptun ist ein Himmelskörper der 8. Größe* und damit zu lichtschwach, um mit bloßem Auge erkannt zu werden. Kein Wunder, wenn man bedenkt, daß er ca. 4,5 Milliarden Kilometer von der Sonne entfernt ist und daß das wenige Sonnenlicht, das er empfängt und reflektiert, dann noch einmal diese Distanz zurücklegen muß, ehe es bei uns ankommt.

In Anbetracht der Tatsache, daß Pluto weiter entfernt und vermutlich auch kleiner war, mußte er natürlich auch wesentlich lichtschwächer als Neptun sein. Die Astronomen erwarteten in etwa einen Planeten der 10. Größe.

Dem war aber nicht so. Pluto war ein Planet der 14. Größe, das heißt, er war fast vierzig mal lichtschwächer, als man erwartet hatte.

Dafür gab es drei mögliche Erklärungen: 1. Pluto war weiter entfernt als erwartet; 2. Pluto bestand aus wesentlich dunkleren Substanzen als erwartet, und 3. Pluto war kleiner als erwartet. Selbstverständlich konnten diese drei Möglichkeiten auch in irgendeiner Weise miteinander kombiniert sein.

Die Entfernung war verhältnismäßig leicht zu bestimmen. Aus der täglichen Verschiebung seiner scheinbaren Position konnte man ziemlich schnell näherungsweise die Umlaufzeit um die Sonne ermitteln. Aus der Umlaufzeit ließ sich dann die durchschnittliche Sonnenferne errechnen.

Wie sich herausstellte, braucht Pluto 247,7 Jahre, um sich einmal um die Sonne zu bewegen; seine durchschnittliche Entfernung von der Sonne beträgt circa 5,9 Milliar-

---

* Maß für die Helligkeit (AdÜ)

den Kilometer. Damit ist er im Durchschnitt 1 ⅓ mal so weit von der Sonne entfernt wie Neptun.

Pluto ist also der sonnenfernste aller bekannten Planeten. Er ist aber nicht so weit entfernt, daß seine Entfernung allein schon als Begründung für seine Lichtschwäche ausreicht. Pluto muß demnach aus dunklerem Gesteinsmaterial bestehen als die vier anderen Gasriesen, oder aber er ist wesentlich kleiner als dieselben oder beides.

Aber wie dem auch sei, Pluto war zunächst einmal kein Gasriese. Ein Gasriese (wie auch jeder andere Planet, dessen Atmosphäre dicht genug ist, um schwere Wolken zu bilden) reflektiert nämlich ungefähr die Hälfte des Sonnenlichts, das auf ihn fällt. Sein Lichtreflexionsvermögen, das heißt seine Albedo, wie es im Fachjargon heißt, liegt bei 0,5. Das gleiche gilt auch für einen Planeten ohne Atmosphäre, sofern seine Oberfläche vereist ist (Wasser-, Ammoniak- und/oder Methaneis). Ein Planet ohne Atmosphäre mit einer nackten Gesteinsoberfläche hat nur eine Albedo von ungefähr 0,07.

Was nun Plutos Lichtschwäche anbetraf, so war man doch ziemlich überzeugt davon, daß der Planet aus Gesteinsmaterial bestehen müsse und keine Atmosphäre habe. Aber selbst unter diesem Aspekt konnte seine Masse nicht viel größer als die Erdmasse sein, wenn man seine Lichtschwäche erklären wollte.

Sehr bald schon unterteilten die Astronomen die neun großen Planeten des Sonnensystems in die vier Riesenplaneten oder auch jupiterähnlichen Planeten und die fünf kleinen oder erdähnlichen Planeten. Zu den erdähnlichen Planeten zählte sie Merkur, Venus, Erde, Mars *und* Pluto.

Was ein erdähnlicher Planet am äußersten Ende des Planetensystems zu suchen hat, während alle anderen sich an die Sonne »klammern«, konnte nicht erklärt werden. Aber in Anbetracht seiner Lichtschwäche blieb nichts anderes übrig, als Pluto in diese Kategorie einzuordnen.

Nun, wenn Pluto im Laufe seiner Erforschung auch drastisch »zusammengeschrumpft« war, so hätte man ihn doch noch als fünftgrößten Planeten des Sonnensystems gleich hinter den vier Riesenplaneten einreihen können, *sofern* er nur etwas größer als die Erde gewesen wäre.

Aber hat Pluto wirklich die Größenordnung der Erde? Er besitzt ja durchaus gewisse Charakteristika, die auf einen sehr kleinen Planeten schließen lassen könnten. Nun, einen Anhaltspunkt für die Größe eines Planeten liefert im allgemeinen seine Umlaufbahn.

Im großen und ganzen sind die Planetenbahnen nur schwach elliptisch. Bei den meisten Planeten liegt die Bahnexzentrizität bei 0,05 oder noch darunter. Die Bahnexzentrizität der Erde beträgt beispielsweise 0,017. Das bedeutet, daß die meisten Planetenbahnen für das bloße Auge mehr oder weniger einen Kreis beschreiben.

Ausnahmen bilden lediglich die beiden kleinsten Planeten: Der Mars mit nur 1/10 Erdmasse hat eine Bahnexzentrizität von nahezu 0,1, und Merkur mit nur ungefähr 1/20 Erdmasse (die Hälfte der Marsmasse) bringt es auf eine Bahnexzentrizität von 0,2.

Wenn wir geringe Masse und große Exzentrizität einander zuordnen, wie steht es dann mit Pluto? Nachdem man seine Bahnbewegung über immer längere Zeiträume hinweg beobachtet hatte, fand man unter anderem heraus, daß seine Bahnexzentrizität mit 0,25 noch größer war als die des Merkurs, das heißt, die Plutobahn ist exzentrischer als alle anderen Planetenbahnen.

Bedeutet das nun aber auch, daß Pluto etwa eine noch

geringere Masse aufweist als Merkur? Nicht unbedingt. Es gibt nämlich keinen zwingenden Grund dafür, eine geringe Masse einer hohen Exzentrizität zuzuordnen. So hat Neptun eine Masse, die etwas mehr als 1/20 der Jupitermasse beträgt; seine Bahnexzentrizität ist jedoch nicht größer als die des Jupiters, sondern sogar beträchtlich geringer, und zwar um ca. 80 %. Plutos starke Bahnexzentrizität an sich beweist infolgedessen noch keineswegs stichhaltig, daß es sich bei ihm um einen sehr kleinen Planeten handelt. Aber auch ohne diesen Beweis lohnt es sich, sich über diese Exzentrizität ein paar Gedanken zu machen.

Plutos stark elliptische Bahn bedeutet, daß seine Entfernung zur Sonne während seiner Sonnenumrundung stark variiert. An seinem sonnennächsten Punkt (»Periheldurchgang«) ist Pluto 4,425 Milliarden Killometer von der Sonne entfernt. Der gegenüberliegende Punkt seiner Bahn, den er 125 Jahre nach seinem Periheldurchgang erreicht, ist mit 7,375 Milliarden Kilometern Abstand von der Sonne der sonnenfernste Punkt (»Aphel«). Das ergibt einen Unterschied von 2,95 Milliarden Kilometern.

Ein Forscherteam auf dem Pluto würde davon natürlich wenig merken. Die Sonne wäre nichts weiter als ein heller Stern am Himmel des Pluto; und wenn sie beim Apheldurchgang ein bißchen lichtschwächer wäre als beim Periheldurchgang, so würde das wahrscheinlich niemand außer dem Expeditionsastronomen wahrnehmen oder beunruhigen.

Aufgrund seiner Bahnexzentrizität kommt Pluto der Sonne zeitweise näher, als Neptun es je sein wird. Bei seinem Periheldurchgang ist Neptun 4,458 Milliarden Kilometer von der Sonne entfernt, während Plutos sonnennächster Punkt 33 Millionen Kilometer näher liegt.

Seit Pluto 1979 die Neptunbahn kreuzte, steht er der Sonne näher als Neptun und ist damit eine Zeitlang nicht mehr der sonnenfernste Planet. Bei jedem seiner Umläufe um die Sonne ist Pluto über einen Zeitraum von rund zwanzig Jahren der Sonne näher als Neptun. Bei seinem jetzigen Umlauf wird Pluto 1989 sein Perihel erreichen und die Neptunbahn dann wieder im Jahre 1999 kreuzen. Eine Wiederholung dieses seltsamen Phänomens findet erst wieder in den Jahren 2227 bis 2247 statt.

Ein weiterer Aspekt einer Planetenbahn ist seine Neigung gegen die Ekliptik, das heißt, um wieviel Grad die Bahnebene gegen die Ebene der Erdbahn gekippt ist. Im allgemeinen ist die Bahnneigung der Planeten sehr gering. Sie kreisen alle in so ziemlich der gleichen Ebene, und wenn man das Planetensystem in genügend kleinem Maßstab bis hin zum Neptun dreidimensional darstellen würde, könnte man es leicht in einer dieser Warmhalteboxen für Pizzas unterbringen.

Wieder einmal tanzt der kleinste Planet ein bißchen aus der Reihe. Während die Bahnneigung im allgemeinen 3 Grad nicht übersteigt, weist Merkur eine Bahnneigung von 7 Grad auf. Wenn eine große Bahnneigung eine geringe Masse impliziert, was fangen wir dann mit Plutos Bahn an, die eine Neigung von 17 Grad besitzt? Allerdings ist die Masse des Uranus auch beträchtlich kleiner als die Masse des Saturns, und dennoch hat Uranus eine geringere Bahnneigung als Saturn. Zwischen Bahnneigung und Masse besteht also nicht notwendigerweise ein Zusammenhang. Nun, Plutos starke Bahnneigung gegen die Ekliptik mag vielleicht in dieser Beziehung nicht von Bedeutung sein, dennoch muß sie uns zu denken geben.

Aufgrund dieser starken Bahnneigung besteht – auch

wenn es in einem zweidimensionalen Diagramm des Planetensystems den Anschein hat, als kreuze Pluto Neptuns Bahn – absolut keine Gefahr, daß die beiden Planeten in absehbarer Zeit kollidieren werden. Denn dreidimensional gesehen zieht Pluto unterhalb der Neptunbahn vorbei, so daß die beiden Planeten immer mindestens 1,3 Milliarden Kilometer voneinander entfernt sind, wenn sich ihre Bahnen zu kreuzen scheinen. In der Tat kann Pluto dem Uranus sogar näher kommen, als er jemals dem Neptun kommt.

In Zusammenhang mit der Lichtschwäche von Pluto, aus der wir schließen, daß Pluto kleiner ist, als ursprünglich angenommen, gibt es aber noch einen anderen Aspekt, und zwar ist die Lichtreflexion keineswegs konstant.

Wenn Pluto ein steiniger Planet ist, wäre es denkbar, daß verschiedene Teile der Oberfläche das Licht mit unterschiedlicher Intensität reflektieren. Es könnte sein, daß das Gestein an einer Stelle heller ist als an einer anderen oder daß einige Gesteinsbrocken vereist sind und andere nicht. Wenn dem so ist, dann müßte sich die Helligkeit des Planeten bei seiner Drehung ein wenig verändern. Insgesamt gesehen müßten die Helligkeitsschwankungen mit der Rotationsdauer in Einklang stehen.

1954 ermittelte der kanadische Astronom Robert H. Hardie in Zusammenarbeit mit Merle Walker anhand sehr genauer Helligkeitsmessungen eine Rotationsdauer von 6,4 Tagen für Pluto (nach den neuesten Erkenntnissen beträgt die Rotationsdauer 6 Tage, 9 Stunden und 18 Minuten, das sind 6,39 Tage).

Auch dieser Aspekt wirft Fragen in bezug auf die Größe des Planeten auf. Im großen und ganzen gilt eigentlich die Faustregel: Je größer ein Planet ist, desto schneller dreht er sich um seine Achse. Jupiter, der Planet mit der größten Masse, hat eine Rotationsdauer von 9 Stunden 50 Minuten. Saturn mit der zweitgrößten Masse dreht sich in 10 Stunden 14 Minuten um seine eigene Achse, und Uranus, der in bezug auf seine Masse kleinste Riesenplanet unter den vieren, braucht 17 Stunden 15 Minuten.

Die kleineren erdähnlichen Planeten haben längere Rotationszeiten. Bei der Erde sind es 24 Stunden und bei der kleineren Marskugel 24 Stunden und 37 Minuten. Merkur und Venus drehen sich in der Tat sehr langsam, was jedoch etwas mit den Gezeiteneinflüssen der Sonne zu tun hat.

Solche Gezeiteneinflüsse der Sonne können sich dagegen bei Pluto wegen seiner sehr großen Sonnenferne wohl kaum auswirken. Seine Rotationsdauer von über sechs Tagen scheint also auf einen sehr kleinen Planeten hinzudeuten. Das kann natürlich wieder ein Zufall sein. Aber inzwischen haben wir drei Charakteristika – Bahnexzentrizität, Bahnneigung gegen die Ekliptik und Rotationsdauer –, die Pluto alle als sehr kleinen Planeten auszuweisen scheinen. Es stellt sich die Frage, wie weit man den Zufall strapazieren kann.

Was fehlte, war eine direkte Messung des Plutodurchmessers. Aber wie sollte man das anstellen? Bei Plutos riesiger Entfernung und seiner kleinen Größe erscheint er selbst in einem guten Teleskop nur als Lichtpünktchen, und das obwohl er zur Zeit seiner Entdeckung sogar ziemlich nahe seinem Perihel stand. (Wäre er kurz vor seinem Aphel gewesen, wäre sein scheinbarer Durchmesser gegenüber seinem Periheldurchgang auf 3/5 verringert gewesen, was die Dinge noch wesentlich erschwert hätte.)

Im Jahre 1950 nahm der amerikanische Astronom Gerard Peter Kuiper (1905–1973) die Aufgabe jedoch mit einem 5-Meter-Spiegel auf dem Mount Palomar in Angriff. Er stellte das Teleskop auf Pluto ein und versuchte die Breite des Lichtpunkts zu messen. Das war nicht so einfach, weil die winzige Plutokugel flimmerte und dieses Flimmern mit der teleskopischen Vergrößerung der Kugel ebenfalls stärker wurde. Das beste Ergebnis, das Kuiper erzielen konnte, war ein Bogenmaß von 0,23 Sekunden. (Zum Vergleich: Bei den Messungen von Neptun ist man nie unter ein Bogenmaß von 2,2 Sekunden gekommen. Plutos scheinbare Breite beträgt demnach etwa ein Zehntel der Breite von Neptun.)

Eine scheinbare Breite von 0,23 Bogensekunden hätte unter Berücksichtigung der Entfernung von Pluto einen Durchmesser von circa 6100 Kilometern bedeutet. Damit wäre unser »ständig schrumpfender« Planet beträchtlich kleiner als die Erde. Pluto wäre dann tatsächlich sogar noch etwas kleiner als Mars mit seinen 6790 Kilometern Durchmesser. Er wäre dann nicht mehr der fünftgrößte planetarische Himmelskörper, sondern nur der achtgrößte. Lediglich Merkur wäre kleiner.

Nicht jeder akzeptierte Kuipers Zahlenwert. Die Bestimmung des Plutodurchmessers mittels eines Blicks durch ein Teleskop war einfach ein zu unsicheres Verfahren. Es gab jedoch noch einen anderen Weg.

Hin und wieder zieht Pluto auf seiner Bahn langsam an einem lichtschwachen Stern vorbei. Wenn er sich nun zufällig direkt vor den Stern schiebt (»Verfinsterung«), verschwindet der Stern eine Zeitlang. Wie lange, hängt davon ab, ob Pluto den Stern mit seiner Kugelmitte oder seiner Kugelperipherie passiert. Wenn man die genaue Position des Fixsterns und die Mitte der Plutokugel ermitteln kann, und dazu die Mindestdistanz der beiden Körper bestimmt, so kann man anhand der Zeitspanne, die der Fixstern ausgeblendet ist, den Durchmesser von Pluto mit ziemlich großer Genauigkeit berechnen.

Es kann natürlich passieren, daß Pluto den Fixstern knapp verfehlt. In diesem Fall kann man anhand des Abstands zwischen der Plutomitte und dem Fixstern den maximalen Durchmesser von Pluto näherungsweise berechnen, das heißt, man errechnet für Pluto den Durchmesser, der es ihm gerade noch ermöglichen würde, den Fixstern zu verfehlen.

Am 28. April 1965 bewegte sich Pluto auf einen dunklen Stern im Sternbild des Löwen zu. Wäre Pluto so groß wie die Erde oder auch nur wie der Mars gewesen, hätte er den Stern verfinstert; er *verfehlte* ihn aber. Aus diesem Umstand ließ sich errechnen, daß der Durchmesser von Pluto nicht größer als 5790 Kilometer sein konnte, wahrscheinlich aber kleiner sein dürfte.

Es hatte nun also den Anschein, als müsse man unseren »schrumpfenden« Planeten dimensionsmäßig zwischen Mars und Merkur einreihen. Seine Masse konnte nicht mehr als $1/16$ der Erdmasse betragen, vermutlich aber noch darunter liegen.

Das Problem wurde schließlich – völlig unerwartet – im Juni 1978 gelöst. Der in Washington (D.C.) arbeitende Astronom James Christie fand die Lösung bei der genauen Betrachtung der hervorragenden Aufnahmen, die von Pluto mit einem 1,5-Meter-Teleskop in Arizona in großer Höhe, wo die atmosphärischen Interferenzstörungen weitgehend reduziert sind, aufgenommen worden waren.

Christie untersuchte die Plutobilder unter starker Vergrößerung und meinte eine Ausbuchtung bei Pluto zu entdecken. War möglicherweise das Teleskop während der Aufnahme leicht verwackelt? Nein, sicher nicht, denn in diesem Fall hätten sich die Fixsterne in dem Bildausschnitt alle als kurze Striche darstellen müssen; sie waren jedoch ausnahmslos perfekte Punkte.

Christie nahm sich daraufhin andere Fotografien vor und vergrößerte sie, und siehe da, alle hatten diese Ausbuchtung. Doch nicht nur das, diese Ausbuchtung nahm von Bild zu Bild eine andere Position ein. In heller Aufregung besorgte Christie sich noch frühere – zum Teil acht Jahre alte – Aufnahmen von Pluto, und damit wurde klar, daß die »Ausbuchtung« den Planeten in 6,4 Tagen, der Zeit also, in der sich Pluto einmal um seine eigene Achse dreht, umrundet.

Entweder handelte es sich hier um einen riesigen Berg auf dem Pluto, oder aber Pluto besaß ganz in seiner Nähe einen Trabanten. Christie war sich sicher, daß es sich um einen Trabanten handelte, was 1980 dann auch endgültig bestätigt wurde, als der französische Astronom Antoine Labeyrie auf dem Mauna Kea in Hawaii das Phänomen mit Hilfe der Fleckinterferometrie untersuchte. Dabei wurde Pluto zu einem Lichtpunktmuster aufgelöst. Christie erhielt jedoch nicht nur ein Muster, sondern zwei solcher Muster – ein größeres und ein kleineres –, die deutlich voneinander getrennt waren: Pluto besaß also zweifelsfrei einen Trabanten.

Christie nannte diesen Mond Charon, nach dem Fährmann der Unterwelt, der in der griechischen Mythologie die Schatten der Toten über den Fluß Styx in Plutos Reich übersetzte. (Ich hätte dem Mond eher den Namen Persephone nach der Frau Plutos gegeben, doch Christie ließ sich bei der Namensgebung offensichtlich von dem Umstand leiten, daß seine Frau Charlene hieß.)

1980 zog Pluto nahe an einem anderen Fixstern vorbei.

Er verfehlte (zumindestens von der Erde aus gesehen) den Stern zwar wieder, aber Charon stellte sich genau davor und verdunkelte ihn. Dieses Ereignis wurde von einer Sternwarte in Südafrika aus von einem Astronomen namens A.R. Walker beobachtet. Der Stern wurde 50 Sekunden lang ausgeblendet, so daß sich für Charon ein Mindestdurchmesser von 1170 Kilometern ergab.

Dennoch gab es jetzt eine bessere Methode, die *Größe* von Pluto zu bestimmen. Wenn man einen Mond hat und dessen Abstand zu seinem Planeten sowie die Zeit für eine Umrundung kennt, kann man die Gesamtgröße von Mond und Planet berechnen. Aus dem Größenverhältnis Planet-Mond läßt sich dann – wenn man davon ausgeht, daß beide Körper chemisch ähnlich zusammengesetzt sind – die Masse der beiden einzelnen Objekte bestimmen.

Es stellte sich heraus, das Charon 19 400 Kilometer von Pluto entfernt ist. Das ist nur $1/20$ der Entfernung Mond–Erde. Es ist also kein Wunder, daß bei der Entfernung Plutos von uns ein so naher Trabant fast ein halbes Jahrhundert lang unentdeckt blieb.

Für die Masse von Pluto errechnete man einen Wert von ungefähr 0,0021 ($1/500$) Erdmassen. Damit rangierte Pluto noch hinter Merkur. Er besitzt tatsächlich nur etwas mehr als $1/16$ der Masse unseres Mondes. Letzten Endes hatten also alle Kriterien, die für einen sehr kleinen Planeten Pluto sprachen, durchaus ihre Berechtigung.

Was Charon anbetrifft, so beträgt seine Masse etwa $1/10$ der Plutomasse.

Nun, da wir wissen, wie massearm Pluto ist, müssen wir auch von der Vorstellung abrücken, daß es aus Gestein besteht. Bei seiner Größe würde von einer bloßen Gesteinsoberfläche nicht genügend Licht reflektiert, um seine Helligkeit zu erklären. Es muß sich also um einen Eiskörper handeln mit demzufolge geringerer Dichte und entsprechend größeren Abmessungen, so daß mehr Sonnenlicht reflektiert werden kann.

Man veranschlagt heute den Durchmesser von Pluto auf rund 3000 Kilometer, das entspricht etwa ⅞ des Erdmonddurchmessers, während Charons Durchmesser um die 1200 Kilometer messen dürfte, was sich mit dem bei der Verfinsterung von 1980 ermittelten Resultat ungefähr deckt.

Das bedeutet, daß zusätzlich zu den acht Planeten auch noch sieben Trabanten (der Mond, Io, Europa, Ganymed, Callisto, Titan und Triton) mehr Masse besitzen als Pluto. Pluto ist weder der fünftgrößte planetarische Körper des Sonnensystems noch der achtgrößte, sondern ist inzwischen so »zusammengeschrumpft«, daß er auf die 16. Stelle abgerutscht ist.

In der Vergangenheit hatten einige Astronomen versucht, die allem Anschein nach geringe Größe Plutos in Frage zu stellen und die Theorie eines massereichen und gravitationsmäßig signifikanten Planeten aufrechtzuerhalten. Sie behaupteten, Pluto habe eine glatte eisbedeckte Oberfläche, und der Lichtpunkt, den wir sähen, sei nicht etwa Pluto selbst, sondern nur der Widerschein der Sonne auf der spiegelnden Oberfläche. Es gab andere Astronomen, die zwar die geringe Größe nicht in Abrede stellten, dafür aber auf einer großen Masse beharrten, weil sie von einer enormen Dichte ausgingen.

Inzwischen sind jedoch all diese Einwände vom Tisch. Pluto ist tatsächlich winzig, und seine Dichte läßt sich ohne weiteres aus seinem Volumen und seiner Masse berechnen. Sie ist geringer, als irgend jemand erwartet hätte (noch eine

Überraschung), und ist mit 0,55 g/cm³ nur etwa halb so groß wie die Dichte von Wasser, das heißt, sie ist noch geringer als die Dichte von Saturn, der mit 0,7 g/cm³ bis dahin als der Planet mit der geringsten Dichte gegolten hatte.

Pluto ist zu klein, um aus Wasserstoff-, Helium- und Neongas zu bestehen, es muß sich demnach um Eis handeln. Von den allgemein bekannten Eisvarianten ist Methaneis (eine Kombination aus Kohlenstoff- und Wasserstoffatomen) das leichteste Eis mit einer Dichte, die etwa halb so groß ist wie die Dichte von Wasser. Es kann also sein, daß Pluto weitgehend aus Methaneis besteht und demzufolge eine dünne superkalte Atmosphäre aus Methandampf besitzt. Ein Teil des Methans würde selbst bei Plutos Sonnenferne verdunsten und aufgrund seiner Kälte auch an der Plutokugel haften bleiben, auch wenn das Gravitationsfeld nur schwach ist.

Man bedenke nun folgendes: Ganymed, Jupiters größter Mond, besitzt eine Masse, die 0,1 Tausendstel Masse seines Mutterplaneten entspricht. Titan, der größte Saturnmond, bringt es auf 0,25 Tausendstel Masse seines Mutterplaneten und Triton, der größte Neptunmond, auf 1,3 Tausendstel Masse seines Mutterplaneten. Die Masse des Erdtrabanten, unseres Mondes, beträgt allerdings immerhin 12,3 Tausendstel der Erdmasse.

Anders ausgedrückt, die Masse des Mondes entspricht 1,23 Prozent der Erdmasse, und bis 1978 gab es keinen anderen Trabanten mit einem ähnlichen Masseverhältnis zu seinem Mutterplaneten. Erde und Mond kamen bis dahin der Vorstellung eines Doppelplaneten am nächsten.

Dann tauchte Charon auf, dessen Masse ungefähr 100 Tausendstel (einem Zehntel) der Plutomasse entspricht. In bezug auf Pluto ist Charon achtmal größer als der Mond in bezug zur Erde. Heißester Anwärter auf den Titel des »Doppelplaneten« ist damit das Gespann Pluto-Charon geworden.

Eine letzte Anmerkung noch. Pluto und Charon sind, was die Gravitationskräfte anbetrifft, vernachlässigbar. Eine meßbare Störung der Uranusbahn kann von ihnen nicht ausgehen. Dennoch gibt es bestimmte Unregelmäßigkeiten in der Bahnbewegung des Uranus und vermutlich auch der des Neptuns.

Woher kommen sie? Von einem Planeten X – den es möglicherweise irgendwo da draußen gibt und bei dem es sich, wie ursprünglich angenommen, doch um einen Gasriesen handelt. Durch die zufällige Entdeckung des winzigen Pluto wurden wir vielleicht nur abgelenkt und haben unser eigentliches Ziel aus den Augen verloren. Also laßt uns weiter suchen.

Nachtrag

Dies ist, sage und schreibe, meine vierundzwanzigste Sammlung von Essays aus dem *Magazine of Fantasy and Science Fiction*, und Sie können sich gar nicht vorstellen, wie glücklich ich bin, daß ich a) es überhaupt geschafft habe, so viele Essays zu schreiben, daß b) meine Beiträge über einen so langen Zeitraum hinweg von dem Magazin akzeptiert worden sind und daß mir c) auch die Leute vom Verlag stets die Stange gehalten haben.

Dennoch gibt es auch eine Kehrseite der Medaille. Wenn ich erst einmal über ein bestimmtes Thema schreibe, dann behalte ich auch die Weiterentwicklung auf dem betreffenden Gebiet im Auge. Es ärgert mich, wenn man mich so hinstellt, als ob ich nicht mehr mitreden könne oder wenn etwas gemacht wird, was ich in Zusammenhang mit dem Thema nicht gutheiße oder – ach, es gibt eine ganze Menge. Und je mehr Aufsätze es nun werden, desto mehr Anlaß habe ich natürlich auch, mich aufzuregen. Das macht die ganze Sache ein wenig unerfreulich.

So habe ich zum Beispiel in diese Sammlung ein Essay über die Entdeckung des Planeten Pluto aufgenommen (Kapitel 9), in dem ich beschreibe, wie sein Durchmesser im Zuge seiner Erforschung immer weiter »zusammenschrumpfte«. Anfangs war man sich ziemlich sicher, einen Planeten zu finden, der größer als die Erde war. Doch diese Annahme erwies sich als Irrtum, und zwar als großer Irrtum, wie sich mit der Zeit herausstellte. Nach jahrelanger Forschungsarbeit gilt heute als gesichert, daß Pluto kleiner als unser Mond ist.

In meinem Essay über Pluto habe ich als letzte Erkenntnis der Wissenschaft einen Durchmesser von ca. 3000 Kilometern angegeben. Ich habe diesen Aufsatz gegen Ende des Jahres 1986 verfaßt. Im Frühjahr 1987 las ich in einem Bericht, daß dieser Wert schon wieder überholt war und sich auf ca. 2600 Kilometer reduziert hatte. Wenn diese Zahl stimmt, hat Pluto einen Durchmesser, der nur drei Viertel so groß ist wie der Monddurchmesser. Wenn man dazu berücksichtigt, daß Pluto aus leichtem Eis besteht und nicht wie der Mond aus schwerem Gesteinsmaterial, dann kann Pluto nur ⅙ der Mondmasse besitzen.

Eine Reihe von Astronomen wollen nun – vielleicht aus Verärgerung über Plutos enttäuschende Größe – an Plutos Status rütteln. Pluto sollte ihrer Meinung nach nicht länger als Planet geführt, sondern unter die Asteroiden eingereiht werden.

Da ich über dieses Thema geschrieben habe, glaube ich, daß es mir zusteht, auch ein Wort dazu zu sagen. Nun, ich halte diesen Vorschlag für lächerlich.

1. Die Sonne, die als einziger Himmelskörper des Sonnensystems groß genug ist, um als Ergebnis irgendwelcher Kernreaktionen in ihrem Inneren hochenergetische sichtbare Strahlung auszusenden. Sie ist ein Fixstern.

2. Planeten, die keine Strahlung abgeben. Sie bewegen sich in Bahnen um die Sonne.

3. Planetenmonde (Trabanten), die keine Strahlung abgeben. Sie bewegen sich in Bahnen um einen Planeten.

Diese drei Gruppen sind ganz klar gegeneinander abgegrenzt. Auch der größte Planet ist keine Sonne, und es gibt auch keinerlei Probleme, einen Planeten von einem Trabanten zu unterscheiden.

Die Gruppe der Planeten ist allerdings sehr variantenreich. Mit dieser Tatsache wurden die Astronomen zum erstenmal in der ersten Dekade des 19. Jahrhunderts konfrontiert, als sie vier Planeten entdeckten, die beträchtlich kleiner als jeder andere Planet waren und die die Sonne zwischen den Bahnen von Mars und Jupiter umkreisen. Der größte dieser Körper war und ist inzwischen immer noch – trotz der Entdeckung weiterer tausender solcher Objekte – Ceres mit einem Durchmesser von circa 1030 Kilometern. Merkur, der bis dato kleinste bekannte Planet, hat im Vergleich dazu einen Durchmesser von 4840 Kilometern. Ceres besitzt wahrscheinlich nur 1/200 der Masse von Merkur.

Der Astronom Wilhelm Herschel schlug vor, diese kleinen Planeten »Asteroiden« zu nennen (nach dem griechischen Begriff für »sternähnlich«), weil sie durch das Teleskop wie Sterne als reine Lichtpunkte erschienen und nicht wie die größeren Planeten zu Lichtkreisen vergrößert wurden.

Ein Asteroid* ist demnach als kleiner Planet definiert, der die Sonne auf einer Bahn umkreist, die zwischen der Mars- und der Jupiterbahn liegt. Dieser Terminus »Asteroid« ist allerdings ganz und gar nicht nach meinem Geschmack. Wenn wir die Planeten schon nach ihrer Größe differenzieren wollen, dann sollten wir eher von »Großplaneten« und von »Kleinplaneten« sprechen. Sehr kleine Objekte wie meteorartige Körper und Staubpartikel mit Durchmessern in der Größenordnung von Metern bis zu Millimeterbruchteilen müßten darüberhinaus als »Mikroplaneten« bezeichnet werden. Ich gehe sogar so weit zu behaupten, daß Kometen richtiger »Kometenplaneten« hießen.

Angenommen, die Wissenschaftler würden sich nun entschließen, diesen äußerst intelligenten Vorschlag anzunehmen und alle Körper, die um die Sonne kreisen, in die eine oder andere Untergruppe einzuordnen, in welche Kategorie fiele dann Pluto? Wäre er ein Kleinplanet oder ein Großplanet?

Dazu eine Vorbemerkung: Seit Tausenden von Jahren gilt Merkur als Planet, und selbst heute kommt niemand auf die Idee, in ihm etwas anderes als einen Großplaneten zu sehen, ungeachtet der Überlegung, daß er vielleicht der kleinste von ihnen ist. Man kann infolgedessen sagen, daß jeder Himmelskörper, der von seiner Größe und Masse her zumindest Merkur ebenbürtig ist, ein Großplanet ist.

Es gibt drei Monde, die ungefähr so groß wie Merkur

---

* in der deutschsprachigen Literatur hat sich mehr der Begriff »Planetoid« eingebürgert (AdÜ)

sind, wenn nicht sogar noch etwas größer, und zwar Ganymed, Callisto und Titan. Dennoch kann es hier zu keiner Verwechslung kommen, da Ganymed und Callisto Jupiter umkreisen und Titan Saturn umrundet, so daß sie trotz ihrer Größe eindeutig als Monde und nicht als Planeten angesehen werden. Hinzu kommt, daß diese großen Satelliten aus relativ leichtem Eismaterial bestehen, so daß selbst der größte von ihnen, nämlich Ganymed, nur die Hälfte der Masse von Merkur besitzt. – So weit, so gut.

Wenn wir nun Pluto beiseite lassen, dann bleibt Ceres der größte Asteroid. Er ist beträchtlich größer als irgendein anderer Asteroid innerhalb oder außerhalb des Asteroidengürtels. Er ist auch um einiges größer als irgendein bekannter Komet. Es wäre also durchaus angebracht, jeden Körper, der sich auf einer Bahn um die Sonne bewegt und höchstens die Größe und Masse von Ceres besitzt, als Kleinplaneten (oder Asteroiden) zu bezeichnen.

Damit entsteht zwischen Ceres und Merkur eine beachtliche Lücke. Der Durchmesser von Merkur ist beinahe fünfmal so groß wie der von Ceres. Seine Masse entspricht vielleicht der 200fachen Masse von Ceres. Genau in diese Lücke fällt nun Pluto. Wenn wir bei Plutos Durchmesser von einem Wert um die 2600 Kilometer ausgehen, dann ist das der 2,5fache Durchmesser von Ceres, während Merkurs Durchmesser fast doppelt so groß ist wie der von Pluto. Pluto liegt demnach größenmäßig ziemlich genau in der Mitte. Was die Masse anbetrifft, so ist Pluto wohl um die 16mal massereicher als Ceres, während Merkur vielleicht 16mal massereichen als Pluto ist. Auch hier ist Pluto zwischen den beiden angesiedelt.

Zählen wir Pluto nun in Anbetracht dieser Zahlen zu den Großplaneten oder zu den Kleinplaneten? Wenn Pluto wählen dürfte, vielleicht wäre er dann lieber der bei weitem größte der Kleinplaneten als der bei weitem kleinste der Großplaneten. (So wie Julius Cäsar einmal gesagt haben soll: »Lieber der Erste hier als der Zweite in Rom.«)

Wie dem auch sei, ich würde vorschlagen, man nennt alles vom Merkur aufwärts Großplanet, alles von Ceres abwärts Kleinplanet, und was zwischen Merkur und Ceres ist, »Mesoplanet« (vom griechischen Wort für »dazwischenliegend«). Zur Zeit ist Pluto der einzige bekannte Mesoplanet. Wäre das nicht eine sinnvolle Lösung?

10. Die Kleinkörper des Sonnensystems

Als ich vor nicht allzu langer Zeit mit einem Verleger in einem Speiselokal in der Nachbarschaft zu Mittag aß, kam plötzlich der Geschäftsführer an unseren Tisch, um uns mitzuteilen, daß da ein Herr sei, der mir vorgestellt werden wollte. Etwas nervös blickte ich meinen Partner an – ich habe nämlich immer die Befürchtung, man könne mir unterstellen, daß ich solche Zwischenspiele selbst inszeniert habe, um Eindruck zu schinden – und ließ dann seufzend den Herrn an unseren Tisch bitten.

Der Mann war von mittlerer Größe, ziemlich dünn, mit dunklen Augen und einem hervorstehenden Adamsapfel. Er trug ein Hemd mit offenem Kragen und hatte einen Eintagesbart. Ich stand nicht auf, denn zu den wenigen Privilegien, die das fortschreitende Alter bietet, gehört auch, daß man sitzenbleiben darf, wenn der Anstand jüngeren Leuten gebietet, sich zu erheben. Wenn die Kniegelenke reißen, dann ist es letztendlich doch nur ein Zeichen von Klugheit, wenn man sie nicht unnötig belastet.

Ich setzte ein charmantes Lächeln auf und begrüßte den Neuankömmling mit einem freundlichen »Hallo!«, woraufhin er mit ernster Miene erklärte: »Dr. Asimov, mein Name ist Murray Abraham, und ich wollte Ihnen sagen, daß Ihr Buch über Shakespeare...«

Weiter kam er nicht, denn *jetzt* sprang ich doch auf, und explodierte fast vor Energie:

»Sie sind *nicht* Murray Abraham. Sie sind Antonio Salieri!« rief ich voller Überraschung.

An ein vernünftiges Gespräch war danach nicht mehr zu denken. Es interessierte mich nicht, was er mir über meine Bücher zu sagen hatte. Ich wollte vielmehr ihm etwas über seine schauspielerische Leistung in dem Film *Amadeus* sagen, und da ich älter als er war, ließ er mir schließlich – aus Höflichkeit, wie ich vermute – meinen Willen. Ich weiß bis heute noch nicht, was er mir eigentlich zu meinem Buch über Shakespeare zu sagen hatte.

Es war nämlich so: Ich gehe an sich sehr selten ins Kino, und zwar vor allem deshalb, weil mir die Arbeit an meiner Schreibmaschine bzw. an meinem BTX-Gerät keine Zeit läßt. (Sie wären überrascht, wie zeitaufwendig es ist, ein produktiver Schriftsteller zu sein.) Den Film *Amadeus* habe ich mir allerdings nicht entgehen lassen.

Es imponierte mir sehr, wie F. Murray Abraham (den ich vorher noch nie gesehen hatte) die schwere Rolle des Teils schurkischen, teils pathetischen Salieri spielte. Etwa nach der Hälfte des Films wandte ich mich an meine Frau Janet mit der Bemerkung: »Dieser Abraham bekommt dafür sicher einen Oscar.«

Ich hatte überhaupt keine Ahnung von der Konkurrenz, doch ich war mir völlig sicher, daß in diesem Jahr keine andere schauspielerische Leistung an Abrahams

Darstellung heranreichen konnte. Das war absolut perfekt.

Natürlich bekam Abraham den Oscar, und ich habe mich noch nie mehr über einen solchen Sieg gefreut. Er war für mich nicht nur eine Bestätigung Abrahams, sondern gleichermaßen auch eine Bestätigung meines eigenen Urteils.

Deshalb war ich auch so aufgeregt, als ich ihm nun gegenüberstand, und deshalb verweigerte ich ihm auch seinen Namen. Für sich selbst mag er jetzt und für alle Zeiten F. Murray Abraham sein, aber für mich ist er Antonio Salieri.

Und als ich nun so über die Schwierigkeit nachdachte, zwischen dem Schauspieler und seiner Rolle zu unterscheiden, war ich in Gedanken plötzlich beim Unterschied zwischen einem Planetoiden (Asteroiden) und einem Kometen. Also in medias res ...

Um die beiden großen Kategorien von Kleinkörpern des Sonnensystems gegeneinander abzugrenzen, ist es sinnvoll, zunächst einmal jede Kategorie für sich zu definieren.

Bei den Planetoiden handelt es sich um einen Schwarm von Kleinkörpern, die die Sonne zwischen der Mars- und Jupiterbahn umkreisen. Einige von ihnen sind ziemlich groß, das heißt einer von ihnen – Ceres – hat sogar einen Durchmesser von etwa 1000 Kilometern. Dann gibt es noch ein paar Dutzend Planetoiden mit Durchmessern über 100 Kilometern, doch der Pulk der circa 100000 Planetoiden, die vielleicht existieren, sind kleine Objekte von nicht mehr als ein paar Kilometern Durchmesser.

Ein zweiter Schwarm von Kleinkörpern umkreist die Sonne vermutlich in viel größerer Entfernung. Während die Planetoiden die Sonne in Entfernungen von ungefähr 400 Millionen Kilometern umrunden, dürfte der zweite Schwarm ein oder zwei Lichtjahre entfernt sein, das heißt, sie sind der Sonne etwa 35 000mal ferner als die Planetoiden. Die Körper dieses weit entfernten zweiten Schwarms wollen wir einmal »Kometoiden« nennen. (Dieser Terminus ist meine eigene Wortschöpfung und wird, soviel ich weiß, nicht von den Astronomen verwendet.)

Natürlich hat kein Astronom je irgendeinen dieser Kometoiden, die sich in diesen fernen Regionen um die Sonne bewegen, jemals studiert, geschweige denn gesehen. Die Kometoiden da draußen sind zu weit entfernt und zu klein, um auf irgendeine Weise aufgespürt zu werden. Ihre Existenz läßt sich nur aus der Existenz von Kometen und den Erkenntnissen über Kometenbahnen, -strukturen und -verhalten folgern. Deshalb nenne ich die Körper dieses in weiter Ferne vermuteten Schwarms in Anlehnung an »Komet« auch Kometoiden.

Kometoiden und Planetoiden sind gleichermaßen ziemlich kleine, feste Körper auf einer Bahn um die Sonne. Doch im Unterschied zu den Planetoiden sind die Kometoiden nicht nur viel weiter vom Zentrum des Sonnensystems entfernt, sondern aller Wahrscheinlichkeit nach auch wesentlich zahlreicher. Mir sind Schätzwerte von 100 Milliarden Kometoiden bekannt. Damit hätten wir ein Verhältnis Planetoiden – Kometoiden von 1:1 000 000.

Unterschiedliche Entfernung und unterschiedliche Anzahl sind jedoch relativ nichtssagend. Wenn dies die einzigen existenten Unterschiede wären, könnte man einen Planetoiden neben einem Kometoiden nicht identifizieren.

Es gibt indessen einen wesentlichen Unterschied in der

chemischen Struktur der beiden, die mit der unterschiedlichen Sonnenferne in direktem Zusammenhang steht.

Sowohl Kometoiden als auch Planetoiden entstanden vermutlich zu der Zeit, als das Sonnensystem Gestalt annahm. Ja mehr noch, sie entstanden aus derselben riesigen Staub- und Gaswolke, aus der die Sonne und die Planeten entstanden. Die Astronomen sind sich ziemlich sicher, daß diese Wolke hauptsächlich aus Wasserstoff und Helium bestand, denen Kohlenstoff-, Stickstoff-, Sauerstoff-, Neon-, Argon-, Silizium- und Eisenatome beigemischt waren.

Wasserstoff, Helium, Stickstoff, Sauerstoff, Neon und Argon sind Gase, die sich selbst bei großer Sonnenferne nicht so ohne weiteres verfestigen. Wasserstoff bildet jedoch in Verbindung mit Sauerstoff Wasser, in Verbindung mit Stickstoff Amoniak und in Verbindung mit Kohlenstoff Methan. Alle diese Substanzen gefrieren zu festen Körpern, die dem Augenschein nach wie normales Eis (gefrorenes Wasser) aussehen, das heißt, diese Substanzen klumpen zu Eisbrocken zusammen.

Die restlichen Elemente – insgesamt knapp ein halbes Prozent – bilden Metall- und Gesteinsbrocken.

Aus dieser und aus anderen Überlegungen heraus stellte der amerikanische Astronom Fred Lawrence Whipple (geb. 1906) in den 50er Jahren die These auf, Kometoide seien »schmutzige Schneebälle«, also große Eisklumpen (hauptsächlich Wassereis), in denen sich Gesteins- und Metallteilchen in Form von Staub, gelegentlich aber auch in größeren Stücken angesammelt hätten. Es sei sogar vorstellbar, daß einige Kometoide aus festem Gestein und einem Metallkern bestehen.

Es gab auch Berechnungen, nach denen ein Kometoid zu $2/3$ Masse aus Eis und zu $1/3$ aus Gestein und Metall besteht.

Kometoiden sind jedoch nur deshalb schmutzige Schneebälle, weil sie weit weg von einer Sonne entstanden, die genau zu der Zeit geboren wurde, da die Kometoiden selbst Gestalt annahmen. Die junge Sonne verströmte in jede Richtung Hitze. Dazu kam noch ein heftiger Sonnenwind. Durch die Hitze verdampften die Stoffe mit der geringsten Verdampfungswärme. Die entstehenden Dämpfe wurden dann von dem Sonnenwind nach draußen weggerissen. Größere Objekte wie Jupiter und Saturn konnten aufgrund ihres enormen Gravitationsfeldes diese Dämpfe an sich binden, während Kleinkörper wie die Kometoiden dazu nicht in der Lage waren. Sie konnten weder Wasserstoff, noch Helium, noch Neon, die selbst unter der minimalen Hitzeeinwirkung der fernen Sonne Gase bildeten, zurückhalten. Was sie jedoch binden konnten, waren die Substanzen, die sich bei den niederen Temperaturen in den fernen Weltraumregionen zu Eis verfestigten.

Bei den Kleinkörpern, die in der *Nähe* der Sonne – beispielsweise im Planetoidengürtel – entstanden, stellte sich die Situation anders dar.

Da die Planetoiden sich in relativ geringer Entfernung von der Sonne bildeten, war die Hitzeeinwirkung vermutlich so groß, daß alles möglicherweise gebildete Eis letztendlich verdampfte. De facto konnte sich das Eis bei dieser enormen Hitze wohl gar nicht erst sammeln. Der gesamte Dampf wurde dann durch den Sonnenwind in die fernen Regionen des Sonnensystems fortgerissen, wo er dann zur Bildung der Kometoiden beigetragen haben könnte.

Die Planetoiden bestehen demgemäß fast ausschließlich aus den zurückgebliebenen Gesteins- und Metallstückchen. Dieser Mangel an Baumaterial ist letzlich wohl auch dafür verantwortlich, daß es soviel weniger Planetoiden als Kometoiden gibt und daß Planetoiden im großen und ganzen auch etwas kleiner als Kometoiden sind.

Was Planetoiden von Kometoiden unterscheidet, ist demnach also nicht unerheblich. Die ersteren bestehen aus Gestein oder Metall oder einer Mischung aus beiden mit nur geringen Eisenanteilen, wenn überhaupt. Kometoiden sind dagegen hauptsächlich Eiskörper mit geringen Verunreinigungen in Form von Gesteins- und Metallpartikeln.

Wenn ein Astronom also durch sein Teleskop einen Kleinkörper sähe, dann wäre er durchaus in der Lage, anhand der Lichtreflexion zu entscheiden, ob es sich um einen Kometoiden oder einen Planetoiden handelte. Ein aus Eis bestehender Kometoid würde prozentual weitaus mehr des auffallenden Lichtes reflektieren als ein metallischer Planetoid.

Die unterschiedliche chemische Zusammensetzung ist darüber hinaus auch für ein Phänomen verantwortlich, das nur bei Kometoiden, nie aber bei Planetoiden auftritt.

Hin und wieder passiert es, daß die fernen Kometoiden auf ihrem erhabenen, Millionen von Jahren währenden Weg um die Sonne gestört werden. Gelegentlich kann es nämlich zu einer Kollision zweier Kometoiden kommen, bei der Energie von einem Objekt auf das andere übergeht, so daß es zu einer Verlangsamung des ersteren und einer Beschleunigung des letzteren kommt. Oder aber ein Kometoid erfährt aufgrund der Gravitationskräfte der näher gelegenen Sterne – je nach Position derselben – eine solche Verlangsamung oder Beschleunigung.

Ein Kometoid, der Energie aufnimmt und beschleunigt wird, bewegt sich weiter von der Sonne weg und kann ihr schließlich für immer verlorengehen, wenn er sich auf einer sozusagen endlosen Bahn durch den interstellaren Raum in den Tiefen des Alls verliert. Ein Kometoid, der an Energie und Geschwindigkeit verliert, bewegt sich auf die Sonne zu und dringt vielleicht sogar in die Gefilde der großen Planeten ein.

Durch das Gravitationsfeld der äußeren Planeten kann ein Kometoid, der in der Nähe vorbeizieht, in eine völlig neue Bahn gezwungen werden, und zwar in eine Ellipse, die ihn an ihrem einen Ende in Sonnennähe führt. Die planetarischen Einflüsse können sogar so groß sein, daß der Kometoid gewissermaßen eingefangen wird und innerhalb des planetarischen Bereichs des Sonnensystems seine gesamte Bahn zieht. Er wird dann das, was man einen »kurzperiodischen« Kometen nennt. Seine Umlaufzeit um die Sonne beträgt dann nicht mehr Millionen von Jahren, sondern liegt in der Größenordnung von nicht mehr als einem Jahrhundert, wenn nicht sogar darunter.

Kometoiden überleben ihre Annäherung an die Sonne nicht lange, das heißt zumindest nicht lange für astronomische Zeitverhältnisse. Ganz gleich, ob die Kometoiden nun durch einen Energieaufnahme unaufhaltsam von der Sonne wegstreben oder ob sie an Energie verlieren und sich bedingt durch die Sonnenannäherungen im Laufe der Zeit schließlich auflösen, für den Kometoidengürtel sind sie jedenfalls verloren. Schätzungen zufolge sind jedoch in den ganzen 4,5 Milliarden Jahren, die unser Sonnensystem nun besteht, nur ungefähr ein Fünftel der Kometoidenhorde verlorengegangen. Der weitaus größere Teil existiert weiter.

Doch nun wollen wir uns auf die Kometoiden konzentrieren, die sich der Sonne annähern. Wenn sie dies das erstemal tun, setzen sie sich einer Hitze aus, wie sie sie nie zuvor in ihrem Kometenschwarm erlebt haben. Wenn sich der Kometoid erwärmt, verdunstet das Eis, und damit werden die Gesteins- und Metallpartikel frei. Das Gravitationsfeld des Kometoiden ist aber zu schwach, um die an der Oberfläche gebundenen Staubteilchen zurückzuhalten. Sie werden mit der Aufwärtsbewegung der Gasdämpfe weggetragen. Auf diese Weise bildet sich eine Gas- und Staubwolke, die den Kometoiden wie eine Art Atmosphäre umgibt und deren Staubteilchen im Sonnenlicht glitzern. Der Kometoid entwickelt eine diesig leuchtende »Koma«. Der Sonnenwind reißt die Komateilchen mit sich, so daß ein Kometenschweif entsteht.

Koma und Kometenschweif werden mit zunehmender Annäherung an die Sonne immer größer und heller. Und wenn der Kometoid groß genug ist und seine Bahn ihn nah genug an der Erde vorbeiführt, dann zeigt er sich uns schließlich als großartiger Anblick mit einem langen gebogenen Schweif an unserem Himmel. Dies ist für uns die einzige Möglichkeit, eines Kometoiden ansichtig zu werden und ihn zu studieren. Das verschwommene mit einem Schweif ausgestattete Objekt, in das sich ein Kometoid möglicherweise verwandelt, heißt »Komet«, ein Begriff, der sich aus dem griechischen Wort für »Haar« herleitet, weil die phantasiebegabten Griechen mit dem Kometenschweif die Vorstellung von langem offenen Haar verbanden, das nach hinten wallte, wenn der Komet seine Bahn über den Himmel zog.

Die Unterscheidung zwischen einem *Kometen* und einem Planetoiden ist ein Kinderspiel.

Ein Planetoid ist immer nur ein Lichtpunkt am Himmel, selbst wenn man ihn durch das beste Teleskop betrachtet. Er sieht aus wie ein Fixstern (man nennt ihn deshalb auch

»Asteroid«), unterscheidet sich aber von den Fixsternen insofern, als er sich gegen den Hintergrund der echten Fixsterne bewegt.

Ein Komet ist dagegen ein wesentlich helleres Objekt mit einem verschwommenen Erscheinungsbild und ohne regelmäßige Formgebung. Die großen Kometen haben einen langen Schweif und sind so hell, daß man sie mit bloßem Auge erkennen kann. Selbst kleine und ferne Kometen, die sich nur mit Hilfe eines Teleskops ausmachen lassen, haben eine Staub- und Gaswolke, sofern sie nicht sehr weit von der Sonne entfernt sind.

Die beiden Objekte unterscheiden sich aber noch in einem anderen Punkt. Während ein Planetoid ein dauerhafter Körper ist, altert ein Komet sehr schnell. Die Unterscheidung zwischen einem alten Kometen und einem Planetoiden kann sich verwässern.

Jedesmal, wenn ein Komet an der Sonne vorbeizieht, verdampft ein beträchtlicher Teil seiner Substanz und wird weggerissen – und zwar auf »Nimmerwiedersehen«. Demzufolge ist der Komet bei jeder Sonnenannäherung auch kleiner als das Mal zuvor, bis er schließlich und endlich ganz verschwindet.

Astronomen haben dieses Phänomen beobachtet. Das berühmteste Beispiel dafür lieferte der Komet Biela, benannt nach dem österreichischen Amateurastronomen Wilhelm von Biela (1782–1856), der ihn als erster im Jahre 1826 auf seiner Bahn entdeckte. Der Komet bewegte sich auf einer kleinen Bahn um die Sonne und erreichte alle 6,6 Jahre sein Perihel. Als er 1846 wieder beobachtet wurde, hatte er offensichtlich soviel Materie verloren, daß er sich in zwei Teile gespalten hatte. Anstelle eines Kometen tauchten plötzlich zwei auf. 1852 wurde der Doppelkomet noch einmal gesichtet, wobei die beiden Kometenteile weit voneinander entfernt waren und das kleinere Fragment sehr lichtschwach war.

Danach wurde der Komet Biela nie wieder gesehen. Offensichtlich war er vollständig verdampft – oder dramatischer ausgedrückt – er war gestorben. Solche Spaltungen und Auflösungen wurden seither immer wieder beobachtet.

Aber ein Komet kann auf verschiedene Weise »sterben«. Die Todesursache des Kometen Biela, nämlich totale Verdampfung, ist eine sehr spektakuläre Form des Verschwindens, aber ein Komet kann auch wesentlich ruhiger und langsamer dahinscheiden.

Es gibt einige Kometen, die in ihrem Eis mehr feste Staubpartikel eingeschlossen haben als andere, und dieser Staub kann unregelmäßig verteilt sein. Die Teile der Kometenoberfläche, die besonders viele Staubanteile besitzen, würden dann langsamer verdampfen als die Bereiche, wo das Eis reiner ist, das heißt, beim Wegschmelzen würden sich in den staubreichen Bereichen Plateaus bilden, die sich mit den Tälern der schneller verdampften staubarmen Regionen abwechselten. Es kann dann gelegentlich vorkommen, daß so ein Plateau unterhöhlt wird und zusammenbricht. Die neue Oberfläche ist dann wieder der Verdampfung ausgesetzt. Die Folge davon ist ein plötzliches vorübergehendes Aufleuchten des Kometen. (Dieses Aufleuchten wurde häufig beobachtet.)

Beim Zusammenbrechen solcher Plateaus wird der Staub aufgewirbelt und verteilt sich über die gesamte Oberfläche. Zusätzlich wird ein Teil des Staubes, der durch die Verdampfung des Eises frei wird und von der Oberfläche abhebt, möglicherweise wieder zurückgelenkt, wenn der Komet sich wieder von der Sonne entfernt. Beim Staub ist dies wahrscheinlicher als bei dem verdampften Eis.

Mit zunehmendem Alter wird die Oberfläche eines solchen Kometen dann immer staubreicher. Schließlich bildet der Staub eine dicke Schicht, die das Eis vor der Sonneneinstrahlung schützt, so daß ein alter Komet nur noch eine kleine Koma und keinen Schweif besitzt.

Das beste Beispiel für einen alten Kometen ist der Komet Encke, benannt nach dem deutschen Astronomen Johann Franz Encke (1791–1819), der als erster seine Bahn berechnete. Der Komet Encke hat die kürzeste Umlaufbahn aller bekannten Kometen und auch die kürzeste Umlaufzeit. Alle 3,3 Jahre geht er durch sein Perihel. Er wurde schon Dutzende von Malen beobachtet und zeigte jedesmal eine schwache Koma – gerade stark genug, um das Objekt als Komet zu identifizieren.

Unter solchen Umständen kann es lange dauern, bis der Komet sein unter der schützenden kompakten Staubschicht begrabenes Eis weggetröpfelt hat. In den Frühstadien kann es natürlich noch vorkommen, daß ein besonders dünner Staubüberzug durch den Druck des darunterliegenden erhitzten Eises platzt und aus der freigelegten Oberfläche eine Gas- und Staubfontäne hervorbricht. Auch ein solcher Vorgang hätte ein Aufleuchten des Kometen zur Folge. Der Komet Encke ist jedoch über dieses Stadium bereits hinaus.

Aber auch ein alter Komet verliert letzten Endes sein gesamtes Eis, beziehungsweise reduziert seine Gasentwicklung so sehr, daß eine weitere Beobachtung nicht mehr möglich ist. Es könnte sogar sein, daß einige Kometen als kleine Gesteins- und Metallkerne weiterexistieren, nachdem ihr gesamtes Eis weggeschmolzen ist.

Wie aber läßt sich nun ein *toter* Komet, das heißt ein Komet mit gut geschütztem Eis oder ganz ohne Eis, von einem Planetoiden unterscheiden?

In einem Punkt unterscheiden sich die beiden Kleinkörper immer noch, und zwar in der Art ihrer Bahn. Fast alle Planetoiden ziehen ihre gesamte Bahn zwischen der Mars- und der Jupiterbahn. Außerdem sind ihre Bahnen nur schwach exzentrisch und nur wenig gegen die Ekliptik (d. i. die Ebene der Erdbahn) geneigt.

Charakteristisch für die Kometenbahnen ist dagegen eine starke Exzentrik und eine im allgemeinen hohe Neigung gegen die Ekliptik.

Wenn wir also Planetoiden entdecken, deren Bahnen eine starke Exzentrik und Neigung aufweisen, stellt sich in der Tat die Frage, ob wir es wirklich mit einem Planetoiden zu tun haben oder ob es sich vielleicht um einen toten Kometen handelt.

Es gibt solche suspekten Planetoiden mit Bahnen, die sie periodisch ganz dicht an die Sonne heranführen, so daß sie bei ihrem Periheldurchgang der Sonne näher sind, als es Saturn je ist. Es sind dies die sogenannten »Apollo-Planetoiden«. Ihr spektakulärster Vertreter war bis vor kurzem Icarus, ein Planetoid, der 1948 von dem Deutsch-Amerikaner Walter Baade (1893–1960) entdeckt wurde. Er war der fünfzehnhundertsechsundsechzigste Planetoid, dessen Bahn bestimmt wurde. Seine offizielle Bezeichnung ist deshalb »1566 Icarus«.

Bei seinem Periheldurchgang ist Icarus nur 28,5 Millionen Kilometer von der Sonne entfernt. Der Planet Merkur kommt der Sonne in seinem Perihel auf 45,9 Millionen Kilometer nahe, das heißt, Icarus ist ihr bei seiner größten Sonnenannäherung knapp die Hälfte näher als Merkur im Perihel. Der Name Icarus ist demnach sehr passend gewählt, wenn man an die Figur der griechischen Mythologie denkt, die mit ihrem Vater mit selbstgemachten Schwingen fliegen wollte. In seiner Anmaßung kam Icarus der Sonne zu nahe, so daß das Wachs, mit dem die Federn der Flügel an einem Holzgestell befestigt waren, schmolz. Die Federn lösten sich, und Icarus stürzte sich zu Tode.

Bei seinem Apheldurchgang beträgt Icarus' Distanz zur Sonne 300 Millionen Kilometer, das heißt, sein sonnenfernster Punkt liegt noch gut innerhalb des Planetoidengürtels. Icarus hat damit eine Exzentrizität (Maß für die Bahnstreckung) von 0,827; das war die höchste Exzentrizität, die seinerzeit von einem Planetoiden bekannt war. Auch seine Bahnneigung ist mit 23 Grad ziemlich hoch. Man hatte also allen Grund, sich die Frage zu stellen, ob Icarus nicht vielleicht doch ein toter Komet war.

Dann endteckte der Infrarot-Satellit IRAS (Infra-Red Astronomical Satellite) am 11. Oktober 1983 einen Planetoiden mit einer ungewöhnlich schnellen scheinbaren Bewegung gegen die Sterne. (Diese schnelle Bewegung machte allen sofort klar, daß sich das Objekt in der Nähe der Erde befand, und ließ vermuten, daß es sich aller Wahrscheinlichkeit nach um einen Apollo-Planetoiden handelte.)

Der Planetoid erhielt zunächst den Namen 1983 TB gemäß einem System, das für die Identifizierung gesicherter Planetoiden verwendet wurde. Die IRAS-Peilung lieferte nur wenig Informationen über den Planetoiden, aber immerhin noch genug, um ihn mit einem normalen Fernrohr aufspüren zu können. Daraufhin errechnete man seine Bahn. Da es der 3200. Planetoid war, dessen Bahn man bestimmt hatte, müßte er eigentlich »Planetoid 3200« heißen. (Man beachte, daß seit 1948 ungefähr genauso viele Bahnen bestimmt worden sind, wie in der ganzen Zeit bis 1948, ein

Faktum, das in Zusammenhang mit dem Aufkommen der Computer gesehen werden muß.)

Das Bemerkenswerteste an diesem Planetoiden 3200 ist die Tatsache, daß er bei seinem Periheldurchgang noch dichter an der Sonne ist als selbst Icarus, und zwar beträgt seine Perihelentfernung 21 Millionen Kilometer; das entspricht zwei Drittel der entsprechenden Icarusentfernung, ist weniger als die Hälfte der Merkurentfernung und nur ein Siebentel der Erdentfernung. Der Planetoid erhielt dann auch den Namen Phaëton nach einem Helden der griechischen Mythologie, dem Sohn des Sonnengottes Helios, der seinen Vater überredete, ihn einen Tag lang den Sonnenwagen über den Himmel lenken zu lassen. Mit Phaëtons ungeschickten Händen an den Zügeln gingen die Sonnenpferde durch und jagten wild über den Himmel. Aus Furcht, Phaëton könne die Erde völlig zerstören, schleuderte Zeus einen Donnerkeil auf ihn, so daß er aus dem Wagen zu Tode stürzte. Phaëton war der Sonne eindeutig noch näher gekommen als Icarus, und zwar sowohl in der Mythologie als auch in der Astronomie.

Bei seinem Apheldurchgang ist »3200 Phaëton«, wie er nun korrekt heißen muß, ungefähr 385 Millionen Kilometer von der Sonne entfernt, das ist beträchtlich weiter als bei Icarus. Mit seinem dichteren Perihel und seinem ferneren Aphel ist die Phaëtonbahn im Vergleich zur Icarusbahn sogar noch gestreckter, daß heißt noch exzentrischer. Mit einer Exzentrizität von 0,89 stellt Phaëton einen neuen Rekord unter den Planetoiden auf. Die Bahnneigung beträgt bei Phaëton 22 Grad (23 Grad bei Icarus). Er geht alle 1,43 Jahre (522 Tage) durch sein Perihel, während Icarus seinen sonnennächsten Punkt alle 1,12 Jahre (409 Tage) erreicht.

Ist Phaëton demnach vielleicht doch ein toter Komet?

Als Phaëton zum erstenmal durch ein gewöhnliches Teleskop beobachtet wurde, war er ziemlich weit entfernt und bewegte sich von uns weg. Die Astronomen warteten auf seine nächste Annäherung, um festzustellen, ob unter günstigeren Bedingungen eine Gas- und Staubentwicklung zu sehen war. Im Dezember 1984 zog er nahe an der Erde vorbei, ohne daß man die Spur einer Koma entdeckte. Er sah de facto wie ein steinerner Planetoid aus. Wenn es sich also um einen toten Kometen handeln sollte, dann wäre es schon ein *sehr* toter Komet.

Aber gibt es denn nicht noch irgendeine andere Möglichkeit, einen absolut toten Kometen von einem Planetoiden, der auf keinen Fall aus einem Kometen entstanden ist, zu unterscheiden? Es gibt – zumindest indirekt.

Auch wenn ein Komet älter wird, bewegt sich der Staub, der als Teil der Koma und des Schweifs frei wird, weiterhin auf der Kometenbahn um die Sonne. Aus einer Vielzahl von Gründen verteilen sich die Staubpartikel ganz allmählich über die gesamte Bahn, wenngleich er sich im Umfeld des durch Verdampfung ganz oder teilweise aufgelösten Kometen zumindeste eine Zeitlang in höherer Konzentration halten wird.

Hin und wieder durchkreuzt die Erde auf ihrer Bahn einen derartigen Staubteilchenstrom. Die Teilchen erhitzen sich und verdampfen in der Atmosphäre, das heißt, es entstehen im Vergleich zu normalen Nächten ungewohnt viele Meteore. Ganz selten durchquert die Erde auch eine dichtere Staubwolke mit dem Ergebnis, daß es dann so etwas wie leuchtende Schneeflocken regnet, von denen allerdings keine den Boden erreicht. Einen solchen größeren Meteorschauer konnte man zum Beispiel in der Nacht vom 12. November des Jahres 1833 über dem östlichen Teil der Vereinigten Staaten beobachten, Anlaß genug, um sich ernsthaft mit dem Phänomen der Meteoriten auseinanderzusetzen.

Es gibt eine Reihe solcher »Meteorströme«, wie sie heute genannt werden. Man kennt mittlerweile ihre Bahnen, die ihrem Charakter nach Kometenbahnen entsprechen. Manchmal lebt der spezielle Komet, der dazugehört, noch und kann identifiziert werden. Ein Meteorstrom, den man entdeckte, folgt der Bahn des verschwundenen Kometen Biela, und dementsprechend nennt man auch seine Teilchen, wenn sie in die Erdatmosphäre eintreten, »Bieliden«.

Wenn nun ein Apollo-Objekt ein toter Komet wäre, müßte dann nicht ein Meteorstrom seine Bahn entlangziehen? Eigentlich ja, sofern der Komet nicht schon zu lange tot ist. Denn mit der Zeit werden die Staubpartikel von den vorbeiziehenden Planeten und Monden eingefangen, oder aber sie zerstreuen sich irgendwo im Weltraum.

Bis jetzt hat man offensichtlich noch keine Apollo-Objekte gefunden, die von Meteorströmen begleitet werden, wenn sich auch zwei von ihnen – 2101 Adonis und 2201 Olijato – auf Bahnen bewegen, die zumindest sehr dicht an den bekannten Bahnen zweier solcher Ströme liegen.

Fred Whipple wies allerdings darauf hin, daß die Phaëtonbahn und der unter der Bezeichnung »Geminiden« allseits bekannte Meteorstrom sehr dicht beieinanderliegen. Beide Bahnen sind tatsächlich nahezu identisch, so daß es schwerfällt, an einen Zufall zu glauben. Wenn also irgendein Apollo-Objekt wirklich ein toter Komet sein sollte, dann Phaëton.

Wie bei allen Apollo-Objekten stellt sich natürlich auch bei Phaëton die Frage, ob eine Kollision mit der Erde denkbar ist. Ein solcher Zusammenprall wäre eine fürchterliche Katastrophe, denn Phaëtons Durchmesser wird auf nahezu fünf Kilometer geschätzt. Zum Glück kreuzt Phaëton die Ekliptik an einem Punkt, der weit innerhalb der Erdbahn liegt, so daß er selbst bei seiner größten Erdannäherung noch mehrere Millionen Kilometer entfernt bleibt.

Die Gravitationskräfte, denen Phaëton seitens der verschiedenen Planeten ausgesetzt ist, bewirken allerdings, daß sich der Punkt, an dem Phaëton die Ekliptik kreuzt, von der Sonne weg bewegt. Wenn dies so weitergeht, dann werden sich – so hat man berechnet – die Bahnen tatsächlich in 250 Jahren schneiden. Rein theoretisch bestünde dann die Möglichkeit, daß die Erde und Phaëton diesen Schnittpunkt gleichzeitig erreichen, also bevor sich der ekliptische Kreuzungspunkt noch weiter nach außen verlagert hat und damit die Gefahr eines Zusammenpralls wieder hinfällig wäre.

Andererseits wird die Erde mit ihrer Schwerkraft bei einer immer stärkeren Annäherung Phaëtons für seine Umlenkung in eine für sie weniger gefährliche Bahn sorgen. Im Endeffekt ist eine Kollision höchst unwahrscheinlich.

ANMERKUNGEN: *Die Raumsonde Giotto studierte den Kometen Halley einige Monate, nachdem dieser Aufsatz geschrieben war, aus nächster Nähe. Seine Aufnahmen bestätigten tatsächlich die Vermutung einer Staubhülle. Halley war, was seinen Kern anbetrifft sehr dunkel, weil seine Oberfläche offensichtlich mit einer dicken Staubschicht überzogen war.*

TEIL III

Jenseits des Sonnensystems

11. Neue Sterne – Novae

Jeder von uns könnte, wenn er wollte, für sich persönlich ein »Buch der Rekorde« anlegen. Welches war der längste Zeitabschnitt, den man ohne Schlaf durchgehalten hat? Was war das beste Essen, das man jemals gegessen hat? Welches war der beste Witz, den man je gehört hat?

Ich weiß nicht, ob sich die Mühe lohnen würde, aber ich für meinen Teil kann Ihnen auf Anhieb sagen, was für mich das größte astronomische Schauspiel in meinem Leben war.

Wenn man wie ich in den großen Städten des Nordostens zu Hause ist, gibt es in astronomischer Hinsicht nicht viel zu sehen. Zwischen all dem Staub und dem vielen künstlichen Licht, bin ich schon froh, wenn ich gelegentlich einmal den Großen Wagen am nächtlichen Himmel von New York ausmachen kann.

Doch im Jahre 1925 gab es eine totale Sonnenfinsternis, die man von New York City aus sehen konnte, gerade noch eben sehen konnte. Sie nannte sich die »96.-Straße-Finsternis«, weil nördlich der 96. Straße in Manhattan die totale Finsternis nicht ganz erreicht wurde.

Ich wohnte jedoch zehn Meilen südlich dieser Grenzlinie und war deshalb gut dran, da sich die Sonne in meiner unmittelbaren Nähe für eine kurze Zeitspanne vollständig verfinsterte. Das Ärgerliche daran war nur, daß ich damals erst fünf Jahre alt war und mich beim besten Willen nicht mehr daran erinnern kann, ob ich die Sonnenfinsternis nun sah oder nicht. Ich *glaube*, daß ich sie gesehen habe, aber es kann auch sein, daß ich mir nur etwas vormache.

Im Jahre 1932 – ich glaube, es war August – kam es dann zu einer in New York City sichtbaren 95 %igen Sonnenfinsternis. Das Ganze war ungeheuer spannend, da die Sonne bis auf eine dünne Sichel verschwand und alle Leute auf der Straße herumstanden oder das Ereignis sogar von den Dächern aus beobachteten. (Ich glaube, daß die meisten Leute deshalb auf die Dächer kletterten, um der Sonne näher zu sein und sie damit besser im Blick zu haben.) Wir alle starrten durch unsere geschwärzten Gläser und belichteten Zelluloidstreifen, die für diesen Zweck denkbar ungeeignet waren; weiß der Himmel, warum wir nicht alle blind geworden sind. Jedenfalls *sah* ich diese Sonnenfinsternis. Ich war damals 12 Jahre alt und erinnere mich noch gut. Aber dann war ich am 30. Juni 1973 auf dem Schiff *Canberra* vor der Küste Westafrikas und erlebte eine totale Sonnenfinsternis – herrlich. Sie dauerte fünf Minuten, und was mich am meisten beeindruckte, war das Ende dieses Schauspiels. Ein winziger heller Lichtpunkt erschien, entfaltete sich und war innerhalb einer halben Sekunde plötzlich so gleißend, daß man nicht mehr ohne Filter hineinschauen konnte. Die Sonne kam mit einem riesigen Brausen zurück – und das war das großartigste Himmelsspektakel, das ich je gesehen habe.

Es gibt auch noch andere Schauspiele am Himmel, die möglicherweise nicht ganz so spektakulär sind wie eine totale

Sonnenfinsternis, dafür aber für Astronomen weitaus interessanter sind, ja nicht nur für sie, sondern auch für uns, wenn wir erst einmal begriffen haben, was da eigentlich vorgeht. Da gibt es zum Beispiel so etwas wie scheinbar neue Sterne. Bei einer Sonnenfinsternis schiebt sich lediglich der Mond vor die Sonne, ein Ereignis, das regelmäßig wiederkehrt und auf Jahrhunderte hinaus vorhergesagt werden kann. Neue Sterne dagegen sind ...

Aber lassen wir uns ganz von vorne beginnen.

In unserem westlichen Kulturkreis galt es lange Zeit als sicher, daß der Himmel unveränderlich und vollendet sei, und zwar ganz einfach deshalb, weil der griechische Philosph Aristoteles (384–322 v. Chr.) dies behauptete und sich 18 Jahrhunderte lang kaum jemand bereit fand, der es mit Aristoteles aufnehmen wollte.

Und wie kam Aristoteles zu seiner Behauptung? Ganz einfach: Seine Augen sahen es so, und Sehen ist Glauben.

Sicherlich, die Sonne veränderte ihre Position gegenüber den Sternen, und desgleichen tat auch der Mond, der dazu noch verschiedene Phasen durchlief. Fünf helle sternähnliche Objekte, die wir heute Merkur, Venus, Mars, Jupiter und Saturn nennen, veränderten ebenfalls ihre Position, und zwar nach einem komplizierteren Muster, als Mond und Sonne es taten. Doch all diese Bewegungen verliefen genauso wie die Phasen- und Helligkeitsänderungen völlig regelmäßig und ließen sich vorausberechnen. Und sie wurden in der Tat vorausberechnet, wobei sich die Astronomen – angefangen bei dem hochentwickelten Volk der Sumerer um 2000 v. Chr. – immer besserer Methoden bedienten.

Was die Veränderungen anbetraf, die keiner Gesetzmäßigkeit folgten und somit unvorhersehbar waren, so behauptete Aristoteles, daß es sich dabei um Phänomene der Atmosphäre und nicht des Himmels handele. Darunter fielen zum Beispiel Wolken, Stürme, Meteore und Kometen. (Die Kometen hielt Aristoteles für brennende Gase hoch oben in der Luft, also so etwas wie hochfliegende Irrlichter.)

Aristoteles' Vorstellung von der unveränderlichen Vollkommenheit paßte gut in das christlich-jüdische Gedankengut. Nach der Bibel schuf Gott das Universum in sechs Tagen. Am siebten Tage ruhte er, weil vermutlich nichts mehr zu tun übrig blieb. Der Gedanke, Gott habe plötzlich gemerkt, daß er etwas vergessen habe und sei deshalb noch einmal aktiv geworden, lange nachdem die sechs Tage verstrichen waren, er habe also vielleicht noch einen neuen Stern geschaffen oder eine neue Form von Leben, dieser Gedanke erschien absolut ketzerisch.

Sicher, die Bibel beschreibt Gott als ein Wesen, das unaufhörlich mit den Menschen im Widerstreit steht, als ein Wesen, das bei der geringsten Kleinigkeit in Zorn gerät und das nicht nur die Sintflut und die sieben Plagen herabschickt, sondern das auch Samuel befiehlt, die Amalekiten einschließlich Frauen, Kinder und Vieh auszurotten; doch das alles tat er ja nur, weil der Mensch ihn allem Anschein nach ärgerte. Die Sterne und die Arten ließ er in Ruhe.

In der Tradition der aristotelischen Lehre einerseits und im Glauben an die Schöpfungsgeschichte andererseits hätten sich die Leute beim Auftauchen eines neuen Sterns am Himmel wahrscheinlich irritiert die Augen gerieben und sich damit beschwichtigt, daß sie eben nicht so tief ins Glas hätten schauen dürfen.

Andererseits hätten sie irgendeinem neuen Stern wahrscheinlich überhaupt keine Aufmerksamkeit geschenkt. Es gab nur wenige Leute, die den Himmel mit wirklichem Interesse betrachteten oder sich ernsthaft bemührten, sich die verschiedenen Konfigurationen der Sterne einzuprägen und auch zu behalten. (Gehören Sie dazu?) Selbst die Astronomen, die den Himmel professionell beobachteten, waren in erster Linie an der Wanderung jener Himmelskörper (»Planeten«) interessiert, die ihren Standort in bezug auf die anderen Himmelskörper veränderten, als da waren die Sonne, der Mond, Merkur, Venus, Mars, Jupiter und Saturn. Auf der Grundlage dieser Bewegungen entwickelten sie die Pseudowissenschaft der Astrologie, von der sich auch heutzutage noch naive Leute (d. h. der größte Teil der Menschheit) beeindrucken läßt.

Was die anderen Sterne anbetrifft, also die Sterne, die ihre Position zueinander beibehalten, dürften nur noch der Große Wagen und Pegasus sowie ein paar andere einfache Sternbilder mit relativ hellen Sternen von Interesse sein. Mehr aber auch nicht. Wenn also ein neuer Stern auftauchte und irgendein unbeachtetes Sternbild veränderte, würden die Leute, von ein paar Ausnahmen abgesehen, sicherlich gar keine Notiz davon nehmen, und es hätte auch gar keinen Zweck, andere davon überzeugen zu wollen, das da wirklich ein neuer Stern aufgetaucht ist. Das Gespräch verliefe dann wahrscheinlich folgendermaßen:

»Da, sieh mal, ein neuer Stern!«

»Wo denn? – Wie kommst du darauf, daß das ein neuer Stern ist?«

»Er war gestern nacht noch nicht da.«

»Du bist ja verrückt.«

»Nein, im Ernst. Ich schwör's dir. Das ist ein neuer Stern.«

»So? Na, und wenn schon, wen interessiert das denn?«

Natürlich, wenn ein neuer Stern auftauchte, der wirklich

hell wäre, dann würde man davon wohl auch Notiz nehmen. Der hellste Fixstern am Himmel ist Sirius; noch heller sind einige Planeten, darunter auch Jupiter und Venus. Wenn nun ein Fixstern von »planetarischer Helligkeit« auftauchte – das heißt, wenn er den Planeten in bezug auf seine Helligkeit Konkurrenz machte und heller als irgendein anderer Fixstern wäre – dann könnte man ihn wohl kaum ignorieren.

Der erste, der mit der Entdeckung solch eines neuen Sterns in Zusammenhang gebracht wird, ist Hipparchos (190–120 v. Chr.), ein griechischer Astronom, der auf der Insel Rhodos wirkte. Leider ist uns keine seiner Schriften erhalten geblieben, doch aus den Aufzeichnungen seiner späteren Schüler geht einwandfrei hervor, daß er der größte Astronom des Altertums war.

Den ältesten Hinweis auf Hipparchos' Entdeckung eines neuen Sterns, der bis heute überlebt hat, finden wir in den Schriften des römischen Enzyklopädisten Plinius d. Ä. (23–79 n. Chr.), der zwei Jahrhunderte nach Hipparchos lebte. Er schreibt, daß Hipparchos einen neuen Stern ausfindig gemacht hatte, was ihn dazu inspirierte, eine Sternkarte zu erstellen.

Das erscheint mir sehr plausibel. Hipparchos muß den sichtbaren Nachthimmel so gründlich wie kaum ein anderer zuvor studiert haben. So konnte er auch einen speziellen Stern als neuen Stern identifizieren, was anderen nicht gelungen wäre. Außerdem wird er sich wohl gefragt haben, ob solche neuen Sterne sich schon früher gezeigt hatten, ohne daß er es bemerkt hatte. Wenn er nun eine Karte anlegen würde, dann könnte er jeden Stern, der ihm in irgendeiner Weise verdächtig vorkam, mit dieser Karte vergleichen und sofort feststellen, ob es sich dabei um einen neuen (oder schon bekannten) Stern handelte.

Trotz dieser Karte von Hipparchos, die drei Jahrhunderte später von einem anderen griechischen Astronomen mit Namen Claudius Ptolemäus (100–170) verbessert wurde, konnten allerdings von westlichen Beobachtern siebzehn Jahrhunderte lang keine neuen Sterne mehr definitiv identifiziert werden. Das haben wir Aristoteles und der Schöpfungsgeschichte zu verdanken.

Es gab jedoch auf unserer Erde ein zivilisiertes Land mit einer hochentwickelten Wissenschaft, das bis um das Jahr 1500 herum weder von Aristoteles noch von der Schöpfungsgeschichte je etwas gehört hatte. Das war China. Von irgendwelchen religiösen Vorstellungen über die Natur des Himmels unbelastet, war man für jeden neuen Stern, der möglicherweise am Himmel auftauchte, absolut offen. (Man nannte diese Sterne »Gaststerne«.)

Die Chinesen berichteten von fünf besonders hellen neuen Sternen, von denen jeder einzelne sechs Monate oder auch länger sichtbar blieb. (Mit anderen Worten, es handelte sich dabei nicht nur um neue Sterne, die an einem Fleck des Himmels erschienen, an dem vorher kein Stern gesehen werden war, sondern gleichermaßen um temporäre Sterne, da sie schließlich und endlich wieder verschwanden, während normale Fixsterne augenscheinlich für immer an ihrem Platz blieben.)

So berichteten die Chinesen beispielsweise von einem sehr hellen neuen Stern, der im Jahre 183 im Sternbild des Stiers auftauchte. (Natürlich hatten sie ihre eigenen Namen für die verschiedenen Sterngruppierungen. Wir sind jedoch in der Lage, ihre Sternbilder in unsere zu »übersetzen«.) Den Angaben der Chinesen zufolge war das Helligkeitsmaximum des neuen Sterns mit der Helligkeit von Planeten zu vergleichen. Er war heller als Venus und blieb ein Jahr lang sichtbar. Dieser Stern befand sich allerdings weit unten am südlichen Himmel und war vom größten Teil Europas aus nicht zu sehen. Man hätte ihn von Alexandria aus, das damals als Zentrum der griechischen Wissenschaft galt, beobachten können. Doch Alexandria hatte seine besten Tage hinter sich, und der letzte große griechische Astronom Claudius Ptolemäus war bereits tot.

Der nächste helle neue Stern erschien im Jahre 393 im Skorpion. Er war jedoch nicht so hell wie der im Sternbild des Stiers und besaß auch nicht die Helligkeit der Planeten. Er war eine kurze Zeitlang so hell wie Sirius (der hellste normale Fixstern), und blieb acht Monate sichtbar. Er tauchte jedoch in keinem Bericht in Europa auf. Das römische Reich hatte sich zum Christentum bekehren lassen, und die Gelehrten diskutierten vielmehr theologische Fragen als die Einzelheiten des Himmels.

Es vergingen etwa sechs Jahrhunderte, ehe die Chinesen von einem weiteren neuen Stern mit einem planetarischen Helligkeitsgrad berichteten. Er befand sich im Sternbild des Wolfs, ebenfalls tief unten am südlichen Himmel, und tauchte im Jahre 1006 auf. Das war der hellste Stern, von dem sie je berichteten und vielleicht sogar der hellste Stern überhaupt, der je in historischer Zeit am Himmel aufgetaucht ist. Laut einigen modernen Astronomen, die sich mit diesen chinesischen Aufzeichnungen befaßt haben, muß dieser Stern ein Helligkeitsmaximum erreicht haben, das 200mal stärker war als die Helligkeit, die die Venus jemals erreicht; anders ausgedrückt, er war in etwa ein Zehntel so hell wie der Vollmond. (Wenn man bedenkt, daß sich diese ganze Helligkeit ja nur auf einen kleinen Lichtpunkt konzentrierte, dann muß sein Licht für die Augen ziemlich grell gewesen sein.) Der Stern strahlte ein paar Wochen lang im

Bereich dieses Maximums, verblaßte dann aber langsam, bis er dann nach etwa drei Jahren nicht mehr sichtbar war.

Davon berichtet haben auch die Araber, die das Erbe der Griechen auf dem Gebiet der Wissenschaft erfolgreich angetreten hatten und zu jener Zeit, was den Westen betraf, die führenden Astronomen waren. Aus den europäischen Chroniken konnten indessen nur ein paar sehr dubiose Berichte ausgegraben werden, die sich möglicherweise auf diesen Stern beziehen; aber damals tauchte Europa gerade erst aus dem Frühmittelalter auf.

Im Jahre 1054 – in einigen Berichten wird die Zeit um den 4. Juli genannt – erstrahlte dann plötzlich im Sternbild des Stiers ein sehr heller neuer Stern. Er war zwar nicht ganz so hell wie der neue Stern im Sternbild Wolf, ein halbes Jahrhundert zuvor, aber in seiner hellsten Phase war er immerhin zwei- bis dreimal heller als die Venus.

Drei Wochen lang blieb er so hell, daß man ihn auch bei Tageslicht erkennen konnte (sofern man wußte, wo man hinschauen mußte); bei Nacht warf er sogar einen dunklen Schatten (wie manchmal auch die Venus). Fast zwei Jahre lang blieb er mit bloßem Auge erkennbar. Er war der hellste neue Stern, der in historischer Zeit so weit am nördlichen Himmel stand, daß er von Europa aus ohne weiteres gesehen werden konnte. Er befand sich sogar im Tierkreis, also dem Gebiet des Himmels, das von den Astronomen jener Tage die größte Beachtung fand.

Es gibt chinesische und japanische Berichte über diesen neuen Stern des Jahres 1054; doch im Westen, trotz seines Standorts hoch am Himmel und dazu noch im Tierkreis – ziemliche Fehlanzeige. Vor ein paar Jahren fand man einen arabischen Hinweis auf diesen neuen Stern und entdeckte ihn sogar in italienischen Aufzeichnungen. Doch wenn man bedenkt, wie hell er am Himmel gestrahlt haben muß, sind diese Vermerke doch recht dürftig.

Schließlich erschien im Jahre 1181 ein neuer Stern in der Cassiopeia, also wiederum hoch oben am nördlichen Himmel. Er erreichte allerdings keine besondere Helligkeit, war nicht einmal so hell wie Sirius. Obwohl die Chinesen und Japaner von ihm berichteten, fand dieser Stern auch diesmal wieder keine Beachtung in Europa.

In dem Zeitraum von einem Jahrtausend gab es also fünf neue Sterne, über die zwar die Chinesen gewissenhaft Buch führten, von denen man aber in Europa keinerlei Notiz nahm. Alles, was der Westen in diesem Zusammenhang zu bieten hat, ist Plinius' Geschichte von Hipparchos' Entdeckung, ein Bericht, der jedoch so allgemein gehalten ist, daß man ihn besser in den Bereich der Legende verweist, zumal, wenn man Plinius' geradezu sprichwörtliche Neigung zur Leichtgläubigkeit berücksichtigt.

Ich möchte jedoch noch auf einen anderen neuen Stern aus früherer Zeit zu sprechen kommen, einen Stern, dessen Erscheinung noch spektakulärer gewesen sein muß als die der fünf neuen Sterne der chinesischen Literatur einschließlich des sechsten Sterns von Hipparchos.

Im Jahre 1939 entdeckte der russischstämmige Amerikaner Otto Struve (1897–1963) schwache Spuren eines Nebels im südlichen Sternbild der Vela. Zwischen 1950 und 1952 befaßte sich auch der Australier Colin S. Gum (1924–1960) mit diesem Phänomen. Seine Erkenntnisse darüber stellte er 1955 der Öffentlichkeit vor. Er konnte nachweisen, daß es sich um eine große Staub- und Gaswolke handelte, die ein Sechzehntel des Himmels ausfüllte. Ihm zu Ehren erhielt sie den Namen »Gum-Nebel«.

Heute wissen die Astronomen, daß diese Art von Gas-

und Staubwolke ein Indiz dafür ist, daß hier in ihrer Mitte einst ein neuer Stern erschienen war. Der Mittelpunkt dieser Wolke ist um die 1500 Lichtjahre von uns entfernt, das heißt, er ist lange nicht so weit weg, wie es die fünf bzw. sechs neuen Sterne, von denen in alten Schriften die Rede ist, waren. (Natürlich hatte keiner der damaligen Beobachter eine Vorstellung von der tatsächlichen Entfernung dieser neuen Sterne – oder irgendwelcher anderer Sterne –, doch die Astronomen sind heutzutage durchaus in der Lage, gewisse Aussagen darüber zu machen.)

Da uns der neue Stern des Gum-Nebels im Vergleich zu den anderen neuen Sternen viel näher war, muß er auch viel heller gewesen sein. Die Astronomen glauben heute, daß er zum Zeitpunkt seiner größten Helligkeit vielleicht so hell wie der Vollmond gewesen ist. Jeder, der ihn beobachtete, mußte den Eindruck gewinnen, ein Stückchen Sonne sei abgebrochen und stünde nun unbeweglich am Himmel.

Das gleißende Licht *dieses* neuen Sterns konnte nun wirklich keinem Betrachter des Himmels entgangen sein, und dennoch gibt es nirgendwo den kleinsten schriftlichen Hinweis auf ihn. Auch wenn er sehr weit im Süden stand, ist es eigentlich unvorstellbar, daß er nicht die Aufmerksamkeit der Leute in irgendeiner Weise auf sich zog.

Doch des Rätsels Lösung ist ganz einfach. Die Größe des Gum-Nebels und die Geschwindigkeit, mit der er sich ausdehnt, lassen darauf schließen, daß das Ganze einst der Größe eines Sterns entsprach; einst, das heißt vor 30 000 Jahren in der Steinzeit. Deshalb ist das Ereignis nirgendwo dokumentiert, aber bemerkt wurde der neue Stern ganz bestimmt, dessen bin ich mir sicher.

Schade. Dieses astronomische Phänomen muß schon sehenswert gewesen sein, auch wenn man es über Wochen hinweg wahrscheinlich nur durch ein geschwärztes Glas oder durch einen Wolkenschleier hindurch betrachten konnte.

Was passierte nun aber nach 1181, nachdem der letzte neue Stern aufgetaucht war, von dem wir nur aus der chinesischen Literatur Kenntnis haben?

Es vergingen fast vier Jahrhunderte, ehe der nächste neue Stern erschien. Die Verhältnisse in Europa hatten sich geändert. Man war fortschrittlicher geworden. Wissenschaft und Technik nahmen einen gewaltigen Aufschwung. Der polnische Astronom Nikolaus Kopernikus (1473–1543) hatte im Jahre 1543 ein Buch über Astronomie veröffentlicht, in dem er die These vertrat, daß die Sonne und nicht die Erde der Mittelpunkt des Planetensystems sei und daß die Erde selbst ein Planet wie die anderen Planeten sei. Damit begann das, was wir heute die »Wissenschaftliche Revolution« nennen.

Drei Jahre nach der Veröffentlichung des Buches von Kopernikus wurde in der südlichsten Provinz Schwedens, die damals zu Dänemark gehörte, ein Mann namens Tycho Brahe (1546–1601) geboren, der der beste Astronom seit Hipparchos werden sollte.

Wir schreiben das Jahr 1572. Zu dieser Zeit hatten die Europäer noch keinerlei Ahnung davon, daß überhaupt jemals ein neuer Stern am Himmel aufgetaucht war, wenn man einmal von der durch Plinius kolportierten Geschichte über Hipparch absieht. In diesem Jahr war Tycho – wie viele Gelehrte und Künstler jener Zeit (vor allem in Italien) ist er eher unter seinem Vornamen bekannt – gerade erst 26 Jahre alt geworden und noch völlig unbekannt.

Am 11. November 1572 war Tycho beim Verlassen des

Chemielabors seines Onkels wie vom Schlag getroffen, als er am Himmel einen neuen Stern entdeckte. Er konnte ihn gar nicht übersehen, denn er stand hoch am Himmel in dem sehr bekannten Sternbild der Cassiopeia. Die Cassiopeia ist ein unsymmetrisches *W*, das aus fünf ziemlich hellen Sternen besteht. Dieses Himmels-W ist eine fast genauso bekannte Konfiguration wie der Große Wagen. Doch nun bestand die Cassiopeia plötzlich aus *sechs* Sternen, wobei der sechste Stern – etwas seitlich des *Ws* – weitaus heller war als alle anderen fünf Sterne zusammen. Er war sogar heller als die Venus, die es jedoch nicht sein konnte, da sich dieser Planet niemals in diesem Teil des Himmels befindet.

Tycho fragte jeden, dem er begegnete, ob er den Stern auch sehen könne, da er seinen eigenen Augen nicht zu trauen wagte. (Alle sahen ihn.) Er versuchte auch, herauszufinden, ob der Stern schon die Nacht zuvor am Himmel gestanden hatte, da er länger keine Gelegenheit gehabt hatte, den Himmel zu betrachten. Doch natürlich konnte ihm niemand weiterhelfen.

Es scheint allerdings tatsächlich irgendwelche Aufzeichnungen von einem deutschen Astronomen namens Wolfgang Schuler gegeben zu haben, denen zufolge er den Stern schon fünf Nächte früher als Tycho bemerkt hatte. Schuler verfolgte die Sache jedoch nicht weiter, ganz im Gegensatz zu Tycho, der damit begann, den neuen Stern mit Hilfe exzellenter Instrumente, die er selbst entwickelt hatte, systematisch zu beobachten.

Tychos neuer Stern befand sich ganz nah dem Himmelsnordpol, so daß er niemals unterging und von Tycho Tag und Nacht beobachtet werden konnte, zumal er zu Tychos Überraschung so hell war, daß er auch bei Tageslicht sichtbar blieb – zumindest zu Beginn der Beobachtungen. Obwohl sein Licht von Nacht zu Nacht schwächer wurde, dauerte es doch anderthalb Jahre, bis man ihn nicht mehr ausmachen konnte.

Tycho wußte nicht recht, was er von dem neuen Stern halten sollte, der seines Wissens der einzige neue Stern war, der jemals am Himmel aufgetaucht war, wenn man von dem vagen Hinweis eines Plinius auf Hipparch absah.

Da es sich ganz offensichtlich um eine Veränderung am Firmament handelte, mußte es Aristoteles zufolge ein atmosphärisches Phänomen sein. Wenn das stimmte, dann mußte es der Erde näher sein als der Mond.

Nun, wenn man die Position des Mondes in bezug auf die Fixsterne zu einem bestimmten Zeitpunkt von zwei weit genug auseinanderliegenden Punkten der Erde aus anvisiert, dann scheint der Mond zwischen diesen beiden Beobachtungspunkten seine Position gegenüber den umliegenden Sternen leicht verändert zu haben. Man nennt dies die Parallaxe des Mondes. Wenn man nun diese scheinbare Ortsveränderung und den Abstand zwischen den beiden Peilpunkten kennt, kann man die Entfernung des Mondes mittels der Trigonometrie berechnen. In einer Zeit, da man noch keine genauen Uhren kannte und die Kommunikation zwischen zwei verschiedenen Punkten der Erde nicht ohne weiteres möglich war, war dies kein leichtes Unterfangen. Doch irgendwie hatte man es doch geschafft, und so wußte man, daß der Mond um die 400 000 km von der Erde entfernt war.

Dies war die einzige bekannte Entfernung eines Himmelskörpers, da abgesehen vom Mond kein anderes Objekt eine meßbare Parallaxe aufwies. Da die Entfernung eines Objekts umgekehrt proportional zu seiner Parallaxe ist, bedeutete dies, daß alle sichtbaren Objekte, die nicht der Atmosphäre zuzurechnen waren, weiter als der Mond entfernt sein mußten. Oder anders ausgedrückt: Nach dem Verlassen der Erdatmosphäre wäre der Mond das erste Objekt, dem man auf seiner Reise von der Erde weg begegnen würde. Selbst die alten Griechen waren sich dessen sicher.

Wenn nun Tychos neuer Stern ein atmosphärisches Phänomen war und seine Distanz damit geringer als die des Mondes war, dann mußte er folgerichtig eigentlich auch eine größere Parallaxe haben, und diese Parallaxe mußte auch leichter meßbar sein.

Dem war aber nicht so. Alle Anstrengungen Tychos waren umsonst. Der neue Stern wies überhaupt keine Parallaxe auf, das heißt, seine Parallaxe war nicht meßbar. Das aber bedeutete, daß der neue Stern weiter als der Mond entfernt war, und zwar aller Wahrscheinlichkeit nach sogar viel weiter. Und damit war Aristoteles' These von der Unveränderbarkeit des Himmels eindeutig ad absurdum geführt.

Tycho hielt sich für einen Edelmann und war sich durchaus seiner hohen sozialen Stellung bewußt, auch wenn er sich dazu herabließ, eine Frau niedrigeren Standes zu heiraten, mit der er auch eine glückliche Ehe führte. Normalerweise hätte er es als weit unter seiner Würde angesehen, ein Buch zu schreiben. Doch er war von dem Phänomen eines plötzlich auftauchenden neuen Sterns und dessen revolutionierender Bedeutung für die aristotelische Lehre derart überwältigt, daß er ein Buch von 52 großen Seiten verfaßte, das er 1573 veröffentlichte. Es enthielt sämtliche Beobachtungen und Messungen, die er in bezug auf diesen Stern gemacht hatte und beschrieb darüberhinaus, zu welchen Schlußfolgerungen er gekommen war. Damit avancierte er augenblicklich zum berühmtesten Astronomen Europas.

Das Buch war in lateinischer Sprache abgefaßt, der Sprache, in der zur damaligen Zeit alle Gelehrten Europas miteinander kommunizierten. Der Titel war – der Mode jener Tage entsprechend – sehr lang, wobei man sich heute jedoch im allgemeinen auf die Kurzfassung *De Nova Stella* (»Über den Neuen Stern«) verständigt hat.

In Anlehnung an diesen Titel ist »Nova« inzwischen zu einem feststehenden Begriff geworden, wenn man von einem neuen Stern, so wie ich ihn gerade beschrieben habe, spricht. Der lateinische Plural von »nova« heißt zwar »novae«, doch inzwischen hat sich mehr und mehr der Plural »Novas« eingebürgert.

Nach dem großen Erfolg Tychos fingen natürlich auch andere Astronomen damit an, nach Novas Ausschau zu halten.

1596 entdeckte beispielsweise der deutsche Astronom David Fabricius (1564–1617), ein Freund Tychos, in dem Sternbild Cetus einen Stern, den er zuvor nicht bemerkt hatte. Es war nur ein Stern 3. Größe, das heißt ein Stern von mittelmäßiger Helligkeit (Sterne der 6. Größe sind die dunkelsten Sterne, die man mit bloßem Auge erkennen kann), und daß Fabricius diesen Stern bemerkt hat, verdient durchaus Anerkennung.

Die Tatsache, daß er diesen Stern vorher nicht gesehen hatte, hieß allerdings noch nicht, daß es sich wirklich um eine Nova handelte. Vielleicht war der Stern schon die ganze Zeit über dagewesen, und er hatte ihn einfach nur nicht wahrgenommen. Er war zwar nicht auf der Sternkarte verzeichnet (Tycho hatte die bis dahin beste Karte angelegt), doch selbst Tychos Sternkarte war nicht perfekt.

Es war indessen gar nicht so schwer, diese Frage zu entscheiden. Fabricius mußte lediglich den Stern weiter im Auge behalten. Und das tat er. Dabei stellte er fest, daß der

Stern von Nacht zu Nacht blasser wurde, bis er schließlich ganz verschwand. Damit stand für Fabricius fest, daß es sich tatsächlich um eine Nova handelte, und als solche deklarierte er den Stern dann auch öffentlich. Da es sich dabei aber um eine derart blasse Nova handelte, fand er nur wenig Resonanz.

Zu jener Zeit lebte auch ein anderer deutscher Astronom namens Johannes Kepler (1571–1630), der mit Tycho in dessen letzten Lebensjahren zusammengearbeitet hatte. Dieser Kepler sollte als Wissenschaftler sogar noch weitaus größere Bedeutung gewinnen, aus Gründen allerdings, die den Rahmen dieses Essays sprengen würden.

Im Jahre 1604 machte Kepler im Sternbild des Schlangenträgers einen hellen neuen Stern aus. Er war beträchtlich heller als die Nova von Fabricius, nämlich so hell wie Jupiter. Damit war er zwar nicht so hell, wie Tychos Nova gewesen war, aber immerhin doch ziemlich hell. Kepler beobachtete diese Nova, solange sie sichtbar war, das hieß, ein ganzes Jahr lang.

Zu dieser Zeit stand die Astronomie kurz vor einem alles revolutionierenden Umbruch. Man war dabei, das Teleskop zu erfinden, und es sollte nicht mehr lange dauern, bis man Beobachtungen durchführen konnte, die bis dato einfach unvorstellbar gewesen waren. Doch das Fernrohr war eigentlich nur der Anfang eines gewaltigen technologischen Aufschwungs, der sich bis hin zu den riesigen Radioteleskopen und den Raumsonden unserer modernen Zeit fortsetzte und der es den Astronomen ermöglichte, immer tiefer in die Geheimnisse unseres Weltalls einzudringen.

Wieviel besser können wir heute diese Novas studieren, als es damals Tycho und Kepler möglich war!

Doch wie dem auch sei, die Astronomen müssen sich leider damit abfinden, daß Keplers Nova von 1604 der letzte neue Stern planetarischer Helligkeit war. Seither absolute Fehlanzeige.

Und dennoch hat man über die Novas ständig neue Erkenntnisse gewinnen können, worauf ich im nächsten Kapitel näher eingehen will.

12. Aufleuchtende Sterne

Vor einiger Zeit wurde ich gebeten, über den neuen Film *Star Trek IV: The Journey Home* ein Essay zu schreiben. Eine junge Dame sollte zu diesem Behufe zwei Karten für die Vorauffführung besorgen, die wir dann gemeinsam besuchen würden. Wann und wo wir uns treffen würden, wollte sie mir dann noch mitteilen.

Die Tage vergingen, ohne daß ich etwas von ihr hörte. Erst am Tag der betreffenden Vorstellung meldete sie sich bei mir wieder telefonisch. Sie schien eine Menge Ärger wegen der Eintrittskarten gehabt zu haben.

»Wieso denn das?« fragte ich sie. »Sie repräsentieren doch eine bedeutende Zielgruppe, und die Leute vom Kino sollten sich überglücklich schätzen, daß man mich dafür gewonnen hat, über diesen Film zu schreiben; Sie müssen doch wissen, daß ich ein Fan von *Star Trek* bin.«

»Das ist es ja gerade«, brauste die junge Dame verärgert auf. »Als man sich wegen der Karten so anstellte und mir allem Anschein nach keine geben wollte, habe ich gefragt, ob sie denn nicht daran interessiert seien, daß Isaac Asimov über den Film schreibe. Und was antwortete das Mädchen am anderen Ende: ›Wer ist Isaac Asimov?‹ Können Sie sich das vorstellen?«

Ich lachte: »Natürlich kann ich mir das vorstellen. Ich schätze so, daß etwa jeder hundertste Amerikaner schon einmal von mir gehört hat. Sie sind also auf jemanden der übrigen 99% getroffen. Und was haben Sie nun gemacht?«

»Ich habe ein paar Seiten des Katalogs *Books in Print*, in dem Ihre Bücher alle aufgelistet sind, fotokopiert und mit der Bemerkung ›Das ist Isaac Asimov‹ an die betreffende Dame geschickt. Sie hat mich sofort angerufen und mir mitgeteilt, daß die Karten für mich bereitlägen.«

Die Karten waren tatsächlich für uns zurückgelegt, und so sahen wir uns dann die Vorstellung an (die ich im übrigen sehr genossen habe). Meine Begleiterin hatte sich allerdings immer noch nicht beruhigt. Denn als die Leute in meiner Umgebung mir ihre Programmhefte zuschoben, um ein Autogramm zu bekommen, fauchte sie: »Wie konnte diese Person Sie nur nicht kennen?«.

»Ich bitte Sie«, versuchte ich sie zu beschwichtigen, »solche Vorkommnisse haben durchaus ihr Gutes. Sie helfen mir, auf dem Teppich zu bleiben.«

Trotzdem, allzuoft möchte ich eigentlich nicht damit konfrontiert werden. Deshalb höre ich auch nicht mit diesen Essays auf, in der Hoffnung, daß vielleicht noch ein oder zwei Leute mehr meinen Namen kennenlernen.

Im vorigen Kapitel habe ich über Novas bzw. Neue Sterne geschrieben, die plötzlich am Firmament aufleuchteten. Geendet habe ich mit der Nova von 1604, die von Johannes Kepler beobachtet worden war und die wirklich die letzte Nova war, die in ihrer Helligkeit mit Planeten wie Jupiter oder Venus vergleichbar war.

Wie ging es nun weiter? 1609 konstruierte Galileo Galilei (1564–1642) ein Teleskop, nachdem er gerüchteweise von der Erfindung eines solchen Gerätes in den Niederlanden gehört hatte. Und dann tat er etwas damit, woran die früheren Teleskopisten nicht gedacht hatten. Er richtete das Teleskop gen Himmel.

Als eines der ersten Objekte nahm er sich die Milchstraße vor. Dabei fand er heraus, daß sie eben nicht nur eine Art leuchtender Nebel war, sondern eine Ansammlung sehr lichtschwacher Sterne, die zu dunkel waren, um mit bloßem Auge als Einzelsterne erkannt zu werden. Und in der Tat, wo immer Galilei sein Teleskop auch hinrichtete, es machte aller Sterne heller und darüber hinaus zahlreiche Sterne erst sichtbar, die normalerweise wegen ihrer Lichtschwäche nicht zu sehen waren.

Für uns ist dies keine Überraschung. Schließlich ist die Helligkeitsskala der Himmelskörper sehr weit gespannt, angefangen bei der Sonne selbst, bis hinunter zu den eben noch sichtbaren dunkleren Sternen. Warum sollten in die Skala nicht noch lichtschwächere Sterne einbezogen werden, die so dunkel sind, daß man sie mit dem bloßen Auge nicht ausmachen kann? Aus unserer heutigen Sicht scheint uns die Entdeckung Galileis eigentlich nichts weiter als die Bestätigung eines Phänomens zu sein, das so offensichtlich ist, daß es eigentlich kaum einer Bestätigung bedarf.

Zu Galileis Zeiten sahen die Dinge jedoch ganz anders aus. Die Leute waren sich damals ganz sicher, daß das Universum von Gott einzig und allein zum Nutzen und Frommen des Menschen geschaffen worden war. Alle Dinge waren zweckbestimmt, insofern als sie entweder menschliches Leben überhaupt erst ermöglichten oder den menschlichen Komfort mehrten oder dazu beitrungen, den menschlichen Charakter zu formen und die menschliche Seele zu stärken, zumindest aber das ethische Gewissen zu schärfen.

Doch welchen Nutzen konnten unsichtbare Sterne in diesem Konzept haben?

Einem ersten Impuls folgend mußte man von der Annahme ausgehen, daß Sterne, die allein via Teleskop sichtbar waren, nur Kunstprodukte sein konnten, Objekte, die irgendwie durch das Teleskop vorgespiegelt wurden, Sinnestäuschungen also, die in Wirklichkeit gar nicht existierten. Einer bekannten Anekdote zufolge soll, als Galilei die vier großen Monde von Jupiter entdeckte, ein Gelehrter tatsächlich den Standpunkt vertreten haben, daß diese Monde gar nicht existieren könnten, da sie in den Schriften des Aristoteles ja nirgendwo erwähnt seien.

Dessen ungeachtet fand das Teleskop immer größere Verbreitung. Man baute immer mehr Geräte, und auch andere Astronomen sahen die Sterne, die Galilei gesehen hatte, und berichteten wie er darüber. Schließlich und endlich mußte man doch akzeptieren, daß Gott auch unsichtbare Sterne geschaffen hatte. Dies war der allererste Hinweis darauf, daß das Universum primär vielleicht doch nicht dem Menschen zum Wohlgefallen geschaffen worden war (ein Punkt, der meines Wissens in der Geschichte der Wissenschaft nie herausgearbeitet wurde).

Mit der Entdeckung Galileis mußte sich zwangsläufig auch die Einstellung der Astronomen gegenüber Novas ändern. Solange man annahm, daß es nur sichtbare Sterne gab, mußte man auch glauben, daß ein Stern, der an einer Stelle auftauchte, wo vorher kein Stern sichtbar gewesen war, gerade erst entstanden war. Es war eben ein *neuer* Stern (der Begriff »Nova« ist ja auch der lateinische Terminus für »neu«, wie ich bereits erwähnt habe). Desgleichen hielt man natürlich auch eine Nova, die langsam verblaßte, bis sie nicht mehr sichtbar war, für nicht mehr existent.

Wenn es jedoch Sterne gab, die so dunkel waren, daß man sie ohne Teleskop nicht erkennen konnte, dann war es auch denkbar, daß es sich bei einer Nova um einen Stern handelte, der immer da war. Er war einfach nur zu dunkel, um sichtbar zu sein, wurde dann immer heller, bis man ihn auch mit bloßem Auge erkennen konnte, und verblaßte dann wieder, bis er so lichtschwach war, daß man ihn ohne Teleskop nicht mehr ausmachen konnte.

Eine Nova wäre dann nicht etwa ein neuer Stern, sondern nur ein Stern, dessen Helligkeit sich ganz im Gegensatz zu den normalen Fixsternen veränderte. Eine Nova wäre dann ein »veränderlicher« Stern.

Diese Annahme sollte sich bald als richtig erweisen, und zwar in Zusammenhang mit der bereits erwähnten, von David Fabricius im Jahre 1596, im Sternbild des Walfischs, entdeckten Nova. Ihre maximale Helligkeit wies sie zwar nur als Stern 3. Größe aus, doch da der Stern nach einer Weile wieder verschwand, wurde er in jener »vorteleskopischen« Zeit unter die Novas eingereiht.

Im Jahre 1638 entdeckte jedoch der holländische Astronom Holwarda de Franeker (1618–1651) an eben derselben Stelle, wo Fabrizius 42 Jahre zuvor seine Nova gesehen hatte, einen Stern. Er beobachtete, wie der Stern verblaßte, scheinbar verschwand und schließlich wieder auftauchte. Doch Franeker besaß ein Teleskop, und so fand er heraus, daß der Stern niemals wirklich verschwand. Sicher, er wurde dunkler, bis man ihn mit bloßem Auge nicht mehr erkennen konnte, aber ein Blick durch das Teleskop bewies, daß er ständig da war.

Ein veränderlicher Stern war zu jener Zeit eine ebenso revolutionäre Angelegenheit wie ein neuer Stern. Die alte griechische Lehre von der Unveränderlichkeit des Himmels wurde sowohl von dem einen als auch von dem anderen Phänomen ad absurdum geführt.

Es stellte sich heraus, daß der Stern, der zuerst von Fabricius und später dann von Franeker beobachtet wurde, periodisch seinen Helligkeitswert um das 250fache steigerte und wieder verringerte, wobei zwischen den beiden Extremwerten eine Zeitspanne von etwa 11 Monaten lag. Der deutsche Astronom Johannes Hevelius (1611–1687) gab diesem Stern wegen seiner erstaunlichen Eigenart, sich zu verändern, den Namen Mira (lateinisch »wunderbar«).

Mira war der erste veränderliche Stern, der entdeckt wurde. Mit der Zeit kamen jedoch noch weitere hinzu, wobei die meisten Veränderlichen, im Vergleich zu Mira, allerdings weniger stark pulsierend waren.

1667 bemerkte ein italienischer Astronom namens Geminiano Montanari (1633–1687), daß Algol, ein Stern im Sternbild des Perseus, veränderlich war. Der Helligkeitswechsel verlief extrem regelmäßig, wobei ein Hell-Dunkel-Zyklus 69 Stunden dauerte. Algos Helligkeitsmaximum war nur um das Dreifache größer als sein Helligkeitsminimum.

1784 entdeckte der Engländer John Goodricke (1764–1786), daß der Stern Delta Cephei im Cepheus regelmäßig in einem Turnus von 5,5 Tagen seine Helligkeit verdoppelte und dann wieder in sich zusammensank.

Heute kennt man eine ganze Reihe solcher Veränderlicher, und der Gedanke, daß es sich bei den Novas ebenfalls um Veränderliche handelte, liegt gar nicht so fern. Wenn man sich jedoch vor Augen führt, wie grell diese Novas schienen, dann ist dieser Helligkeitswechsel kaum mit den normalen Veränderlichen zu vergleichen. Da außerdem solche Novas, wie sie von Kepler und Tycho Brahe beobachtet wurden, allem Anschein nach nur einmal auftauchten und dann für immer unsichtbar wurden, muß es sich dabei um azyklische Veränderliche gehandelt haben.

Es deutete also alles daraufhin, daß sich beim Auftauchen einer Nova etwas sehr Ungewöhnliches abspielte. Verständlich, daß die Astronomen – nun da sie Teleskope zur Verfügung hatten – ziemlich frustriert waren, weil seit Keplers Nova im Jahre 1604 keine helle Nova mehr aufgetaucht war.

Ja, es waren in der Tat über lange Zeit hinweg nicht einmal mehr dunklere Novas erschienen (oder zumindest nicht gesichtet worden). 1848 beobachtete dann aber der englische Astronom John Russell Hind (1823–1895) eine Nova im Sternbild Schlangenträger (Ophiuchus). Sie erreichte nicht einmal die Helligkeit eines Sterns 4. Größe, war also ziemlich lichtschwach und wäre in den Tagen, da nur wenige Astronomen den Himmel mehr oberflächlich betrachteten, sicherlich gar nicht aufgefallen.

Hinds Nova war kein gewöhnlicher Veränderlicher, da er nach seinem Verblassen nicht wieder heller wurde. Es gab keine zyklische Helligkeitsveränderung. Sein Aufleuchten war ein einmaliges Ereignis, ein Charakteristikum, das zu jener Zeit entscheidend dafür war, ihn als Nova auszuweisen.

In den verbleibenden Jahren bis zur Jahrhundertwende wurden noch drei oder vier weitere solcher lichtschwachen Novas entdeckt, darunter auch eine 5. Größe, die dem schottischen Geistlichen und Amateurastronom T. D. Anderson aufgefallen war.

Dann entdeckte Anderson in der Nacht vom 21. Februar 1901 auf seinem Nachhauseweg von irgendeiner Wohlfahrtsveranstaltung eine *zweite* Nova, und zwar im Perseus, die dementsprechend den Namen »Nova Persei« erhielt.

Anderson hatte diese Nova frühzeitig bemerkt, das heißt zu einem Zeitpunkt, als ihre Leuchtkraft noch zunahm. Zwei Tage später erreichte sie mit einer Helligkeit von $0,2^m$ (^{m} = magnitudo = Größe) ihre maximale Leuchtkraft und war damit heller als ein Stern 1. Größe, das heißt, sie war so hell wie die Vega, der vierthellste Fixstern. Sie verfehlte damit zwar knapp die planetarische Helligkeitsklasse, doch dafür war sie die hellste Nova seit drei Jahrhunderten.

Zu dieser Zeit stand den Astronomen jedoch schon die Technik der Fotografie zur Verfügung, mittels derer Erkenntnisse über die Novas gewonnen werden konnten, die früher nicht möglich waren.

Die Himmelsregion, in der die Nova Persei erschienen war, war häufig fotografiert worden, und als man nun die Bilder, die man vor dem Auftauchen der Nova aufgenommen hatte, genauer betrachtete, stellte man fest, daß genau an dem Fleck, wo später die Nova Persei aufleuchtete, ein sehr dunkler Stern 13. Größe gestanden hatte. Nach dem Verblassen der Nove Persei blieb wiederum ein Stern 13. Größe zurück.

Die Astronomen fanden heraus, daß die Nova Persei innerhalb von vier Tagen ihre Helligkeit auf das 160 000fache gesteigert hatte, und daß nach ein paar Monaten der gesamte Helligkeitszuwachs wieder verlorengegangen war. Es handelte sich also in der Tat um einen extremen Veränderlichen, dessen Verhalten sich von dem normalen Veränderlichen sehr stark unterschied.

Mit der Kamera konnte man außerdem bei entsprechend langer Belichtung Details erkennen, die dem Auge selbst bei einer Vergrößerung durch ein Teleskop verborgen blieben.

Ungefähr sieben Monate nachdem die Nova Persei vom

Himmel verschwunden war, bemerkte man auf einer extrem lange belichteten Aufnahme des inzwischen wieder dunklen Sterns einen schwachen Lichtnebel um eben diesen Stern, der sich über die Wochen und Monate hinweg immer weiter ausdehnte. Der Stern war eindeutig von einer dünnen Staubwolke umgeben, die das Licht reflektierte und die expandierte. 15 Jahre später – man schrieb inzwischen das Jahr 1916 – war die Wolke dicker geworden und dehnte sich immer noch vom Stern weg nach allen Richtungen aus.

Dies war ganz offensichtlich die Folge einer gewaltigen Explosion, bei der Gase in den Raum hinausgeschleudert worden waren. Die Nova Persei wurde demgemäß einer Sterngruppe zugeordnet, die man als »eruptive Veränderliche« oder »explosive Veränderliche« bezeichnet, Termini, die zwar sehr anschaulich sind, die aber die ältere und kürzere althergebrachte Bezeichnung »Nova« nicht verdrängen konnten.

Eine noch hellere Nova wurde von verschiedenen Beobachtern am 8. Juni 1918 im Sternbild Adler (Aquila) ausgemacht. Ihre Leuchtkraft entsprach zu diesem Zeitpunkt einem Stern 1. Größe. Zwei Tage später hatte sie mit $-1,1^m$ ihre maximale Helligkeit erreicht und war damit fast so hell wie Sirius, der hellste Fixstern.

Die Nova Aquilae erschien während des 1. Weltkrieges, gerade als die letzte große Offensive der Deutschen an der Westfront allmählich ins Wanken geriet. Fünf Monate später kapitulierte Deutschland, und die alliierten Soldaten an der Front gaben der Nova Aquilae den Namen »Siegesstern«.

Auch diesmal konnte man die Nova auf Fotos, die vor der Explosion aufgenommen worden waren, ausfindig machen. Der betreffende Stern war ungefähr dreimal heller als die Nova Persei zum Zeitpunkt ihrer größten Helligkeit (eine derart helle Nova wurde seither nicht wieder entdeckt). Die Nova Aquilae erreichte allerdings bei ihrer Explosion nur eine 50 000fache Helligkeitssteigerung, da die Ausgangshelligkeit schon größer gewesen war.

Zufälligerweise hatte man das Spektrum der Nova Aquilae vor dem Ausbruch fotografisch festgehalten. Damit ist die Nova Aquilae bis heute die *einzige* Nova, deren Praenovaspektrum dokumentiert ist. Anhand dieses Spektrums ließ sich nachweisen, daß es sich um einen heißen Stern handelte, dessen Oberflächentemperatur doppelt so hoch war wie die unserer Sonne. Das ergibt auch durchaus einen Sinn, denn auch ohne genauere Kenntnisse über die Sternexplosion zu besitzen, erscheint es an und für sich logisch, daß ein heißer Stern eher explodiert als ein kälterer.

Im Dezember 1934 erschien im Sternbild Herkules eine Nova, die eine Helligkeit von $1,4^m$ erreichte. Die Nova Herculis war weder so hell wie die Nova im Perseus noch so hell wie die Nova im Adler. Man hätte ihr auch weiter keine große Beachtung geschenkt, wenn sie nicht nach dem Verblassen, das heißt nach Erreichen ihrer ursprünglichen 13. Helligkeitsklasse, von der aus sie vier Monate zuvor gestartet war, plötzlich wieder an Helligkeit zugenommen hätte. Nach weiteren vier Monaten war sie wieder fast so hell, daß man sie mit bloßem Auge erkennen konnte. Erst 1949 war sie ein zweites Mal auf eine Helligkeit 13. Größe zusammengesunken. Offensichtlich konnten Sterne öfter als einmal aufleuchten, und so führten die Astronomen den Begriff der »wiederkehrenden Nova« oder »rekurrierenden Nova« ein.

Die letzte beachtenswerte Nova erschien am 19. August 1975 im Schwan. Diese Nova Cygni nahm ungewöhnlich schnell an Helligkeit zu: Im Laufe eines einzigen Tages steigerte sie ihre Helligkeit auf das 30millionenfache und erreichte die Helligkeit eines Sterns 2. Größe. Sie verblaßte auch schnell wieder und war nach drei Wochen mit bloßem Auge schon nicht mehr erkennbar. Je schneller und extremer ein Stern an Helligkeit zunimmt, desto schneller und extremer verblaßt er offensichtlich auch.

Doch keine der bisher erwähnten Novas, die seit der Erfindung des Teleskops erschienen sind, ist annähernd so bedeutend, wie die, auf die ich nun zu sprechen kommen will, eine Nova, die gerade eben nur so hell wurde, daß man sie mit bloßem Auge erkennen konnte.

Diese besondere Nova erschien im Sternbild Andromeda und ist wohl zum erstenmal am 17. August 1885 von dem französischen Astronom L. Gully beobachtet worden. Er war gerade dabei, ein neues Teleskop auszuprobieren, das, wie sich herausstellte, gewisse Mängel aufwies. Er hielt es demzufolge auch nicht für angebracht, besonderes Aufhebens um die Entdeckung eines neuen Sterns zu machen, der möglicherweise in Wirklichkeit gar nicht existierte.

I. W. Ward, ein irischer Hobbyastronom, soll diesen Stern ebenfalls am 19. August beobachtet haben. Aber auch er meldete seine Ansprüche als Entdecker erst später an.

Als offizieller Entdecker gilt der deutsche Astronom Ernst Hartwig (1851–1923), der zum erstenmal am 20. August 1885 auf die Nova aufmerksam wurde. Seiner Meinung nach handelte es sich um einen Stern 7. Größe, vielleicht auch schon fast 6. Größe.

Da zu dieser Zeit jedoch fast Vollmond war, war eine Beobachtung schwierig. Hartwig entschloß sich, den Stern erst noch weiter zu beobachten, bevor er mit seiner Entdekkung an die Öffentlichkeit trat. Aber prompt bewölkte sich der Himmel eine Woche lang. Am 31. August schickte er schließlich einen offiziellen Bericht weg. Und sofort richteten auch andere Astronomen ihr Teleskop auf Andromeda.

Der Stern bewegte sich zu der Zeit immer noch im Bereich der 7. Helligkeitsklasse. Bis zu diesem Zeitpunkt hatte man noch nie eine so dunkle Nova beobachtet, und so kam zunächst niemand auf den Gedanken, daß sie das war, was sie war. Es schien sich um einen gewöhnlichen Veränderlichen zu handeln. Ein Veränderlicher wird nach seinem Sternbild benannt, dem ein Buchstabe vorangestellt wird, wobei man bei R beginnt und dann dem Alphabet weiter folgt. Da Hartwigs Stern der zweite Veränderliche in Andromeda war, den man protokolliert hatte, erhielt er die Bezeichnung S Andromedae.

Ende August verlor er jedoch plötzlich sehr schnell an Helligkeit und wurde schließlich so lichtschwach, daß er ein halbes Jahr später nur noch der 14. Helligkeitsklasse zuzurechnen war. Es war also eine Nova gewesen, wenn auch eine außerordentlich lichtschwache, und so behielt sie ihren Namen bei.

S Andromedae befand sich jedoch nicht nur irgendwo in Andromeda, sondern er befand sich im Zentrum eines Objekts innerhalb des Sternbildes, dem sogenannten Andromedanebel – aber das ist eine Geschichte für sich.

Den Andromedanebel kann man mit bloßem Auge als diffusen, schwach leuchtenden »Stern« 4. Größe wahrnehmen. Seine Position wurde von irgendwelchen arabischen Astronomen des Mittelalters festgehalten.

Der erste Mensch, der ihn – im Jahre 1611 – durch ein Teleskop beobachtete, war der deutsche Astronom Simon Marius (1573–1624). Er stellte eindeutig fest, daß es kein

Stern war. Es handelte sich nicht um eine punktartige Lichtquelle, sondern um ein ausgedehntes nebelhaftes Objekt ähnlich einer winzigen Wolke am Himmel.

Die einzigen diffusen Objekte, für die sich die Astronomen des 18. Jahrhunderts jedoch wirklich zu interessieren schienen, waren die Kometen. Der Andromedanebel wie auch einige andere ähnliche Objekte waren indessen keine Kometen. Ein Komet veränderte nicht nur seine Position, sondern auch seine Gestalt und seine Helligkeit. Die verschiedenen Nebel zeigten hingegen keinerlei Veränderung, und sie bewegten sich auch nicht. Nichtsdestoweniger wurden solche Nebel hin und wieder von hochmotivierten Astronomen ins Visier genommen, weil sie glaubten, einen neuen Kometen entdeckt zu haben, bis sie dahinterkamen, daß sie falsch lagen.

Der bedeutendste »Kometenjäger« des 18. Jahrhunderts war der Franzose Charles Messier (1730–1817), dem diese Art von Fopperei ein ständiges Ärgernis war.

Er begann deshalb im Jahre 1781 damit, alle wolkenähnlichen Objekte am Himmel, die fälschlicherweise für Kometen gehalten werden konnten, zu katalogisieren. Er wollte damit erreichen, daß jeder Kometenjäger seine Entdeckungen vor einer Bekanntmachung zunächst einmal mit diesem Katalog verglich, um sicherzugehen, daß er nicht genarrt worden war. Messier numerierte die Objekte in dem Katalog (er listete im Laufe der Zeit 102 Objekte auf), und unter dieser Zahl mit einem »M« (Messier) als Präfix werden die betreffenden Nebel zum Teil auch heute noch geführt.

Selbstredend hat Messier auch den Andromedanebel in seinen Katalog aufgenommen. Da er an 31. Stelle des Nebelkatalogs steht, wird er heute oftmals als »M 31« bezeichnet.

Der Andromedanebel stellte die Astronomen vor ein Rätsel. Der bekannteste Nebel war selbstverständlich die Milchstraße, und hier hatte Galilei nachgewiesen, daß es sich um eine Anhäufung sehr lichtschwacher Sterne handelte, die ohne Zuhilfenahme eines Teleskops zu einem leuchtenden Nebelband verschwammen.

In der südlichen Hemisphäre kann man zwei Nebelflekken erkennen, die wie Absplitterungen der Milchstraße aussehen. Sie wurden erstmals im Jahre 1519 von Europäern entdeckt, die Fernão de Magalhães (Magellan) (1480-1521) auf seiner pionierhaften Weltumsegelung begleiteten. Sie heißen demzufolge »Magellansche Wolken«; auch sie bestehen – durch das Teleskop betrachtet, aus Massen von lichtschwachen Sternen.

Der Andromedanebel ließ sich dagegen trotz seiner augenscheinlichen Ähnlichkeit mit der Milchstraße und den Magellanschen Wolken durch keines der Teleskope des 18. Jahrhunderts (auch nicht des 19. Jahrhunderts) in Sterne auflösen. Aber aus welchem Grund?

Als erster hat wohl der deutsche Philosoph Immanuel Kant (1724-1804) eine brauchbare Idee dazu entwickelt. 1755 stellte er in seinem Buch *Allgemeine Naturgeschichte und Theorie des Himmels* fest, daß der Andromedanebel und andere vergleichbare kosmische Nebel in der Tat aus Sternen bestehen müssen, die jedoch so weit weg sind – viel weiter als die Milchstraße oder die Magellanschen Wolken –, daß auch die besten Teleskope der Astronomen nicht ausreichen würden, den Nebel in Sterne aufzulösen. Er sprach von den Nebeln als den »Weltinseln«.

Kant hatte recht, und wie recht er hatte. Doch die Astronomen konnte er damit nicht beeindrucken. Er war seiner Zeit zu weit voraus. Im 18. Jahrhundert hatte man noch von keinem Stern die Entfernung bestimmt, doch das Bewußtsein dafür, daß die Sterne extrem weit weg waren, wurde allmählich immer größer. Der englische Astronom Edmund Halley (1656-1742) hatte als erster von stellaren Entfernungen im Sinne unserer heute gebräuchlichen »Lichtjahre« gesprochen.

Die Astronomen hatten allerdings immer in der Vorstellung eines kleinen Universums gelebt. Es war ihrer Ansicht nach gerade eben so groß, daß es das, was wir heute das Sonnensystem nennen, umfaßte, wobei man sich ein Sonnensystem viel kleiner vorstellte, als es nach heutigen Erkenntnissen tatsächlich ist. In Lichtjahren zu denken, war schon schwer genug, aber daß Kant nun auch noch von Entfernungen sprach, die noch viel größer waren, so groß, daß man die Einzelsterne nicht einmal mehr mit Teleskopen ausmachen konnte, das war zu viel. Die Astronmen erschauderten und blockten ab.

Weniger visionär, dafür aber akzeptabler war die Hypothese, die der französische Astronom Pierre-Simon de Laplace (1749-1827) vertrat. Er behauptete (1798), daß das Sonnensystem seinen Ursprung in einer gewaltigen, sich drehenden Staub- und Gaswolke hatte, die sich langsam verdichtete, wobei im Zentrum der Wolke die Sonne entstand, während sich die Außenregionen zu den Planeten umformten. (Kant hatte übrigens in dem oben erwähnten Buch eine ähnliche Theorie aufgestellt, doch Laplace ging mehr ins Detail.)

Laplace glaubte, seine Behauptung am Beispiel eines im Entstehen begriffenen Sterns und planetarischen Systems untermauern zu können. Der Andromedanebel schien für diesen Zweck geradezu maßgeschneidert zu sein. Für sein Glühen gab es eine einfache Erklärung: Ein Stern fing an, in seinem Zentrum zu leuchten und illuminierte dabei die riesige Staub- und Gaswolke, die ihn noch umrundete und verdeckte. Da diese Wolke nicht aus Einzelsternen bestand, konnte sie von Teleskopen auch nicht in Einzelsterne aufgelöst werden. Es handelte sich nur um einen einzigen Stern, der noch nicht voll ausgebildet war.

Da Laplace zur Erklärung seiner Vorstellungen den Andromedanebel als Beispiel herangezogen hatte, nannte man seine Theorie »Nebularhypothese«.

Wenn Laplace recht hatte, dann war der Andromedanebel mitnichten so unglaublich weit entfernt, wie Kant sich das vorstellte. Im Gegenteil, er mußte uns ziemlich nah sein, da uns sonst ein so kleines Objekt wie ein einzelnes planetarisches System nicht so groß erscheinen würde.

Im 19. Jahrhundert verlor der Andromedanebel allmählich seine Ausnahmestellung. Als man den Himmel mit immer besseren Teleskopen absuchte, stellte sich heraus, daß es eine ganze Reihe von Nebeln gab, die Licht ausstrahlten und dennoch – auch bei näherer Untersuchung – keinerlei Hinweis auf die Existenz eines Sternes lieferten.

Der irische Astronom William Parsons, 3. Herzog von Rosse, (1800–1867) richtete seine Aufmerksamkeit gezielt auf diese Nebel und vermerkte 1845, daß zahlreiche Nebelflecke eine ganz deutliche Spiralstruktur aufzuweisen schienen, so als handele es sich um eine Art Licht-Whirlpool. Das spektakulärste Beispiel dafür war ein Objekt, das auch in Messiers Nebelkatalog aufgelistet war – M 51. Es sah aus wie ein Quirl und wurde bald unter der Bezeichnung »Whirlpool-Nebel« bekannt. Der Terminus »Spiralnebel« als Bezeichnung für eine keineswegs seltene Kategorie von Himmelskörpern wurde bei den Astronomen ein gängiger Begriff.

Mit dem Fortschreiten des 19. Jahrhunderts wurde es allmählich auch möglich, Zeitaufnahmen von den Nebeln zu machen. Solche Bilder lieferten wesentlich mehr Einzelheiten, als das Auge allein wahrnehmen konnte.

In den 1880er Jahren machte ein walisischer Hobbyastronom namens Isaac Roberts (1829–1904) eine ganze Reihe solcher Aufnahmen, und 1888 konnte er nachweisen, daß der Andromedanebel ebenfalls eine Spiralstruktur aufwies. Dies war eine völlig neue Erkenntnis, weil der Andromedanebel im Gegensatz zum Whirlpool-Nebel mehr hochkant im Teleskop erscheint.

Roberts kam zu dem Schluß, daß Nebel, die über einen Beobachtungszeitraum von einigen Jahren auf fotografischen Platten Veränderungen aufweisen, die auf eine Rotation mit meßbarer Geschwindigkeit schließen lassen, nicht sehr weit entfernt sein könnten. Alles, was sich so weit weg befände wie Kants Weltinsel, würde erst in Millionen von Jahren meßbare Veränderungen zeigen. 1899 behauptete Roberts, auf seinen vielen Aufnahmen Rotationsveränderungen des Andromedanebels erkannt zu haben.

In demselben Jahr wurde zum erstenmal das Spektrum des Andromedanebels aufgenommen, das, wie sich herausstellte, alle Charakteristika des Lichts eines Fixsterns aufwies. Dies schien ein Indiz für die Existenz eines sich entwickelnden Sterns im Innern des Nebels zu sein.

Mit der Feststellung einer sichtbaren Drehbewegung des Andromedanebels und dem Nachweis eines sternähnlichen Spektrums schien die Angelegenheit endlich erledigt. Im Jahre 1909 verkündete der englische Astronom William Huggins (1824–1910), daß absolut kein Zweifel mehr daran bestehe, daß es sich bei dem Andromedanebel um ein planetarisches System in einem fortgeschrittenen Entwicklungsstadium handelt.

Doch ein kleiner Punkt war noch zu klären: Was hatte es mit S Andromeda auf sich? Diesem Thema wollen wir uns im nächsten Kapitel zuwenden.

13. Supernova-Explosionen

Letzte Woche nahm mich meine Frau Janet hier in Manhattan zu einem alten Herrenhaus aus der Kolonialzeit mit. Ich hätte nie geglaubt, daß auf dieser Insel noch ein Relikt aus jener längst vergangenen Zeit zu finden war, aber es stand tatsächlich da. Wir entrichteten einen kleinen Obulus (er war es wert), trugen uns ins Besucherbuch ein und ließen uns von einer freundlichen Dame herumführen.

Wir hatten unsere Besichtigung fast beendet, als sich uns eine andere Dame schüchtern näherte, die die Taschenbuchausgaben meiner ersten drei *Foundation*-Romane mit sich herumtrug. (Ich erkenne meine Bücher in jeder Ausgabe schon von weitem.)

»Dr. Asimov?« fragte sie.

»Ja, bitte?«

»Mein Sohn ist ein großer Fan von Ihnen, und als ich Ihren Namen nun im Besucherbuch entdeckte, habe ich ihn angerufen und ihm gesagt, daß Sie vermutlich hier seien. Aber ich war mir nicht sicher, wer Sie waren. Er fragte mich daraufhin, ob hier jemand mit großen weißen Koteletten sei. Und als ich ihm das bestätigte, sagte er: ›Das ist er.‹ und brachte mir diese Bücher.«

So signierte ich die Bücher also.

Ich behaupte immer von mir, daß ich drei »Markenzeichen« besitze: meine auffälligen Krawatten, meine schwarze Brille und meine weißen Koteletten. Eine auffällige Krawatte und eine schwarze Brille kann allerdings jeder tragen. Die weißen Koteletten sind es, die mich unverkennbar machen, weil nur wenige Leute Lust haben, einen solchen Gesichtsschmuck zur Schau zu tragen. Zum Glück bin ich nicht schüchtern. Ich bin ein extrovertierter Mensch, und es macht mir nichts aus, erkannt zu werden. Deshalb beabsichtige ich auch nicht, meine Koteletten abzurasieren.

Zum Zeitpunkt dieses Vorfalls wußte ich bereits, daß ich, um das Thema der beiden vorangegangenen Kapitel abzuschließen, dieses Essay schreiben würde, und dabei kam mir so in den Sinn, daß ich im Begriff war, einen Stern vorzustellen, der den Andromedanebel in der gleichen Weise »verrät«, wie mich meine Koteletten verraten. Ich will Ihnen auch erklären, warum ...

Ich habe im vorigen Kapitel bereits darauf hingewiesen, daß die Meinungen über den Andromedanebel im frühen 20. Jahrhundert auseinandergingen. Da gab es die einen, die glaubten, es handele sich um eine riesige sehr weit entfernte Ansammlung von einzelnen nicht erkennbaren Sternen, um ein System also, das weit außerhalb unserer eigenen Galaxie lag. Wenn das stimmte, dann war der Andromedanebel sicherlich nur eines von vielen solcher Objekte, und dementsprechend war das Weltall auch weitaus größer als die Astronomen zu Beginn des 20. Jahrhunderts allgemein vermuteten.

Es gab aber auch andere, die der Ansicht waren, daß das ganze Universum im wesentlichen tatsächlich nur aus unserer Galaxie (plus Magellanscher Wolken) bestehe und daß der Andromedanebel und alle anderen derartigen Objekte relativ kleine nahe Staub- und Gaswolken innerhalb unserer eigenen Galaxie seien. Einige meinten sogar, daß es sich bei diesen Nebeln um einzelne im Entstehen begriffene planetarische Systeme handele.

In der Auseinandersetzung zwischen den »Nah-Andromedanern« und den »Fern-Andromedanern« (meine eigene Wortschöpfungen) schienen die »Nah-Andromedaner« letztlich die besseren Karten gehabt zu haben. Ausschlaggebend waren dabei die fotografischen Beobachtungen über Jahre hinweg, anhand deren bewiesen schien, daß der Andromedanebel sich mit einer nachweisbaren Geschwindigkeit drehte. Befände er sich weit außerhalb unserer Galaxie, wäre jede Bewegung unmeßbar gering. Eine meßbare Rotation bedeutete also nichts anderes, als daß das Objekt sich in unserer Nähe befand.

Doch dabei blieb ein Problem ungelöst: Wie ich bereits erwähnt habe, war im August 1885 im Andromedanebel ein Stern erschienen, dem man die Bezeichnung »S Andromedae« gab. Da dieser Stern dort aufgetaucht war, wo vorher kein Stern gesichtet worden war, und da er nach sieben Monaten wieder so dunkel war, daß man ihn nicht mehr erkennen konnte, handelte es sich um eine Nova. Es war allerdings die lichtschwächste Nova, die je entdeckt worden war, denn selbst zum Zeitpunkt ihrer größten Helligkeit war sie nur so hell, daß man sie gerade noch mit bloßem Auge erkennen konnte. Sie wäre sehr wahrscheinlich überhaupt nie entdeckt worden, wenn sie nicht genau in der Mitte des »leeren« Andromedanebels aufgetaucht wäre.

Niemand widmete ihr zu der Zeit besonders große Aufmerksamkeit. Das änderte sich erst, als der Streit um den Andromedanebel immer höhere Wellen schlug. Wenn die Nova sich tatsächlich *in* dem Nebel befand, dann war der Nebel aller Wahrscheinlichkeit nach keine reine Staub- und

Gaswolke. Wahrscheinlicher war dann, daß es sich um einen Schwarm sehr lichtschwacher Sterne handelte, in dessen Mitte ein Stern explodiert war, wobei er eine Helligkeit erreicht hatte, die ihn für ein Teleskop erkennbar machte. Das wäre ein dicker Punkt für die »Fern-Andromedaner«.

Der Haken an dieser Überlegung war der, daß es keine Möglichkeit gab festzustellen, ob S Andromedae tatsächlich zum Andromedanebel gehörte, oder ob es vielleicht nur ein Stern war, dessen Position zwar in *Richtung* Andromedanebel zu finden war, der uns aber näher war als der Nebel. Da wir den Himmel nicht dreidimensional sehen können, würde ein naher S Andromedae, der sich zufällig in derselben Richtung wie der Andromedanebel befände, unserem Auge als Teil des Nebels erscheinen, selbst wenn dies realiter nicht der Fall wäre.

Doch wenn der Andromedanebel uns verhältnismäßig nahe ist und S Andromedae uns noch näher ist, warum ist dieser Stern dann so dunkel?

Andererseits, warum auch wieder nicht? Es gibt eine ganze Reihe naher Sterne, die lichtschwach sind. Der Barnardsche Stern ist beispielsweise nur sechs Lichtjahre entfernt (nur Alpha Centauri ist noch näher) und ist dennoch nur mit dem Teleskop zu erkennen. Und Alpha Centauri C oder »Proxima Centauri« (1913 entdeckt) – ein Stern aus dem Alpha Centauri-System – ist als erdnächster Stern ebenfalls viel zu dunkel, um mit bloßem Auge gesehen zu werden.

Es gibt viele sehr dunkle Sterne, und S Andromedae könnte durchaus dazugehören. Vielleicht handelte es sich ja um einen Stern, der selbst als Nova nicht allzu hell wurde, was wiederum den »Nah-Andromedanern« gut ins Konzept passen würde.

Aber dann flammte im Jahre 1901 – wie im vorigen Kapitel bereits erwähnt – die Nova Persei auf, die hellste Nova der letzten drei Jahrhunderte überhaupt. Im Teleskop zeigte sich der Stern als Folge der Explosion von einer Staub- und Gaswolke umhüllt, wobei sich ein Lichtkranz nach allen Seiten ins All auszubreiten schien. Die Astronomen fanden heraus, daß der durch die Explosion vom Stern ausgehende Lichtblitz sich immer weiter entfernte und dementsprechend im Raum um die Nova immer weiter entfernte Staubwolken erreichte und erhellte. Da die tatsächliche Lichtgeschwindigkeit bekannt war, konnte man mit Hilfe der scheinbaren Geschwindigkeit, mit der das Licht sich hier ausdehnte, ohne weiteres die Entfernung der Nova taxieren: Die Nova Persei war ungefähr 100 Lichtjahre entfernt.

Das ist an sich keine Entfernung, nur 25mal ferner als der erdnächste Stern. Kein Wunder also, daß die Nova Persei so hell leuchtete.

Was wäre eigentlich, wenn alle Novas zum Zeitpunkt ihrer Explosion letztlich ungefähr die gleiche Leuchtkraft besäßen? Wenn sie bei gleicher Distanz allesamt von der gleichen Helligkeit wären, ihre Helligkeitsunterschiede also nur auf die sehr unterschiedlichen Distanzen zurückzuführen wären, das heißt die helleren Novas auch die näheren Novas wären?

In diesem Fall ließe sich aus dem Helligkeitsmaximum von S Andromedae unter Bezugnahme auf das Helligkeitsmaximum der Nova Persei die Entfernung von S Andromedae berechnen. Die scheinbare Lichtschwäche wäre dann nur eine Folge der größeren Entfernung. Dann müßte, sofern S Andromedae tatsächlich nicht zum Andromedanebel gehören würde, der Nebel noch weiter entfernt sein, möglicherweise sogar viel weiter.

Diese Überlegung gab den »Fern-Andromedanern« zwar ein wenig Auftrieb, doch viel hatten sie nicht in Händen. Die ganze Theorie stand auf sehr wackeligen Füßen. Wer sagte denn überhaupt, daß alle Novas etwa die gleiche Leuchtkraft erreichten? Es gab zu dieser Annahme keinen zwingenden Grund. Es sprach ebensowenig dagegen, daß lichtschwache Sterne schwache Novas hervorbrachten und daß S Andromedae eben ein lichtschwacher Stern war. Er war der Erde vielleicht näher als die Nova Persei und dennoch in seinem Novastadium weitaus weniger hell.

Die »Nah-Andromedaner« schienen immer noch die besseren Karten zu haben.

Es gab jedoch einen amerikanischen Astronomen, der unerschütterlich an der andromedafernen Theorie festhielt und dieses letzte Argument nicht gelten ließ.

Dieser Mann hieß Heber Doust Curtis (1872–1942). Er begann seine akademische Laufbahn mit einem Sprachstudium und wurde Lehrer für Latein und Griechisch. Das College, an dem er lehrte, besaß jedoch ein Teleskop, das sein Interesse weckte, und so kam es, daß er immer mehr in die Astronomie einstieg, die er nie studiert hatte. 1898 sattelte er um und wurde Astronom. 1902 machte er seinen Doktor auf diesem Gebiet.

Da Curtis 1910 mit der Nebelfotografie befaßt war, wurde er natürlich zwangsläufig in die Auseinandersetzung um die Frage, ob Nebel ferne Objekte jenseits unserer Galaxie oder nahe Objekte sind, mit hineingezogen.

Einer der Punkte, die für eine Einbeziehung der Nebel in unsere Galaxie sprachen, basierte auf folgender Überlegung: Wenn diese Nebel unserer Galaxis nicht zugehörten, dann müßten sie unterschiedslos über den ganzen Himmel verstreut sein, da nicht einzusehen war, warum sie in einer

Region zahlreicher vertreten sein sollten als in einer anderen. Tatsache war jedoch, daß die Anzahl der Nebel immer mehr anstieg, je weiter man sich vom Band der Milchstraße wegorientierte. Demzufolge – so argumentierte man – müßten die Nebel eigentlich Teil der Galaxie sein. Denn die Bildung solcher Objekte in unmittelbarer Nähe der Milchstraße könnte nur innerhalb der Galaxis aus irgendwelchen Gründen verhindert werden, während eine wie auch immer geartete Beeinflussung außergalaktischer Objekte durch irgendwelche Phänomene unserer eigenen Galaxis ja wohl kaum in Frage kommen dürfte.

Curtis stellte jedoch fotografisch fest, daß viele dieser Nebel dunkle undurchsichtige Wolken besaßen, die die Außenregionen ihrer oftmals abgeflachten, scheibenförmigen Massen verhüllten.

Er forschte nach, ob am äußeren Rand unserer eigenen Galaxie (markiert durch die Milchstraße) nicht auch dunkle undurchsichtige Wolken zu entdecken waren, und siehe da, es gab eine ganze Reihe solcher Wolken an der Milchstraße. Curtis stellte deshalb die Behauptung auf, daß die Nebel tatsächlich gleichmäßig über den ganzen Himmel verteilt waren, daß viele von ihnen aber durch dunkle Wolken in der Nähe der Milchstraße verdeckt wurden, so daß der Eindruck entstand, daß es weiter entfernt von der Milchstraße mehr Nebel gab als in ihrer unmittelbaren Nachbarschaft.

Wenn Curtis recht hatte, dann war die Beweisführung pro innergalaktische Nebel zumindest in diesem Punkt geplatzt, und die andromedaferne Theorie wurde wieder wahrscheinlicher.

Curtis überlegte weiter: Der Andromedanebel war der größte aller Nebel und – nächst den Magellanschen Wolken, die sich knapp außerhalb unserer Galaxie befanden und sozusagen ihre Satelliten waren – auch der hellste. Abgesehen von den Magellanschen Wolken war der Andromedanebel der einzige Nebel, den man mit bloßem Auge erkennen konnte. Das bedeutete wahrscheinlich, daß er – die Magellanschen Wolken ausgenommen – der nächstgelegene Nebel war und den beobachtenden Astronomen höchstwahrscheinlich wichtige Detailinformationen liefern konnte.

Wenn der Andromedanebel also eine ferne Ansammlung von Sternen war, so fern, daß die dazugehörigen Sterne nicht als Einzelsterne erkannt werden konnten, dann war die Chance, diese Sterne einzeln zu sehen aber immer noch größer als bei irgendeinem anderen Nebel. Wenn demnach einer der Sterne des Andromedanebels wie eine Nova aufleuchten würde, dann könnte er vielleicht sichtbar werden, was wiederum auf S Andromedae zutreffen würde. Bei weiter entfernten Nebeln muß dies nicht der Fall sein, weil die einzelnen Sterne endgültig so schwach sein können, daß selbst eine Nova nicht mehr sichtbar werden würde.

1917 begann Curtis dann damit, in langen Beobachtungsreihen den Nebel systematisch nach anderen Novas abzusuchen, und zwar mit Erfolg. Er beobachtete, wie Sterne auftauchten und dann wieder verschwanden, und das zu Dutzenden. Daß es sich dabei um Novas handelte, daran bestand kein Zweifel, aber sie waren erstaunlich lichtschwach. Sie waren kaum mit dem Teleskop auszumachen. Die Erklärung dafür wäre einfach, wenn der Andromedanebel tatsächlich weit weg war.

Konnte es aber nicht vielleicht doch sein, daß Curtis lediglich auf sehr schwache Novas in Richtung Andromedanebel gestoßen war und daß sich keine davon wirklich *in* dem Nebel befand? Wenn das stimmte, dann blieb weiterhin offen, ob der Nebel nicht doch nur eine Gas- und Staubwolke war.

Für Curtis schien sich diese Frage nicht zu stellen. Nirgendwo sonst am Himmel ließen sich derartig viele solcher sehr schwachen Novas auf einen so kleinen dem Andromedanebel deckungsgleichen Raum zusammengeballt beobachten. Tatsache war, daß in Richtung Andromedanebel mehr Novas zu sehen waren, als am ganzen übrigen Himmel zusammengenommen. Es gab einfach keinen Grund dafür, warum dies so sein sollte, wenn der Andromedanebel nur eine bedeutungslose Gas- und Staubwolke war.

Die einzig logische Erklärung, die sich anbot, war die, daß die Novas sich in dem Andromedanebel befanden und daß ihre große Zahl nur eine Reflexion der weitaus größeren Anzahl von Sternen ganz allgemein war, die dort existierte. Mit anderen Worten, der Andromedanebel war eine Galaxie wie die unsrige und mußte demgemäß sehr weit weg liegen. Ihre große Entfernung würde auch die außerordentliche Lichtschwäche der Novas erklären.

Die Verfechter der Idee eines erdfernen Andromedanebels fanden in Curtis ihren herausragenden Sprecher.

Doch was war mit der Beobachtung, die für die These eines erdnahen Andromedanebels von entscheidender Bedeutung war, die Tatsache nämlich, daß sich der Andromedanebel den Beobachtungen zufolge zu drehen schien? Solche Beobachtungen des 19. Jahrhunderts waren ja vielleicht noch mit einem Fragezeichen zu versehen, doch die Beobachtungen im 20. Jahrhundert bestätigten diese Erkenntnisse.

Etwa zu der gleichen Zeit, als Curtis seine Novas im Andromedanebel entdeckte, befaßte sich auch der amerikanische Astronom Adriaan van Maanen (1884–1946) intensiv mit den Nebeln und untersuchte deren scheinbare Rotation. Er verfügte über bessere Instrumente als seine Vorgänger und konnte dementsprechend auch genauere Messungen anstellen als diese. Dabei stellte er fest, daß im Andromedanebel genauso wie in verschiedenen anderen Nebeln eine meßbare Drehbewegung stattfand.

Die Sache war verzwickt: Wenn Curtis tatsächlich schwache Novas im Andromedanebel entdeckt hatte, dann war es einfach unmöglich, daß van Maanen auch nur die Spur einer Rotation entdeckt haben konnte. Und wenn van Maanen tatsächlich eine Drehbewegung ausgemacht haben wollte, dann war es einfach unmöglich, daß Curtis zahlreiche schwache Novas beobachtet hatte. Beide Beobachtungen schlossen sich gegenseitig aus. Wem sollte man also glauben?

Man konnte sich zu keiner klaren Entscheidung durchringen. Sowohl Curtis als auch Maanen beobachteten etwas, was an die Grenze des Beobachtungsfähigen rührte. In beiden Fällen konnte der winzigste Fehler – sei es am Instrument oder auch in der Bewertung des Astronomen – die Beobachtung hinfällig machen. Dies galt umso mehr, als beide Astronomen etwas entdeckten, was sie auch unbedingt entdecken wollten und von dem sie auch sicher waren, daß sie es entdecken würden. Selbst der zuverlässigste und gewissenhafteste Wissenschaftler konnte sich in Beobachtungen hineinsteigern, die realiter jeder Grundlage entbehrten, nur weil er emotional mit der Sache so sehr befaßt war. Es gab also, obwohl nur einer der beiden recht haben konnte, offensichtlich keinen Weg herauszufinden, wer von beiden das war.

Einer der herausragendsten Astronomen seiner Zeit war der Amerikaner Harlow Shapley (1885–1972). Er war es, der auf die wahre Ausdehnung unserer eigenen Galaxie aufmerksam gemacht hat – wobei er allerdings ein bißchen hoch gegriffen hatte – und gleichzeitig nachgewiesen hat, daß unsere Sonne sich nicht in deren Mittelpunkt befand, sondern an deren Rand zu finden war.

Vielleicht paßte es Shapley als dem »Vergrößerer« unserer Galaxie nicht so ganz in das Konzept, daß das Universum noch sehr viele andere Galaxien haben sollte, wodurch die Bedeutung unserer eigenen Galaxie wieder relativiert worden wäre. Es ist schwierig und vielleicht auch unfair, hier mit psychologischen Erklärungen zu kommen. Auf jeden Fall favorisierte Shapley die These eines erdnahen Andromedanebels, und er hatte auch objektive Gründe dafür.

Shapley war ein sehr enger langjähriger Freund von van Maanen und ein Bewunderer seiner astronomischen Arbeit. Es war also nur natürlich, daß er auch hinter van Maanens Beobachtungen hinsichtlich einer Rotation des Andromedanebels stand, wie im übrigen auch die meisten anderen Vertreter der Fachwelt. Curtis vertrat mit seiner Ansicht nur eine Minderheit.

Am 26. April 1920 kam es in einem überfüllten Saal in der National Academy of Sciences zwischen Curtis und Shapley zu einem groß angekündigten Streitgespräch über dieses Thema. Da Shapley weitaus bekannter war als Curtis, waren sich die Astronomen unter den Zuhörern eigentlich sicher, daß dieser kleinerlei Probleme haben würde, seinen Standpunkt zweifelsfrei zu begründen.

Curtis entpuppte sich jedoch als unerwartet überzeugender und cleverer Kontrahent, und seine Novas erwiesen sich mit ihrer Lichtschwäche und ihrer Anzahl als überraschend schlagkräftiges Argument.

Objektiv gesehen ging die Debatte eigentlich unentschieden aus, aber die Tatsache, daß Curtis nicht demontiert worden war und den Favoriten auf Abstand gehalten hatte, war ein unerwarteter moralischer Sieg für ihn. und so kam es, daß immer mehr Leute davon überzeugt waren, Curtis habe die Auseinandersetzung gewonnen.

Tatsächlich hatte er eine ganze Reihe von Astronomen der Gegenseite auf seine Seite ziehen können. Doch wissenschaftliche Streitfragen werden nicht durch Diskussionssiege gelöst. Weder Curtis noch van Maanens Beweisführung war zwingend genug, um die Kontroverse zu beenden. Man brauchte noch irgendwelche anderen Erkenntnisse, neue und bessere Beweise.

Der Mann, der sie lieferte, hieß Edwin Powell Hubble (1889–1953). Ihm stand ein neues Riesenteleskop mit einem 100-Zoll-Spiegel zur Verfügung, ein Instrument, das mit seiner Reichweite zu der Zeit einmalig auf der Welt war. Es wurde 1919 in Betrieb genommen, und 1922 begann Hubble damit Zeitaufnahmen vom Andromedanebel zu machen.

Am 5. Oktober 1923 entdeckte er auf einer dieser Aufnahmen einen Stern am Rande des Andromedanebels. Es war keine Nova. Er beobachtete ihn über Tage hinweg, und es stellte sich heraus, daß es sich um einen Veränderlichen handelte, der zu der Gruppe der sog. »Cepheïden«* gehörte. Bis zum Ende des Jahres 1924 hatte Hubble 36 sehr schwache Variable in dem Nebel ausgemacht, von denen 12 Cepheïden waren. Er entdeckte auch 63 Novas ähnlich denen, die Curtis früher aufgespürt hatte, nur daß Hubble sie

---

* Veränderliche mit einer Periode zwischen 2 und 40 Tagen (AdÜ)

mit dem neuen Teleskop klarer und unverfälschter sehen konnte.

Hubble war, ähnlich wie Curtis, der Ansicht, daß all diese in Richtung Andromedanebel entdeckten Sterne unmöglich in dem Raum zwischen uns und dem Nebel existieren konnten. Sie mußten sich innerhalb des Nebels befinden, der infolgedessen eine Ansammlung von Sternen sein mußte.

Hubbles Entdeckungen gingen in der Tat weit über Curtis' Erkenntnisse hinaus. Cepheïden können nämlich für die Bestimmung von Entfernungen herangezogen werden (eine Methode, die Shapley sehr erfolgreich für die Ausmessung unserer eigenen Galaxie angewendet hatte). Und nun bediente sich Hubble derselben Methode, um Shapleys These eines nahen Andromedanebels zu widerlegen. Mittels der Cepheïden, die er entdeckt hatte, kam er nämlich auf eine Entfernung des Andromedanebels von ungefähr 750000 Lichtjahre. (1942 konnte der deutschamerikanische Astronom Walter Baade (1893-1960) dann mit Hilfe einer diesbezüglich verbesserten Meßtechnik nachweisen, daß die genaue Distanz des Andromedanebels bei ca. 2,3 Millionen Lichtjahren lag.)

Damit hatten die Verfechter des erdfernen Andromedakonzepts endgültig gewonnen. Van Maanens Beobachtungen waren aus irgendeinem Grund – vielleicht ein Instrumentenfehler – falsch gewesen, und seither wurde auch keine meßbare Rotation des Andromedanebels mehr beobachtet. Das System wurde tatsächlich in Andromeda-Galaxie umbenannt, so wie auch andere extragalaktische »Nebel« fortan Galaxien hießen.

Doch ein Problem blieb auch weiterhin bestehen. Wie

Sie sich erinnern werden, war es S Andromedae gewesen, der den Astronomen Kopfzerbrechen bereitet hatte, und die Diskussion um den Andromedanebel ins Rollen gebracht hatte. Diese Nova hatte immerhin Zweifel daran aufkommen lassen, daß es sich bei dem Nebel um ein nahes Objekt handelte.

Nun, da dieses Problem endlich gelöst war und die Astronomen sich hinsichtlich der Andromeda-Galaxie einig waren, wurde das S-Andromedae-Problem genau auf den Kopf gestellt: Früher hatten die Astronomen über die Dunkelheit dieser Nova nachgedacht, jetzt sinierten sie über deren Helligkeit. Die mehr als hundert Novas, die in dieser Galaxie beobachtet worden waren, waren alle extrem lichtschwach gewesen. S Andromedae war millionenmal heller als sie, ja sie war beinahe so hell, daß man sie mit dem bloßen Auge ausmachen konnte. Aber warum?

Auch hier gab es wieder zwei Möglichkeiten. Zum einen war es möglich, daß S Andromedae tatsächlich in der Andromeda-Galaxie aufgeleuchtet war und zufällig ein paar millionenmal heller war als gewöhnliche Novas. Dies schien jedoch so abwegig, daß kaum ein Astronom daran glaubte. (Hubble glaubte allerdings daran, und er genoß immerhin hohes Ansehen.)

Die Alternative dazu schien dennoch wahrscheinlicher: S Andromedae gehörte nicht zur Andromeda-Galaxie, sondern befand sich durch einen nicht auszuschließenden Zufall in derselben Richtung wie dieser Körper. Wenn diese Nova nur ein Tausendstel so weit weg war wie die Andromeda-Galaxie, dann würde sie schon ein paar Millionen Mal heller scheinen als die sehr, sehr dunklen Novas, die de facto Teil dieser Galaxie waren. Die meisten Astronomen favorisierten diesen Standpunkt.

Ein Disput dieser Art läßt sich jedoch nicht durch eine Abstimmung lösen. Auch hier galt wieder dasselbe wie oben, man brauchte neue und bessere Erkenntnisse.

Diesmal war es ein Schweizer Astronom namens Fritz Zwicky (1898-1974), der weiterhalf. Gehen wir einmal davon aus, daß S Andromedae ein Teil der Andromeda-Galaxis war und daß diese Nova bei ihrem Ausbruch ein paar Millionen Mal heller war, als irgendeine andere gewöhnliche Nova, mit anderen Worten, daß man es nicht nur mit einem normal explodierenden Stern, sondern vielmehr mit einem mit außergewöhnlicher Gewalt explodierenden Stern, einer sog. »Supernova«, wie Zwicky es nannte, zu tun hatte.

Unter dieser Prämisse hätte man also in der Andromeda-Galaxie eine Supernova und viele normale Novas zu verzeichnen gehabt. Das ergäbe auch einen Sinn, da alles, was extreme Dimensionen annimmt, lange nicht so häufig vorkommt wie das vergleichsweise »Normale«.

Es hatte also wenig Sinn, in der Andromeda-Galaxie oder in irgendeiner anderen Galaxie nach einer weiteren Supernova Ausschau zu halten. Es konnten Jahrzehnte, vielleicht sogar Jahrhunderte vergehen, ehe sich dieses Phänomen wiederholte.

Wie auch immer, es gab Millionen von fernen Galaxien, die so weit weg waren, daß man zwar normale Novas auf keinen Fall erkennen könnte, in denen Supernovas aber durchaus sichtbar würden. S Andromedae hatte mit einer ungeheuren Intensität geschienen: Ihr Lichtanteil an der Gesamthelligkeit der Galaxie (vorausgesetzt S Andromedae war überhaupt Teil der Andromeda-Galaxie) war prozentual gesehen unverhältnismäßig hoch. Auch andere mit S Andromedae vergleichbare Supernovas würden mit dem konzentrierten Licht einer ganzen Galaxie scheinen, so daß man sie auf jeden Fall bemerken würde, ganz gleich wie weit weg die entsprechende Galaxie auch sein mochte, sofern sie noch nah genug war, daß man sie überhaupt sehen konnte.

In jeder einzelnen Galaxie für sich, taucht eine Supernova vielleicht nur in sehr großen Zeitabständen auf. Aber möglicherweise taucht jedes Jahr eine Supernova irgendwo auf der einen oder anderen Galaxie auf. Ein Astronom muß daher soviele Galaxien wie möglich im Auge behalten und warten, bis er eine (*irgendeine*) von ihnen sieht, die einen neuen Stern hervorgebracht hat, der so hell ist wie sie selbst.

1934 begann Zwicky damit, systematisch nach Supernovas zu suchen. Er richtete sein Teleskop auf eine große Ansammlung von Galaxien im Sternbild der Jungfrau und beobachtete sie alle. Bis 1938 hatte er nicht weniger als 12 Supernovas ausgemacht, und zwar jeweils eine in zwölf verschiedenen Galaxien des Schwarms. Jede dieser Supernovas war bei ihrem Helligkeitsmaximum fast so hell wie die Galaxie, zu der sie gehörte, und jede von ihnen mußte mit einer Leuchtkraft scheinen, die milliardenmal stärker war als die der Sonne.

Konnte diese Beobachtung eine Sinnestäuschung sein? Konnte es sein, daß Zwicky zufällig zwölf normale Novas geortet hatte, die uns viel näher waren als die Galaxien, zu denen sie zu gehören schienen, die also nur richtungsgleich mit den Galaxien waren?

Nein, das konnte nicht sein. Die zwölf Galaxien waren sehr kleine, winzige Flecken am Himmel, und sich vorzustellen, daß zwölf Novas nun genau in derselben Richtung wie die Galaxien aufgetaucht sein sollten, war des Guten zuviel und nicht mehr mit einem Zufall zu erklären. Da war es weitaus vernünftiger, die These der Supernovas zu akzeptieren. Außerdem wurden in den darauffolgenden Jahren auch noch weitere Supernovas von Zwicky und anderen Forschern entdeckt. Bis heute sind über 400 Supernovas in verschiedenen Galaxien gesichtet worden.

Ist es nach alledem vielleicht möglich, daß einige der Novas, die in unserer eigenen Galaxie gesichtet wurden, Supernovas waren?

Das ist in der Tat der Fall. Es ist nicht wahrscheinlich, daß eine normale Nova uns so nahe war, daß ihre Helligkeit die Leuchtkraft der Planeten überstieg. Für eine Supernova ist dies dagegen kein Problem, selbst wenn sie ganz weit weg ist.

Demnach müssen also die wirklich hellen Novas, die ich in Kapitel 11 beschrieben habe, Supernovas gewesen sein. Dazu gehören die Nova von 1054, Tychos Nova von 1572 und Keplers Nova von 1604.

Die Supernova von 1604 ist die jüngste Supernova, die in unserer eigenen Galaxie gesichtet wurde. Seit der Entwicklung des optischen Teleskops, des Spektroskops, der Kamera, des Radioteleskops und der Raketen gab es in unserer eigenen Galaxie keine Supernova mehr, die wir sehen konnten. (Vielleicht gab es irgendeine auf der anderen Seite der Galaxie, wo sie sich unserem Auge durch die undurchsichtigen Wolken zwischen uns und dem galaktischen Zentrum entziehen würden.)

Tatsache ist, daß seit 1604 S Andromedae die erdnächste Supernova war, die wir beobachten konnten, und das war vor einem Jahrhundert und 2,3 Millionen Lichtjahren von uns entfernt.

Kein vernünftiger Mensch kann ernsthaft den Wunsch haben, daß eine Supernova in allzu großer Erdnähe ausbricht. Aber wir wären einigermaßen sicher, wenn es dazu in einer Entfernung von, sagen wir, 2000 Lichtjahren käme. In diesem Fall hätten die Astronomen die Möglichkeit, eine Supernova-Explosion sehr genau zu beobachten, und das würden sie liebend gern tun.

Die Astronomen warten deshalb auch ständig auf ein solches Ereignis, aber das ist auch schon alles, was sie tun können – warten ... zähneknirschend, nehme ich an.

ANMERKUNG: *Knapp einen Monat, nachdem ich dieses Essay geschrieben hatte, tauchte tatsächlich eine Supernova, zwar nicht in unserer eigenen Galaxie, aber in der uns nächstgelegenen Galaxie, der großen Magellanschen Wolke auf. Die Astronomen waren außer sich vor Freude, eine Supernova zu haben, die nur 150000 Lichtjahre entfernt war.*

14. Endstation Eisen

Gestern abend saß ich am Klavier und klimperte mit einer Hand vor mich hin. Ich bekam erst in den 50er Jahren ein Klavier, aber selbst zu diesem späten Zeitpunkt erinnerte ich mich noch genau an das, was ich in der vierten Klasse über das Notensystem und die Noten und die Kreuze und die Bs gelernt hatte. Als ich das Klavier bekam, versuchte ich zunächst die Töne vertrauter Melodien nach Gehör – ich habe ein gutes Gehör – auf dem Klavier zu finden, um sie dann mit den schriftlichen Noten zu vergleichen. Auf diese Weise brachte ich mir selbst das Notenlesen bei – ein sehr primitiver Weg.

Als ich nun gestern abend so ein paar alte Volkslieder vor mich hinklimperte, *ohne* die Noten vor mir zu haben, ging mir das alles so durch den Kopf, und ich sagte seufzend zu

meiner Frau: »Wenn ich doch nur schon als Kind ein Klavier gehabt hätte, als ich noch Zeit hatte, mir die Zeit damit zu vertreiben. Ich hätte wahrscheinlich solange darauf herumgehämmert, bis ich Akkorde hätte spielen können und wohltönende Musik hervorgebracht hätte. Irgend jemand hätte sich schon meiner angenommen, und bis zu meinem Erwachsenenalter hätte ich es dann schon so weit gebracht, daß mir mein Spiel selbst Spaß gemacht hätte. Ich wäre zwar nicht wirklich gut gewesen, aber es hätte gereicht.«
Janet, die als Kind Klavierunterricht gehabt hatte und so gut spielen kann, daß sie gerne spielt, pflichtete mir, wie es ihre Art ist, verständnisvoll bei.
Aber dann versuchte ich der Sache einen positiven Aspekt abzugewinnen, da ich Selbstmitleid nicht ausstehen kann: »Natürlich hätte das bedeutet, daß ich eine Menge Zeit damit vergeudet hätte und daß ein großer Teil meines Lebens dahin gewesen wäre.«
Janet verstand sofort, was ich meinte, denn sie weiß seit langem, daß für mich jede Minute, die ich nicht mit meiner Schriftstellerei verbringe, verlorene Zeit ist (abgesehen natürlich von der Zeit, die ich mit ihr verbringe – sofern sich das in Grenzen hält).
Um also die Zeit wieder aufzuholen, die ich gestern abend am Klavier vergeudet habe, habe ich das Ganze niedergeschrieben. Und um zu verhindern, daß ich noch irgendwelche weitere Zeit vergeude, werde ich jetzt weiterschreiben, wenn auch über etwas anderes.
Wir alle wissen, daß man aus einem Atomkern Energie gewinnen kann, wenn man ihn in kleinere Stücke auseinanderreißt (Kernspaltung) oder wenn man Atomkerne zu größeren Stücken zusammenquetscht (Kernfusion).
Jemand könnte also auf die Idee kommen, daß man ei-

gentlich unendliche Mengen an Energie gewinnen müßte, wenn man abwechselnd Kerne aufspaltete und dann wieder zusammenpreßte, und zwar immer und immer wieder. Leider hat eine boshafte Natur diesem Vorhaben einen Riegel vorgeschoben und thermodynamische Gesetze dagegengesetzt.

Schwere Kerne können in der Tat zur Gewinnung von Energie gespalten werden, aber die Spaltprodukte können nicht wieder zu den ursprünglichen Kernen verschmolzen werden, ohne daß mindestens so viel Energie zugeführt wird, wie bei der Spaltung freigeworden ist.

Und auch leichte Kerne können zur Gewinnung von Energie verschmolzen werden, aber die Fusionsprodukte können nicht wieder gespalten werden, ohne daß zumindest soviel Energie zugeführt wird, wie bei der Kernfusion produziert wurde.

Wenn wir nun die Spontanreaktionen im Universum betrachten, dann stellen wir fest, daß schwere Kerne dazu neigen, sich zu spalten, während leichte Kerne eher miteinander verschmelzen. In jedem Fall ist die Reaktion eine Einbahnstraße.

Die massiven Kerne geben in dem Maße Energie ab, in dem sie leichter werden. Die leichten Kerne geben in dem Maße Energie ab, in dem sie schwerer werden. In beiden Fällen entstehen Kerne, die weniger Energie aufweisen als die ursprünglichen Kerne; und in beiden Fällen bedeutet das, daß die Teilchen, die die Endkerne bilden, im Durchschnitt weniger schwer sind als die Teilchen, die die ursprünglichen Kerne bilden.

Wenn wir uns den Übergang von den schweren Kernen zu den weniger schweren Kernen und von den leichten Kernen zu den schwereren Kernen vorstellen, dann müssen wir irgendwo dazwischen auf einen Kern stoßen, der ein Energieminimum besitzt und aus Teilchen besteht, die im Schnitt ein Minimum an Masse besitzen. Ein solcher Kern kann keine weitere Energie durch Verkleinerung oder Vergrößerung abgeben. Er ist zu keiner weiteren spontanen Kernumwandlung mehr fähig.

Diese Sackgasse ist beim Kern von Eisen-56 erreicht, der aus 26 Protonen und 30 Neutronen besteht. Jede Kernumwandlung ist auf diesen Kern hin ausgerichtet.

Ich will das anhand einiger Zahlen verdeutlichen.

Das einzige Teilchen des Kerns von Wasserstoff-1 hat eine Masse von 1,00797. Die 12 Teilchen, aus denen der Kern von Kohlenstoff-12 besteht, besitzen eine durchschnittliche Masse von 1,00000 (dieser Mittelwert ist für die atomare Masseeinheit bestimmend). Die 16 Teilchen, die den Kern von Sauerstoff-16 bilden, besitzen eine mittlere Masse von 0,99968. Und die 56 Teilchen des Eisen-56-Kerns haben eine mittlere Masse von 0,99884. (Diese Masseunterschiede sind zwar gering, aber schon ein winziger Masseverlust entspricht einem verhältnismäßig riesigen Energiegewinn.)

Wenn wir von der anderen Seite herkommen, dann ergibt sich folgendes Bild: Die 238 Teilchen in dem Kern von Uran-238 besitzen eine mittlere Masse von 1,00021. Die 197 Teilchen, aus denen der Kern von Gold-197 aufgebaut ist, haben eine mittlere Masse von 0,99983. Die 107 Teilchen im Kern von Silber-107 haben eine durchschnittliche Masse von 0,99910. Man sieht, die Kerne streben von beiden Seiten her dem Kern von Eisen-56 als dem Kern mit der geringsten mittleren Teilchenmasse zu, der demzufolge auch die geringste Energie besitzt und am stabilsten ist.

Bei den Kernumwandlungen, die in unserem Universum

stattfinden, handelt es sich vorwiegend um Kernverschmelzungen. In den ersten Augenblicken nach dem Urknall bestand das Universum aus Wasserstoff plus Helium (mit sehr kleinen Kernen) und sonst gar nichts. Die gesamte Geschichte des Universums in den ganzen 15 Milliarden Jahren seit dem Urknall reduziert sich auf die Fusion dieser kleinen Kerne zu größeren Kernen.

Bei diesem Prozeß wurde eine beträchtliche Menge massereicherer Kerne gebildet, wobei manche Elemente in größerer Menge als andere entstanden (je nach Geschwindigkeit der Kernverschmelzungen), darunter auch Eisen, und zwar in weitaus größerer Menge als die anderen Elemente mit ähnlicher Kernmasse. Man geht deshalb auch davon aus, daß der Erdkern weitgehend aus Eisen besteht. Dies gilt wohl auch für den Kern der Venus und den von Merkur. Viele Meteoriten haben einen Eisengehalt von an die 90 %. – Und der Grund dafür besteht allein darin, daß Eisen die Endstation jeder Kernumwandlung ist.

Natürlich bildeten sich auch Kerne massereicherer Elemente, als Eisen es ist, denn es gibt sie ja schließlich. Es gibt nämlich Umstände, unter denen die Kernfusionen von Wasserstoff zu Eisen mit einer derartigen Explosivität stattfinden, daß ein Teil der Energie keine Zeit mehr hat abzustrahlen und statt dessen von den Eisenatomen absorbiert wird, die auf diese Weise zu so massereichen Kernen, wie Uran sie besitzt, gewissermaßen umfrisiert werden.

Solche schweren Kerne sind – wenn man das Universum insgesamt betrachtet – nur in Spuren vorhanden. De facto ist in den ganzen 15 Milliarden Jahren, die das Universum besteht, auch nur ein ganz kleiner Bruchteil der Urmaterie des Universums durch Kernfusion zu Eisen umgewandelt worden. Von den Kernen, die das Universum bilden, sind

90% noch Wasserstoff und 9% noch Helium. Alles andere, was durch Kernfusion entstanden ist, macht gerade 1% plus/minus aus.

Woran liegt das? Das liegt ganz einfach daran, daß es nicht so ohne weiteres zu Kernverschmelzungen kommt. Damit zwei Kerne verschmelzen können, müssen sie mit ungeheurer Kraft kollidieren. Doch unter normalen Umständen sind die Kerne durch Elektronenschichten geschützt. Aber selbst wenn die Elektronen nicht da wären, wären die Kerne immer noch positiv geladen und würden versuchen sich gegenseitig abzustoßen.

Voraussetzung für eine Kernfusion wäre also, daß der Wasserstoff bei extrem hoher Temperatur unter extrem hohem Druck steht, Bedingungen, wie sie nur im Innern von Sternen herrschen.

Es müssen also enorme Energien in die Wasserstoffatome gepumpt werden, um zum einen die Elektronen loszuwerden und um zum anderen die nackten Kerne (Einzelprotonen) gegen den Widerstand der gleichnamigen Ladungen aufzuspalten. Wie kann man unter diesen Umständen dann aber eine Kernfusion noch als spontane Kernumwandlung apostrophieren?

Ganz einfach: Die Energie, die man für die Kernverschmelzung braucht, ist eine »Aktivierungsenergie«, eine Energie, die dazu dient, den Prozeß in Gang zu setzen. Wenn der Verschmelzungsprozeß erst einmal begonnen hat, wird genügend Energie frei, um ihn in Gang zu halten, auch wenn der größte Teil der Energie nach außen abgestrahlt wird. Bei der Fusion entsteht also *weit* mehr Energie als das bißchen, was für den Anstoß der Reaktion erforderlich war, so daß man insgesamt gesehen bei der Fusion von einer spontanen energieliefernden Reaktion sprechen kann.

Wenn das Ganze für Sie ein bißchen verwirrend klingt, dann denken Sie einmal an ein Streichholz. Wenn man es bei Raumtemperatur sich selbst überläßt, wird es nie irgendwelche Energie abgeben. Streicht man es dagegen an einer rauhen Oberfläche an, dann wird durch die Reibungsenergie eine Temperatur erreicht, bei der sich die chemischen Substanzen des Streichholzkopfes entzünden. Durch die Hitze der Flamme steigt dann die Temperatur der Stoffe rundherum so weit an, daß auch sie zu brennen beginnen. Dies kann sich ad infinitum fortsetzen, so daß ein einmal entzündetes Streichholz ohne weiteres einen riesigen Waldbrand auslösen kann.

Selbst im Innern eines Sterns läuft der Verschmelzungsprozeß verhältnismäßig sachte und langsam ab. In der Kernregion unserer Sonne finden bereits seit rund fünf Milliarden Jahren Kernfusionen statt, ohne daß sich äußerlich viel verändert hätte; und dieser Fusionsprozeß wird mindestens noch weitere fünf Milliarden Jahre andauern.

Solange unsere Sonne Wasserstoff zu Helium verschmilzt, gehört sie zu den sogenannten Hauptreihensternen. In dieser Hauptreihe bleibt sie sehr lange, da die Fusion von Wasserstoffkernen zu Heliumkernen sehr viel Energie freisetzt.

Während ihrer Milliarden von Jahren währenden Existenz als Hauptreihenstern sammelt sich in ihrer Kernregion immer mehr Helium an, das heißt, der Sonnenkern wird ganz langsam immer massereicher. Das sich um den Kern aufbauende Gravitationsfeld wird stärker und komprimiert ihn mehr und mehr, so daß die Temperatur und der Druck im Innern der Sonne zunimmt, bis schließlich die energetischen Voraussetzungen für eine Reaktionskette erreicht sind, in der die Heliumkerne zu noch massereicheren Kernen verschmelzen.

Wenn die Sonne mit dem Beginn der Heliumkernverschmelzung erst einmal ihr Hauptreihenstadium verläßt, dann geht der Fusionsprozeß allmählich seinem Ende entgegen, da bei allen Fusionsprozessen jenseits von Helium nur etwa ein Fünftel der Energie freigesetzt wird, die bei der Verschmelzung von Wasserstoff zu Helium produziert wird. Mit dem Einsetzen der Heliumkernverschmelzung beginnt der Stern auch drastisch seine Gestalt zu verändern: Er bläht sich gewaltig auf, seine Oberfläche kühlt sich – im Gegensatz zur Kernregion – mit wachsender Ausdehnung ab, und er wird rot: Der Stern wird zum Roten Riesen, und damit ist seine Laufbahn als kernverschmelzendes Objekt nur noch verhältnismäßig kurz.

Ein Stern von der ungefähren Masse unserer Sonne wird seine Kernverschmelzung solange fortführen, bis sein Inneres hauptsächlich aus Kohlenstoff-, Sauerstoff-, Neon- und ähnlichen -kernen besteht. Um eine weitere Verschmelzung dieser Kerne in Gang zu setzen, bedarf es einer Temperatur und eines Druckes, die durch die Gravitationskräfte des Sterns nicht erreicht werden können.

Der Stern kann also an diesem Punkt seiner Entwicklung nicht genügend Fusionsenergie produzieren, um seine Ausdehnung gegen die unaufhaltsam nach innen ziehende Schwerkraft zu behalten, und so zieht er sich wieder zusammen. Diese Zusammenballung bewirkt aber eine Erhöhung der Temperatur und des Drucks in den Außenregionen des Sterns, in denen noch reichlich Wasserstoff und Helium vorhanden sind. Es kommt zu schnellen Kernreaktionen, und ein Teil der Außenhülle wird in Form einer helleuchtenden Gaswolke weggeschleudert. Der größte Teil des

Sterns kollabiert jedoch und wird zum Weißen Zwerg, der fast ausschließlich aus Kohlenstoff, Sauerstoff und Neon besteht, Wasserstoff und Helium fehlen.

Weiße Zwerge sind stabile Objekte. Bei ihnen finden keine Verschmelzungen mehr statt. Sie verströmen langsam die Energie, die sie noch haben, und kühlen auf diese Weise sehr langsam ab, wobei sie auch dunkler werden, bis sie schließlich überhaupt kein sichtbares Licht mehr aussenden und sich zum »Schwarzen Zwerg« entwickelt haben. Dieser Prozeß läuft so langsam ab, daß es in der gesamten Geschichte des Universums möglicherweise noch kein Weißer Zwerg geschafft hat, so weit abzukühlen, daß er ein Schwarzer Zwerg wurde.

Doch was passiert, wenn ein Stern beträchtlich größer als unsere Sonne ist, wenn er drei- oder vier- oder eventuell sogar zwanzig- oder dreißigmal so massereich ist? Je mehr Masse ein Stern besitzt, desto stärker ist auch sein Gravitationsfeld und desto stärker kann auch die Materie im Innern des Sterns komprimiert werden. Temperatur und Druck können weitaus höhere Werte erreichen, als sie jemals in unserer Sonne möglich sein werden. Kohlenstoff, Sauerstoff und Neon können zu Silizium, Schwefel, Argon bis hin zu Eisen verschmelzen.

Bei Eisen ist jedoch Endstation, denn Eisenkerne können sich spontan weder verschmelzen noch spalten. Im Innern des Sterns wird keine weitere Energie mehr entwickelt, und der Stern beginnt zu kollabieren, er stürzt in sich zusammen. Dieser Prozeß geht aufgrund der größeren Anziehungskräfte eines Riesen weitaus schneller vonstatten als bei einem gewöhnlichen Stern, genauso wie auch die Restmenge an Wasserstoff und Helium bei einem Riesen wesentlich größer ist. Es kommt in verhältnismäßig kurzer

Zeit zu einer Explosion von viel Wasserstoff und Helium, und der Stern strahlt ein paar Tage oder Wochen lang eine Helligkeit aus, die milliardenmal größer ist, als die Helligkeit eines gewöhnlichen Sterns.

Wir sprechen von einer sogenannten »Supernova«.

Bei der gewaltigen Explosion einer Supernova werden Kerne aller Größenordnungen in den interstellaren Raum ausgesendet. Einige dieser Kerne sind sogar noch massereicher als Eisenkerne, da die freigesetzte Energie ausreicht, um gelegentlich Eisenkerne »hochzutrimmen«.

Eine Supernova schleudert Masse von massereichen Kernen durch die interstellaren Wolken, die zunächst nur aus Wasserstoff und Helium bestehen. Wenn sich nun aus solchen Wolken ein Stern wie beispielsweise unsere Sonne bildet, dann werden von ihm auch diese massereichen Kerne miteinverleibt. Und dasselbe gilt für seine Planeten sowie alle Lebensformen, die sich auf diesen Planeten entwickeln.

Der Kern einer explodierenden Supernova, der den größten Teil des Eisens und anderer massereicher Kerne enthält, schrumpft jedoch zu einem winzigen Neutronenstern oder sogar zu einem noch kleineren Schwarzen Loch zusammen. Der größte Teil der massereichen Kerne bleibt auf diese Weise an Ort und Stelle gebunden und kann niemals mehr in den Weltraum entschwinden. Man könnte sich nun die Frage stellen, ob durch solche Supernovas dann überhaupt die Menge der massereichen Kerne, die wir ganz generell im Weltall vorfinden, erklärt werden kann?

Die Art von Supernova, die ich gerade beschrieben habe, ist jedoch nicht die einzige Art.

In den letzten fünfzig Jahren wurden ungefähr 400 Supernovas studiert (allesamt in anderen Galaxien, da – sehr zum Bedauern der Astronomen – seit dem Jahre 1604 in unserer Galaxie keine einzige Supernova mehr ausgemacht werden konnte). Diese Supernovas lassen sich in zwei Kategorien einteilen, und zwar in Typ I und Typ II.

Typ I ist im allgemeinen heller als Typ II. Während eine Supernova vom Typ II die Helligkeit von etwa 1 Milliarde unserer Sonnen erreichen kann, kann eine Supernova vom Typ I bis zu 2,5 milliardenmal so hell wie unsere Sonne sein.

Wenn dies der einzige Unterschied wäre, würde man einfach annehmen, daß die Explosion besonders großer Sterne zur Entwicklung einer Supernova vom Typ I führt, während sich bei der Explosion etwas kleinerer Sterne Supernovas vom Typ II bilden. Dieser Gedanke liegt so nahe, daß man versucht ist, es damit bewenden zu lassen.

Es gibt jedoch noch andere Unterschiede zwischen den beiden Supernovatypen, die diesen Schluß in Frage stellen.

So wurden beispielsweise die dunkleren Supernovas vom Typ II fast immer in den Armen von Spiralnebeln ausgemacht. Und genau in diesen Regionen ist die Konzentration an Gas und Staub sehr hoch, weshalb man auch gerade dort auf besonders große und massereiche Sterne stößt.

Die helleren Supernovas vom Typ I finden sich zwar manchmal auch in den Armen von Spiralgalaxien, man kann sie aber auch in den Zentralregionen solcher Galaxien oder in elliptischen Galaxien ausfindig machen, wo nur wenig Gas und Staub zu finden ist. In solchen gewissermaßen gas- und staubfreien Regionen bilden sich im allgemeinen nur Sterne von geringer Größe. Ihrem Standort nach zu urteilen, scheinen Supernovas vom Typ II also das Produkt explodierender Sternriesen zu sein, während Supernovas vom Typ I offensichtlich bei der Explosion kleinerer Sterne entstehen.

Ein dritter Unterschied besteht wiederum darin, daß die

Supernovas vom Typ I nach dem Überschreiten ihrer Maximalhelligkeit kontinuierlich dunkler werden, während Typ-II-Supernovas nicht kontinuierlich verblassen. Auch hier hätte man erwartet, daß sich ein kleinerer Stern unauffälliger verhält als ein großer. Aufgrund der weitaus heftigeren Explosion eines größeren Sterns rechnet man eher mit einer chaotischen Entwicklung mit zusätzlichen kleineren Explosionen und so weiter.

Sowohl der Standort als auch die Art des Erlöschens legen den Gedanken nahe, daß die Supernovas vom Typ I kleineren Sternen zuzuordnen sind als die Supernovas vom Typ II. Doch warum leuchten dann die Supernovas vom Typ I bis zu 2,5mal heller als die Supernovas vom Typ II?

Und noch ein Punkt. Kleinere Sterne kommen eindeutig öfter vor als größere Sterne. Demnach müßten Supernovas vom Typ I nach den vorangegangenen Überlegungen häufiger auftauchen als Supernovas vom Typ II, vielleicht zehnmal so häufig. Aber dem ist nicht so. Beide Typen sind etwa genauso häufig.

Die Lösung dieses Problems liefern möglicherweise die Spektren dieser beiden Supernovatypen, die sehr unterschiedliche Charakteristika aufweisen. Die Spektren der Supernovas vom Typ II besitzen ganz klare Wasserstofflinien. Das deutet auf einen Sternriesen hin. Selbst wenn sein Kern aus Eisen zusammengepreßt ist, sind seine Außenregionen doch reich an Wasserstoffkernen, durch deren Verschmelzung die für das Erstrahlen einer solchen Supernova erforderliche Energie geliefert wird.

Im Spektrum der Supernovas vom Typ I findet sich dagegen keinerlei Hinweis auf Wasserstoff. Es lassen sich nur Elemente wie Kohlenstoff, Sauerstoff und Neon nachweisen. – Und das ist die Zusammensetzung von Weißen Zwergen!

Kann es sein, daß eine Supernova vom Typ I ein explodierender Weißer Zwerg ist? Doch warum gibt es dann nur so wenige Supernovas vom Typ I? Kann es sein, daß nur wenige Weiße Zwerge zusammenbrechen, so daß im Endeffekt nicht mehr Supernovas vom Typ I als vom Typ II entstehen? Doch warum sollte nur eine Minderheit von ihnen explodieren? Und warum sollten sie überhaupt explodieren? Habe ich nicht weiter vorne geschrieben, daß Weiße Zwerge sehr stabil sind und langsam über Milliarden von Jahren hinweg ohne weitere Veränderung verblassen?

Die Antwort auf diese Fragen fand man, als man sich näher mit den Novas (nicht den Supernovas, sondern mit ganz normalen Novas, die nur 100 000 bis 150 000mal so hell wie die Sonne aufleuchten) befaßte.

Solche Novas sind viel häufiger als Supernovas, und es kann sich bei ihnen nicht um größere Sternexplosionen handeln. In diesem Fall wären sie nämlich vor der Explosion Rote Riesen, erreichten eine viel größere Maximalhelligkeit und würden hinterher so gut wie ganz verblassen. Statt dessen scheinen Novas sowohl vor, wie auch nach ihrem bescheidenen Aufleuchten, normale Hauptreihensterne zu sein, die sich durch ihr Abenteuer augenscheinlich nur wenig, wenn überhaupt, verändern. In der Tat kann ein einzelner Stern immer wieder zur Nova werden.

Im Jahre 1954 entdeckte der amerikanische Astronom Merle F. Walker nun aber, daß ein bestimmter Stern – es handelte sich um DQ Herculis –, der 1934 als Nova aufgeflammt war, in Wirklichkeit ein Doppelstern war. Die beiden Sterne lagen so nah beieinander, daß sie sich fast berührten.

Man unternahm alle möglichen Anstrengungen, um jeden der beiden Sterne getrennt zu untersuchen. Der hellere der beiden war ein Hauptreihenstern, doch der dunklere war – ein Weißer Zwerg! Im Zuge dieser Entdeckung stellte sich heraus, daß eine Reihe anderer Sterne, von denen bekannt war, daß sie im Laufe ihrer Entwicklung irgendwann einmal als Nova in Erscheinung getreten waren, Doppelsterne waren, und daß in all diesen Fällen ein Stern des Paares ein Weißer Zwerg war.

Die Astronomen kamen schnell dahinter, daß der Weiße Zwerg es war, der die bei einer Nova beobachtete Veränderung bewirkte. Der Hauptreihenstern war der Stern, den man gewöhnlicherweise beobachtete; er erfuhr keine bedeutende Veränderung, und das war auch der Grund dafür, warum die Nova nach ihrem Aufleuchten in den gleichen Zustand wie vor ihrem Aufleuchten zurückzukehren schien. Der Weiße Zwerg eines Doppelsternpaars hingegen, die eigentliche Basis für die Erforschung der Nova, war im allgemeinen nicht beobachtet worden. Damit waren alle bisherigen Erkenntnisse bedeutungslos geworden.

Aber das hat sich inzwischen geändert. Die Astronomen waren sich ziemlich schnell sicher, was sich hier abspielte.

Zunächst haben wir zwei Hauptreihensterne, die nah beieinanderliegen und ein Doppelsternpaar bilden. Je massereicher ein Stern ist, desto schneller verbraucht er den Wasserstoff in seinem Innern, das heißt, der massereichere Stern des Paares beginnt als erster, sich zu einem Roten Riesen aufzublähen. Ein Teil seiner expandierenden Materie fließt zu dem kleineren Partner, der sich immer noch im Hauptreihenstadium befindet, hinüber, so daß sich dessen Lebensdauer verkürzt. Schließlich kollabiert der Rote Riese zu einem Weißen Zwerg.

Später beginnt sich dann der verbliebene Hauptreihenstern aufgrund seiner verkürzten Lebenszeit ebenfalls zu einem Roten Riesen auszudehnen, wobei er so groß wird, daß nun von ihm aus etwas Masse in das Umfeld des Weißen Zwerges hinüberfließt. Diese Materie kreist in einem spiralförmigen Orbit um den Weißen Zwerg (»Akkretionsscheibe«). Wenn sich genügend Gas in dieser rotierenden Scheibe angesammelt hat, kollabiert die Scheibe und stürzt auf die Oberfläche des Weißen Zwergs.

Wenn Masse auf die Oberfläche eines Weißen Zwerges fällt, verhält sie sich anders, als wenn sie auf die Oberfläche eines gewöhnlichen Sterns fällt. Die Anziehungskraft, die an der Oberfläche eines Weißen Zwerges wirksam ist, ist tausendmal stärker als die Anziehungskraft, die an der Oberfläche eines normalen Sterns herrscht. Während bei einem normalen Stern die Aufnahme von Materie nur eine Erhöhung der Sternmasse bewirkt, wird die von dem Weißen Zwerg aufgenommene Materie unter dem an der Oberfläche wirkenden Einfluß der Schwerkraft so komprimiert, daß es zur Kernverschmelzung kommt.

Wenn die Akkretionsscheibe zusammenbricht, kommt es folglich zu einer plötzlichen Licht- und Energieflut, das Doppelsternsystem steigert seine Helligkeit um etwa das Hunderttausendfache. Dieser Prozeß kann sich natürlich ständig wiederholen, und jedesmal wird der Weiße Zwerg zu einer Nova und nimmt neue Masse auf.

Ein Weißer Zwerg kann jedoch nur auf das 1,44fache der Sonnenmasse anwachsen. Dies wurde im Jahre 1931 von dem indischen Astronomen Subrahmanyan Chandrasekhar nachgewiesen, nach dem dieser Richtwert auch benannt ist:

Wir sprechen von der »Chandrasekhar-Grenze«. (Chandrasekhar erhielt dafür 1983 – reichlich verspätet – den Nobelpreis in Physik.)

Ein Weißer Zwerg schrumpft deshalb nicht weiter, weil der Widerstand der Elektronen einer weiteren Kontraktion entgegenwirkt. Wenn der Weiße Zwerg jedoch die Chandrasekhar-Grenze überschreitet, wird die Schwerkraft so groß, daß der Elektronenwiderstand gebrochen wird und der Stern wieder zu kollabieren beginnt.

Der Weiße Zwerg schrumpft dann mit katastrophaler Geschwindigkeit. Die Folge davon ist, daß all seine Kohlenstoff-, Sauerstoff- und Neonkerne verschmelzen und die dabei freigesetzte Energie den Stern vollständig auseinanderreißt. Zurück bleiben lediglich Gas- und Staubreste. Und das ist der Grund dafür, warum eine Typ-I-Supernova, die von einem masseärmeren Stern ausgeht, heller ist als eine Typ-II-Supernova, die von einem massereicheren Stern ausgeht. Der Weiße Zwerg explodiert vollständig und nicht nur partiell, und diese Explosion läuft mit einer weitaus größeren Geschwindigkeit ab als bei einem Riesen.

Und daß Supernovas vom Typ I nicht so häufig sind, liegt ganz einfach daran, daß nicht jeder Weiße Zwerg explodiert. Weiße Zwerge ohne Begleiter, also Einzelsterne, oder Weiße Zwerge, die von ihrem Begleiter zu weit entfernt sind (wie der Weiße Zwerg Sirius B, der von seinem Begleiter, dem Hauptreihenstern Sirius B, weit weg ist) haben nur wenig oder gar keine Chancen, Masse aufzunehmen. Nur die Weißen Zwerge, die zu einem engen Doppelsternsystem gehören, können genügend Materie an sich binden, um die Chandarsekhan-Grenze zu überschreiten.

Auf diese Weise ließen sich eine ganze Reihe von Unterschiedlichkeiten hinsichtlich Typ-I- und Typ-II-Supernovas erklären, ein Punkt blieb jedoch nach wie vor rätselhaft: Warum verblaßten Supernovas vom Typ I so kontinuierlich, während Supernovas vom Typ II dies nicht taten?

Im Juni 1983 brach in der uns verhältnismäßig nahen Galaxie M 83 eine Supernova aus. Sie war besonders hell, und ein Astronom namens James R. Graham entdeckte im Jahre 1984 geringe Spuren von Eisen in den Überresten dieser Supernova. Dies war der erste direkte Hinweis darauf, daß die Kenrverschmelzung in einer solchen Typ-I-Supernova in Richtung Eisen verlief.

Graham meinte nun, daß eine Typ-I-Supernova unter diesen Umständen überhaupt nicht sichtbar sein dürfte. Wenn bei ihr nämlich eine Kernverschmelzung bis hin zum Eisen stattfand, dann würde sie sich so schnell auf das Hunderttausendfache ihres ursprünglichen Durchmessers ausdehnen, daß ihre Materie sich dabei bis zu einem Punkt abkühlen müßte, wo nur noch sehr wenig Licht abgestrahlt werden würde. Und dennoch fand die Fusion statt, das Eisen war nachgewiesen, und die Leuchtkraft war ebenfalls enorm.

Nach Grahams Vorstellungen mußte es irgendeine andere, langsamere Energie- und Lichtquelle neben der Kernfusion geben. Er vermutete, daß die Materie im Weißen Zwerg nicht zu Eisen-56 (mit einem Kern von 26 Protonen und 30 Neutronen) verschmolz, sondern zu Kobalt-56 (mit einem Kern von 27 Protonen und 29 Neutronen).

Während die mittlere Masse der 56 Teilchen bei Eisen-56 – wie ich weiter oben beschrieben habe – 0,99884 ist, haben die 56 Teilchen von Kobald-56 eine mittlere Masse von 0,99977. Diese zusätzliche Energie in Kobalt-56 ist so gering, daß die Fusion bei diesem sachten Gefälle zwischen Kobalt-56 und Eisen-56 auch bei Kobalt-56 abbrechen kann.

Die Gesetze der Thermodynamik können jedoch nicht völlig aufgehoben sein. Kobalt-56 bildet sich zwar, aber es kann nicht bestehen bleiben. Der Kern ist radioaktiv und strahlt jeweils ein Positron und ein Gammateilchen ab. Durch den Verlust eines Positrons verwandelt sich ein Proton in ein Neutron, so daß aus jedem Kobalt-56-Kern ein anderer Kern mit einem Proton weniger und einem Neutron mehr wird, kurz, ein Kern von Eisen-56. Diese radioaktive Umwandlung des gesamten Kobalt-56-Vorrats eines Sterns ist es denn auch, die die Energie für die Leuchtkraft einer Typ-I-Supernova liefert.

Gibt es nun irgendeinen Beweis dafür, daß diese Vermutung stimmt, einen Punkt, der diese These untermauert? Ja, es gibt ihn. Während die Verschmelzung der Kerne vom Sauerstoff bis hin zu Kobalt eine Sache von Sekunden sein dürfte, vollzieht sich der Zerfall von Kobalt-56 zu Eisen-56 weitaus langsamer, da Kobalt-56 eine Halbwertszeit von 77 Tagen hat. Wenn der radioaktive Zerfall von Kobalt-56 für die Leuchtkraft einer Typ-I-Supernova verantwortlich sein sollte, dann müßte diese Leuchtkraft auch ganz regelmäßig abnehmen, so wie die Radioaktivität es tut. Und das ist ganz offensichtlich auch der Fall. Eine Supernova vom Typ I verblaßt stetig mit einer Halbwertszeit, die um die 77 Tage herum liegt, so daß sich eine Verbindung mit Kobalt-56 geradezu aufdrängt.

Aus all dem folgt, daß zwar beide Supernovatypen massereiche Kerne in die interstellare Materie jagen, daß die massereichsten Kerne – wie Eisen und darüber hinaus – jedoch in der Hauptsache in den aus den Typ-II-Supernovas hervorgegangenen Neutronensternen und Schwarzen Löchern konserviert sind und nur bei einer totalen Explosion einer Typ-II-Supernova zusammen mit allen anderen Kernen in den interstellaren Raum gelangen.

Es folgt weiter, daß der größte Teil des Eisens, das sich im Erdinnern und in den Gesteinen an der Erdoberfläche befindet – oder auch in unserem eigenen Blut mitgeführt wird – von Weißen Zwergen stammt, die einstmals explodierten.

15. Das Gegenstück

ANMERKUNG: *Dieses Kapitel gehört vielleicht thematisch nicht unbedingt in diesen Teil, aber für das folgende Kapitel, das sehr wohl in diesen Teil gehört, ist es als Einleitung erforderlich.*

Ich verbrachte die letzten paar Tage in Philadelphia, wo ich den Sitzungen der Jahresversammlung der American Association for the Advancement of Science beiwohnte, und zwar vor allem wegen eines Symposiums über Raumfahrt und wegen des Vergnügens, das mir mein Auftreten als Wissenschaftler nach wie vor bereitet.

Während dieser Tage wurde ich viermal interviewt, und bei einer dieser Gelegenheiten stellte die Interviewerin die Frage: »Aber was ist Antimaterie?«

Glücklicherweise wandte sie sich dabei an einen Kollegen, und so überließ ich es ihm, sich mit einer Erklärung abzumühen, während ich – leicht amüsiert – daran dachte, in welchem Zusammenhang *ich* zum erstenmal etwas von Antimaterie gehört hatte. Ich stieß durch meine Science-fiction-Lektüre darauf – natürlich.

In der Aprilausgabe 1937 von *Astounding Science Fic-*

tion hatte John D. Clark eine Story mit dem Titel »Minus Planet« veröffentlicht. In dieser Geschichte war ein Objekt aus Antimaterie zufällig in das Sonnensystem geraten und bedrohte nun unseren Planeten. Das war meine erste Begegnung mit dem Begriff Antimaterie.

Dann erschien in der Augustausgabe 1937 desselben Magazins ein nicht fiktiver Aufsatz von R. D. Swisher mit der Überschrift »Was sind Positronen?« Und auch hier erfuhr ich etwas über Antimaterie.

Als ich 1939 dann damit begann, Roboter-Geschichten zu schreiben, hatte ich, daran anknüpfend, die glänzende Idee, meine Roboter als Variante zu den platten und einfallslosen »Elektronengehirnen« »Positronengehirne« zu nennen.

Aber seit wann befaßt man sich nun tatsächlich mit dem Phänomen der Antimaterie und weiß um deren Existenz? Diese Frage führt uns zurück in das Jahr 1928.

Im Jahre 1928 befaßte sich der englische theoretische Physiker Paul Adrien Dirac[*] (1902–1984) eingehend mit dem Elektron, dem neben dem Proton zu der Zeit einzig bekannten subatomaren Teilchen.

Dabei bediente sich Dirac der relativistischen Wellenmechanik, deren mathematische Formulierung erst zwei Jahre zuvor dem österreichischen Physiker Erwin Schrödinger (1887–1961) gelungen war. Im Zuge dieser Arbeit fand Dirac heraus, daß der Energiewert eines bewegten Elektrons sowohl positiv wie negativ sein konnte. Das Pluszeichen stand offenkundig für das normale Elektron, doch wofür

---

[*] Dirac war der Sohn eines Lehrers, der aus dem französisch sprechenden Teil der Schweiz ausgewandert war. Daher der Name.

stand dann das Minuszeichen mit absolut dem gleichen Wert?

Dirac hätte nun das Minuszeichen ganz einfach als mathematischen Artefakt ohne jegliche Bedeutung für die Physik abtun können, doch damit begnügte er sich nicht. Wenn irgend möglich wollte er eine Bedeutung dafür finden.

Angenommen, das Universum besteht aus einem Meer von Energieniveaus, in dem alle negativen Niveaus mit Elektronen besetzt sind. Über diesem Meer gibt es eine große, aber endliche Zahl von Elektronen, die auf die positiven Energieniveaus verteilt sind.

Wenn nun ein Elektron in dem besagten Meer aus irgendeinem Grund genügend Energie aufnimmt, dann saust es plötzlich aus dem Meer heraus und besetzt eines der positiven Energieniveaus; dabei entsteht dann ein im landläufigen Sinne normales Elektron, so wie die Wissenschaftler es kennen. In dem Meer hinterläßt das herausgeplatzte Elektron jedoch ein »Loch«, und dieses Loch verhält sich wie ein Teilchen, dessen Eigenschaften den Eigenschaften eines Elektrons entgegengesetzt sind.

Da das Elektron eine elektrische Ladung besitzt, muß diese Ladung dem Meer entzogen worden sein, und das entstehende Loch muß eine entgegengesetzte Ladung tragen. Das Elektron hat vereinbahrungsgemäß (nach Benjamin Franklin) eine negative elektrische Ladung; das Loch muß sich demzufolge so verhalten, als habe es eine positive elektrische Ladung.

Wenn nun Energie in ein Elektron umgewandelt wird, muß bei der Entstehung immer auch gleichzeitig ein Loch bzw. »Antiteilchen des Elektrons« entstehen. (Das Loch ist das Gegenstück eines Elektrons; die Vorsilbe »anti« kommt aus dem Griechischen und bedeutet »entgegengesetzt«.) Dirac sagte damit die »Paarbildung« voraus, das heißt die gleichzeitige Bildung eines Elektrons und eines Antiteilchen des Elektrons. Man konnte also anscheinend keines der beiden Teilchen ohne das andere erzeugen.

In unserem Teil des Universums existiert jedoch schon eine große Anzahl von Elektronen ohne irgendeinen Hinweis auf eine entsprechend große Anzahl von Antiteilchen. Lassen Sie uns diese Tatsache akzeptieren, ohne allzu viele Fragen nach dem Warum zu stellen. Wenn nun ein weiteres Elektron zusammen mit seinem symmetrischen Loch gebildet wird, dann stürzt sicher das eine oder andere der vielen bereits bestehenden Elektronen zurück in das Loch, und zwar geschieht dies innerhalb kürzester Zeit.

Dirac sagte also voraus, daß es sich bei dem Antiteilchen eines Elektrons um ein sehr kurzlebiges Objekt handelte, was auch den Umstand erklärte, daß niemand jemals auf so ein Antiteilchen gestoßen zu sein schien. Darüber hinaus kam Dirac dahinter, daß man kein Antiteilchen eines Elektrons loswerden konnte, ohne nicht gleichzeitig auch ein Elektron loszuwerden. Dasselbe gilt auch umgekehrt. Mit anderen Worten, wir haben es mit einer »Paarvernichtung« zu tun.

Bei der Paarvernichtung müssen die Teilchen die Energie, die sie bei der Paarbildung aufgenommen haben, wieder abgeben. Paarvernichtung muß demzufolge mit einer energetischen Strahlung oder der Bildung anderer hochbeschleunigter Teilchen mit hoher kinetischer Energie oder beidem einhergehen.

Da zu jener Zeit, als Dirac diese Theorie aufstellte, nur zwei Teilchen bekannt waren, nämlich das negativ geladene Elektron und das positiv geladenen Proton, fragte er sich erst einmal, ob es irgendwelche Anhaltspunkte dafür gab, daß womöglich das Proton das Antiteilchen des Elektrons ist.

Aber das konnte auf keinen Fall sein. Zuerst einmal ist das Proton 1,836 mal massereicher als das Elektron, und es schien absolut unwahrscheinlich, daß ein aus dem negativen Energiebereich herausspringendes Elektron ein, im Vergleich zu seiner eigenen Masse, 1,836 mal massereicheres Loch entstehen lassen würde. Die Eigenschaften des Lochs müßten – so war logischerweise zu vermuten – den Eigenschaften des herausgesprengten Teilchens qualitativ entgegengesetzt sein; quantitativ müßten sie jedoch gleich sein.

Die elektrische Ladung des Elektrons ist negativ, die elektrische Ladung des Antiteilchens müßte also positiv sein. Aber die negative Ladung des einen Teilchens und die positive Ladung des anderen Teilchens müßten absolut gleich groß sein. In diesem Punkt geht die Rechnung mit dem Proton zumindest auf. Seine positive Ladung entspricht quantitativ exakt der negativen Ladung des Elektrons.

Aber dasselbe müßte auch für die Masse gelten. Das Antiteilchen müßte die gleiche Masse wie das Elektron haben bzw. eine entgegengesetzte »Antimasse«. Aber ob Masse oder Antimasse, sie müßte genau der Masse des Elektrons entsprechen. Das Proton hat zwar dieselbe Art von Masse wie das Elektron, doch die Größe differiert erheblich.

Darüber hinaus – räsoniert Dirac weiter – müßte ein Antiteilchen sehr kurzlebig sein und unmittelbar nach seiner Begegnung mit einem Elektron eine Paarvernichtung auslösen. Ein Proton erscheint dagegen vollständig stabil zu sein und zeigt überhaupt keine Neigung einer gegenseitigen Paarvernichtung mit Elektronen.

Dirac kam deshalb zu dem Schluß, daß das Antiteilchen des Elektrons *nicht* das Proton ist, sondern ein Teilchen mit der Masse eines Elektrons und einer positiven Ladung.

Da jedoch niemand jemals auf ein derart positiv geladenes Elektron gestoßen war, hielten die meisten Physiker Diracs Vermutungen zwar für interessant, aber bedeutungslos. Man tat sie als reine Spekulationen eines Theoretikers ab, der mathematischen Berechnungen und Beziehungen zu viel sachliche Bedeutung beimaß. Solange Diracs Theorie nicht empirisch nachgewiesen werden konnte, wurden seine Thesen also unter der Rubrik »interessant, aber . . .« ad acta gelegt.

Während Dirac seine Theorie entwickelte, war unter den Physikern ein heftiger Kampf über die Natur der kosmischen Strahlung entbrannt. Einige – darunter auch der amerikanische Physiker Robert Andrews Millikan (1868–1953) als bedeutendster Vertreter dieser Richtung – bestand darauf, daß es sich dabei um einen Zug elektromagnetischer Wellen handelte, die noch energiereicher und demnach noch kurzwelliger als Gammastrahlen waren. Andere – darunter der amerikanische Physiker Arthur Holly Compton (1892–1962) als bedeutendster Vertreter dieser Schule – bestand darauf, daß es sich dabei um einen Strom massereicher, schneller elektrisch geladener Teilchen handelte. (Ich will Sie nicht hinhalten. Compton gewann den Kampf uneingeschränkt.)

Während dieses Kampfes hatte Millikan einen seiner Studenten, Carl David Anderson (geb. 1905), die Interaktion der kosmischen Strahlung mit der Atmosphäre untersuchen lassen. Die hochenergetischen kosmischen Strahlen trafen auf die Kerne von Atomen in der Atmosphäre und produzierten einen Sprühregen subatomarer Teilchen, die nicht weniger energiereich waren als die ursprünglichen kosmischen Strahlen selbst. Man wollte versuchen anhand der produzierten Teilchen Rückschlüsse auf die Natur der Strahlung, die die Teilchen produzierte, zu ziehen und auf diese Weise entscheiden, ob diese Wellen- oder Teilchencharakter besaß.

Zu diesem Zweck verwendete Anderson eine Nebelkammer, die von einem sehr starken Magnetfeld umgeben war. Wenn ein Teilchen durch die Nebelkammer, die mit wasserdampfübersättigten Gasen gefüllt ist, fliegt, erzeugt es geladene Atomfragmente, sogenannte Ionen, die für die winzigen Wassertröpfchen als Kondensationskerne dienen. Auf diese Weise wird die Flugbahn des Teilchens durch eine dünne kondensstreifenartige Linie markiert.

Da die auf diese Weise sichtbar gemachten Teilchen elektrisch geladen sind, werden sie, d. h. die Tröpfchenlinien, von dem magnetischen Feld abgelenkt. Ein Teilchen mit einer positiven elektrischen Ladung wird in die eine Richtung abgelenkt, ein Teilchen mit negativer elektrischer Ladung in die andere. Je schneller und massereicher ein Teilchen ist, desto geringer ist seine Ablenkung.

Das Problem war, daß die Teilchen, die beim Beschuß von Kernen mit kosmischer Strahlung erzeugt werden, so massereich oder so schnell (oder beides) sind, daß sie kaum eine Ablenkung erfahren. Anderson merkte, daß er von diesen Teilchenspuren sehr wenig, wenn überhaupt etwas, ableiten konnte.

Er hatte deshalb die grandiose Idee, eine etwa 6 Millimeter dicke Bleiplatte in der Mitte der Nebelkammer quer anzubringen. Die Teilchen, die auf die Platte auftrafen, hatten mehr als genug Energie, sie zu durchdringen. Dabei verloren sie jedoch ein bißchen von ihrer Energie, so daß sie sich bei ihrem Austritt aus der Platte langsamer bewegten und somit eine deutlichere Ablenkung erfuhren, woraus sich möglicherweise etwas ableiten ließe.

Im August 1932 wertete Anderson die Fotografien von verschiedenen Nebelkammerversuchen aus und erlebte bei einem Foto eine große Überraschung. Es zeigte eine Teilchenspur, die auf den ersten Blick exakt so aussah wie die gekrümmten Spuren, die die Elektronen hinterlassen hatten.

Die Spur war auf der einen Seite der Bleiplatte stärker gekrümmt als auf der anderen. Er wußte damit, daß das Teilchen auf der Seite mit der geringeren Krümmung in die Kammer eingetreten war. Es hatte die Bleiplatte durchquert, war dabei abgebremst worden und zeigte deshalb auf dieser Seite eine stärkere Ablenkung. Aber wenn es sich um ein in dieser Richtung fliegendes Elektron gehandelt hätte, hätte es in die andere Richtung abgelenkt werden müssen. Anhand seiner Kurve erkannte Anderson sofort, daß er ein positiv geladenes Elektron entdeckt hatte, also tatsächlich das Antiteilchen des Elektrons.

Natürlich fand man sehr schnell auch andere Beispiele, und dabei stellte sich heraus, daß das Antiteilchen des Elektrons – genauso wie Dirac vorausgesagt hatte – nur sehr kurzlebig war. Innerhalb etwa einer milliardstel Sekunde traf es auf ein Elektron und zerstrahlte zu zwei Gammastrahlen, die in entgegengesetzte Richtungen ausgesendet wurden.

Dirac erhielt 1933 prompt den Nobelpreis für Physik. 1936 zog Anderson nach.

Etwas gefällt mir bei dieser Entdeckung allerdings nicht. Das neue Teilchen sollte eigentlich Antiteilchen des Elektrons heißen, so wie ich es bis jetzt genannt habe, denn dieser Name beschreibt das Teilchen treffend als Gegenstück des Elektrons. Anderson betrachtete es jedoch unter dem Blickwinkel »positives Elektron« und baute deshalb aus den ersten fünf und den letzten drei Buchstaben die Bezeichnung »Positron« zusammen. Und bei diesem Namen ist es seither auch geblieben.

Wenn man das Antiteilchen des Elektrons Positron nennt, dann müßte man natürlicherweise das Elektron selbst eigentlich auch »Negatron« nennen. Im übrigen ist die charakteristische Nachsilbe eines subatomaren Teilchens auch nicht »ron« sondern »-on« wie bei Proton, Meson, Gluon, Lepton, Müon, Pion, Photon, Graviton usw. Wenn wir also dem Antiteilchen des Elektrons schon einen eigenen Namen verpassen müssen, dann sollte es »Positon« heißen. 1947 gab es tatsächlich eine Tendenz, sich diesen Namen zueigenzumachen und das Elektron »Negaton« zu nennen. Doch diese Bemühungen schlugen fehl und verliefen im Sande.

Seither spricht man immer nur von Elektronen und Positronen, und das läßt sich auch nicht mehr ändern. Doch andererseits operiert die Wissenschaft ja auch mit einer Fülle von verqueren Namen, die ihr irgendwelche Wissenschaftler aus einem Impuls heraus eingebrockt haben. (So kam Murray Gell-Mann auf die häßliche Bezeichnung »Quark« für die Grundbausteine des Protons. Er hat diesen Ausdruck aus *Finnegans Wake* übernommen, was ihn indessen nicht weniger häßlich macht. Vielleicht wußte er nicht, was Quark im Deutschen bedeutet.)

Nachdem man nun das Antiteilchen eines Elektrons gefunden hatte, konnte man es unmöglich damit bewenden lassen. Diracs mathematische Analyse ließ sich in der gleichen

Weise beispielsweise auch auf Protonen anwenden. Wenn es also ein Antiteilchen des Elektrons gab, dann müßte es auch ein Antiteilchen des Protons geben.

Doch während der folgenden zwei Jahrzehnte gab es keinerlei konkreten Hinweis auf die Existenz eines »Anitprotons«. Warum nicht?

Das liegt eigentlich klar auf der Hand. Masse ist eine sehr verdichtete Form von Energie, das heißt, es bedarf einer großen Menge von Energie, um auch nur die geringste Menge an Masse zu produzieren. Will man zehnmal so viel Masse erzeugen, erfordert das auch den zehnfachen Energieaufwand. Der Masseproduktion sind also im Hinblick auf die erforderliche Energie recht enge Grenzen gesetzt.

Da das Proton 1,836mal massereicher ist als das Elektron, braucht man auch 1,86mal mehr Energie (in das winzige Volumen eines subatomaren Partikels geballt), um ein Antiproton zu erzeugen, als man für das Antiteilchen eines Elektrons benötigt.

Gewiß, kosmische Strahlen bestehen aus Strömen schnell fließender massereicher Partikel, mit den unterschiedlichsten Energiewerten. Die schnellsten und dementsprechend energiereichsten Teilchen besitzen mehr als genug Energie, um Proton-Antiproton-Paare zu bilden. Aus diesem Grund konzentrierte man sich jahrelang auf die kosmische Strahlung, in der Hoffnung, mit Hilfe der verschiedensten Teilchendetektoren ein Antiproton nachweisen zu können. (Warum auch nicht? Ein Teilchen entdecken und der Nobelpreis war einem gewiß.)

Ein Problem bestand darin, daß die Zahl der Teilchen mit zunehmendem Energiewert der Teilchen immer geringer wurde. Aufs Ganze gesehen war der prozentuale Anteil der Teilchen, die eine genügend hohe Energie für die Bildung eines Proton-Antiproton-Paares besaßen, nur sehr gering. Das bedeutete, daß eventuell gebildete Antiprotonen in der riesigen komplexen Menge der Teilchen, die durch den Beschuß mit den kosmischen Strahlen erzeugt wurden, total untergingen.

Hin und wieder glaubte jemand, ein Antiproton entdeckt zu haben, und berichtete dann darüber, aber den eindeutigen Beweis blieb man stets schuldig. Es konnte schon sein, daß Antiprotonen vorhanden waren, aber sicher konnte man sich eben nicht sein.

Was man brauchte, war eine künstliche Energiequelle, eine Energiequelle, die sich steuern ließ und die die Chancen für die Entstehung und den Nachweis von Antiprotonen verbesserte, also ein Teilchenbeschleuniger, der leistungsstärker war als alles, was man in den 30er und 40er Jahren gebaut hatte.

Schließlich konstruierte man im Jahre 1954 einen Beschleuniger, der die nötigen Energien lieferte, und zwar war dies der Bevatron-Beschleuniger in Berkeley in Kalifornien. 1955 arbeitete der Italoamerikaner Emilio Segrè (geb. 1905) zusammen mit seinem amerikanischen Kollegen, dem Physiker Owen Chamberlain (geb. 1920) einen Plan aus, nach dem sie vorgehen wollten.

Man beschloß, eine Kupferscheibe mit hochenergetischen Protonen zu beschießen. Dadurch sollten neben sehr vielen anderen subatomaren Teilchen auch Proton-Antiproton-Paare erzeugt werden. Alle diese Teilchen konnte man dann durch ein starkes magnetisches Feld leiten. Protonen und andere positiv geladene Teilchen würden dabei in die eine Richtung abgelenkt werden, während Antiprotonen und andere negativ geladene Teilchen eine Ablenkung in die andere Richtung erfahren würden.

Man errechnete für die Antiprotonen eine bestimmte Geschwindigkeit und eine bestimmte Ablenkung. Die Geschwindigkeit aller anderen negativ geladenen Teilchen lag entweder darunter oder darüber, so wie auch die Krümmung ihrer Bahnen differierte. Wenn man nun an einem geeigneten Platz einen Detektor anbrachte und ihn so konzipierte, daß er nur zu einer bestimmten Zeit, das heißt unmittelbar nach der Proton-Kupfer-Kollision reagierte, dann würde er Antiprotonen, und zwar nur Antiprotonen nachweisen. Und in der Tat *wurden* auf diese Weise Ströme von Antiprotonen nachgewiesen.

Wenn Antiprotonen erzeugt werden, dauert es natürlich nicht lange, bis sie auf die zahlreichen Protonen treffen, die im Universum überall um uns herum zu finden sind. Segrè und Chamberlain ließen nun den erzeugten Antiprotonenstrom auf ein Stück Glas auftreffen. Die Folge davon war, daß diese Antiprotonen und die Protonen des Glases sich in großer Zahl gegenseitig vernichteten.

Bei dieser Paarvernichtung entstanden Teilchen, die das Glas schneller durchdrangen als Licht. (Die Lichtgeschwindigkeit kann nur im Vakuum nicht überschritten werden.) Diese Teilchen erzeugen als Folge ihrer Lichtgeschwindigkeitsüberschreitung einen nachlaufenden Lichtstrom, die sogenannte Tscherenkow-Strahlung. Diese Strahlung entspricht genau dem, was bei der Proton-Antiproton-Annihilation erzeugt wird.

Damit war die Existenz von Antiprotonen sowohl auf direktem Weg mit Hilfe des Detektors als auch auf indirektem Weg durch die bei der Annihilation erzeugte Strahlung eindeutig nachgewiesen. Dafür teilten sich Segrè und Chamberlain 1950 den Nobelpreis für Physik.

Damals waren bereits viele subatomare Teilchen neben

dem Elektron und dem Proton entdeckt worden. Als dann das Antiproton entdeckt wurde, lag die Vermutung natürlich nahe, daß es auch für die anderen neuen Teilchen jeweils ein Gegenstück gab.

Diese Vermutung bestätigte sich auch. Jedes bekannte elektrisch geladene Teilchen besitzt ein korrespondierendes Teilchen mit entgegengesetzter Ladung. Es gibt »Antimüonen«, »Antipionen«, »Antihyperonen«, »Antiquarks« und so weiter. Jedes dieser Gegenstücke wird durch das zugehörige Teilchen mit der Vorsilbe »Anti-« bezeichnet. Nur das Antiteilchen des Elektrons bildet eine Ausnahme, eine einsame Ausnahme. Es heißt Positron, was für jeden, der wie ich eine geordnete und methodische Nomenklatur schätzt, ein Ärgernis sein muß.

Pauschal werden all diese »Antis« unter dem Namen Antiteilchen zusammengefaßt.

Doch wie verhält es sich mit den Teilchen, die keine Ladung besitzen?

Im Jahre 1932 entdeckte der englische Physiker James Chadwick (1891–1974) das »Neutron«, das eine Idee massereicher ist als das Proton und sich von diesem dadurch unterscheidet, daß es elektrisch neutral ist. (Chadwick erhielt für die Entdeckung des Neutrons 1935 den Nobelpreis für Physik.)

Das Neutron stellte sich als dritter größerer Baustein der Atome, das heißt der Materie ganz allgemein, heraus. Das häufigste Isotop von Wasserstoff, Wasserstoff-1, besitzt zwar nur ein einziges Proton als Kern, doch alle anderen Atome haben Kerne, die sowohl aus Protonen als auch aus Neutronen bestehen, wobei diese Kerne von einem oder mehreren Elektronen in den Außenhüllen der Atome begleitet werden.

Weitere Hauptbausteine der Atome sind niemals entdeckt worden, und man rechnet auch nicht damit, jemals welche zu finden. Die normale Materie besteht aus Protonen, Neutronen und Elektronen, und das ist alles. Alle anderen subatomaren Teilchen – und es gibt deren viele – sind instabil, hochenergetische Erscheinungen oder existieren ansonsten – wenn sie langlebig sind – für sich selbst und nicht als Teil der Materie.

Doch wie verhält es sich nun mit dem Neutron? Ein Elektron ist negativ geladen, während sein Antiteilchen positiv geladen ist. Ein Proton ist positiv geladen, während ein Antiproton negativ geladen ist. Das Neutron ist dagegen neutral. Es besitzt keine Ladung. Was ist das Gegenstück zu keiner Ladung?

Nichtsdestoweniger ließ der Gedanke, es müsse gleichermaßen – auch ohne Berücksichtigung irgendeiner elektrischen Ladung – ein Antineutron geben, die Physiker nicht los.

So kam man zu folgender Überlegung: Wenn es zwischen einem Proton und einem Antiproton, die dicht aneinander vorbeifegten, zu einer Art »Nahkrepierer« kam, kam es vielleicht nicht zu einer gegenseitigen Annihilation, sondern möglicherweise nur zu einer Neutralisierung ihrer jeweiligen elektrischen Ladung. Das Ergebnis wären zwei neutrale Teilchen, die in irgendeiner Weise gegensätzlich wären, mit anderen Worten, ein Neutron und ein Antineutron.

Wenn nun ein Neutron und ein Antineutron entstehen, dann müßte wiederum das Antineutron ziemlich schnell mit einem Neutron kollidieren, so daß es auch hier zu einer Zerstrahlung kommt, bei der irgendwelche Teilchen erzeugt werden.

Tatsächlich entdeckte man 1956 das Antineutron, und 1958 wurde auch seine Annihilation beobachtet. Allerdings wurde die Existenz von Antiteilchen damals bereits als so gesichert betrachtet, daß die Entdeckung von Antineutronen keinen Nobelpreis einbrachte.

Und wie unterscheidet sich nun das Neutron von einem Antineutron? Nun, das Neutron trägt zwar keine elektrische Ladung im eigentlichen Sinn, aber es besitzt eine Eigenschaft, die man als »Spin« bezeichnet; dadurch wird ein magnetisches Feld erzeugt. Das Antineutron besitzt einen gegenläufigen Spin und damit ein magnetisches Feld, das in die entgegengesetzte Richtung ausgerichtet ist.

1965 gelang es den Physikern, ein Antiproton und ein Antineutron zusammenzubringen und aneinander zu binden. Bei der normalen Materie bilden ein Proton und ein Neutron zusammen den Atomkern von Wasserstoff-2 bzw. Deuterium. Was man hier erzeugt hatte, war demnach ein »Antideuterium«-Kern.

Es ist klar, daß ein Antideuteriumkern als Träger einer negativen Ladung sich leicht an einem positiv geladenen Antielektron festhalten konnte. Auf diese Weise würde ein Antiatom entstehen. Im Prinzip wäre auch die Bildung größerer Antiatome möglich. Die Schwierigkeit bestände nur darin, all die Antiprotonen und Antineutronen zusammenzubringen und dabei gleichzeitig zu gewährleisten, daß sie sich durch eine zufällige Kollision mit normaler Materie nicht gegenseitig vernichteten.

Denkbar ist auch, daß Antiatome aneinander gebunden werden und Antimoleküle oder auch noch größere Verbände bilden. Das wäre dann »Antimaterie«, obwohl dieser Ausdruck auch schon auf einfache Antiteilchen angewandt werden kann. – Und damit hätten wir die Frage beantwortet, die ich am Anfang dieses Essays in Zusammenhang mit einem Interview erwähnt habe.

Lange Zeit vermutete man, daß in Anbetracht der Tatsache, daß Teilchen nur in Begleitung ihrer entsprechenden Antiteilchen gebildet werden konnten, im Universum genausoviel Antimaterie wie Materie vorhanden sein müßte.

Unser Sonnensystem besteht gänzlich aus Materie. Andernfalls müßte sich in irgendeiner Weise Annihilationen nachweisen lassen. Da dies nicht der Fall ist, sind wir sicher, daß unsere ganze Galaxie ausschließlich aus Materie besteht.

Könnte es aber vielleicht nicht irgendwo Galaxien geben, die ausschließlich aus Antimaterie bestehen – »Antigalaxien«? Der Gedanke, daß es solche Antigalaxien tatsächlich gibt, und zwar genauso zahlreich wie Galaxien, ist durchaus nicht von der Hand zu weisen. Doch die neuesten Theorien gehen eher davon aus, daß Teilchen und Antiteilchen beim Urknall nicht in absolut gleichen Mengen erzeugt wurden. Es bildete sich ein winziger Überschuß von Teilchen, und dieser winzige Überschuß hat ausgereicht, um unser riesiges Weltall entstehen zu lassen.

Eine andere Frage – haben wirklich alle Teilchen ohne Ausnahme Antiteilchen?

Nein. Es gibt ein paar ungeladene Teilchen (nicht alle), die sozusagen ihre eigenen Antiteilchen sind. Ein Beispiel dafür ist das Photon, das die Einheit für alle elektromagnetischen Strahlungen ist, angefangen von den Gammastrahlen bis zu den Radiowellen einschließlich dem sichtbaren Licht. Das Photon ist beides, sowohl Teilchen als auch Antiteilchen. Es gibt kein eigenes »Antiphoton«, auch nicht in der Theorie.

Wenn es Antiphotonen gäbe, dann würden die Antisterne

in den Antigalaxien Antiphotonen aussenden. Wir könnten dann ferne Objekte anhand des Lichts, das wir von ihnen empfangen, als Antigalaxien identifizieren. In Wirklichkeit würden Antigalaxien, so es sie überhaupt gibt, jedoch das gleiche Licht erzeugen wie Galaxien, und mit Photonen ließen sich Antigalaxien nicht aufspüren.

Das Graviton (Energieeinheit des Gravitationsfeldes) ist ebenfalls sein eigenes Antiteilchen. Das bedeutet, daß wir anhand des Gravitationsverhaltens nicht zwischen fernen Galaxien und Antigalaxien unterscheiden können.

Das neutrale Pion (Dr. Meson) ist ein weiteres Beispiel für ein Teilchen, das sein eigenes Antiteilchen ist.

Und nun eine letzte Frage: Könnte Antimaterie irgendeinen praktischen Nutzen haben? Wenn nicht heute, dann aber vielleicht irgendwann einmal.

Auf diesen Aspekt möchte ich im nächsten Kapitel näher eingehen.

16. Volle Kraft voraus

Als der Komet Halley sich 1985 der Erde näherte, wurde ich von verschiedenen Magazinen darauf angesprochen, Artikel darüber zu schreiben.

Ich schrieb dann auch für eine dieser Zeitschriften einen Artikel, den ich jedoch mit dem Kommentar zurückbekam, ich hätte alle möglichen wissenschaftlichen Fakten und Zusammenhänge, die kaum jemanden interessieren, berücksichtigt und dabei völlig außerachtgelassen, was die meisten Leute wissen wollen, nämlich wann und wo der Komet am besten zu sehen ist.

Ich hielt dem entgegen, daß ich darin absolut keinen Sinn

sähe, weil der Komet die Erde in ziemlicher Entfernung und unter solch einem Winkel passieren würde, daß er nur in der südlichen Hemisphäre hoch am Himmel wäre. Um ihn überhaupt zu sehen, müßte man sich schon in den Süden aufmachen, eine Reise, die sich wahrscheinlich nur wenige ihrer Leser leisten könnten, und wenn doch, dann würden sie bestenfalls einen kleinen dunklen Nebelfleck erkennen können.

Ich ließ auch durchblicken, wie sauer ich über dieses unglaubliche Getue und all die Übertreibungen in Zusammenhang mit dem Kometen war. Das mußte unweigerlich dazu führen, daß zahllose Leute enttäuscht sein würden, und deshalb würde ich auch nicht daran denken, diese Hysterie noch anzuheizen.

Der Herausgeber der Zeitschrift war von meiner Eloquenz jedoch nur wenig beeindruckt. Er wies den Artikel zurück, und ich bekam noch nicht einmal eine müde Mark Honorar. (Aber trösten Sie sich, lieber Leser, ich verkaufte den Artikel, und zwar ohne eine Silbe abzuändern, an eine andere und bessere Zeitschrift für genau die doppelte Summe des ursprünglichen Angebots.)

Im Januar 1985 hatte ich bei *Walker and Company* ein Buch veröffentlicht mit dem Titel »*Asimov's Guide to Halley's Comet*«. Darin gab ich auch keine detaillierten Hinweise auf seine Beobachtung. Statt dessen stellte ich nur lapidar fest, daß der Komet keine gute Show versprach. Glauben Sie bloß nicht, daß es hier keine Kritiker gab, die mich angriffen, weil ich detaillierte Informationen über die Beobachtung des Kometen weggelassen hatte.

Was mich an der ganzen Angelegenheit so betrübt, ist nicht nur, daß so viele Leute von dem Kometen enttäuscht wurden, sondern daß eine Reihe von ihnen sich möglicherweise auch von der Wissenschaft betrogen fühlte. Ich möchte nicht wissen, wie viele von ihnen die Unfähigkeit und die Ignoranz der Astronomen, die die Show veranstaltet haben, für die Lichtschwäche des Kometen verantwortlich machten.

Ich hätte mir gewünscht, daß die Astronomen ihrer Stimme lauter erhoben hätten, um klarzumachen, was es mit dem Erscheinen des Kometen auf sich hat, und daß sie dem ganzen Rummel ein bißchen entschiedener entgegengetreten wären. Sie konzentrierten jedoch ihre ganze Aufmerksamkeit auf die Raketen-Rendezvous, die die Passage des Kometen zum erfolgreichsten Kometenereignis überhaupt (wissenschaftlich gesehen) machen sollten (und es auch machten).

Aber ich bin froh, daß alles vorüber ist. Ich habe meinen Beitrag geleistet und – in aller Sachlichkeit – über Kometen gesprochen und geschrieben (sogar in dieser Essay-Sammlung), doch ich wende mich liebend gerne wieder anderen Themen zu. Da ist zum Beispiel die Sache mit der interstellaren Raumfahrt, ein Thema, das im Science-fiction-Bereich ganz alltäglich ist, ansonsten aber nicht oft diskutiert wird.

Ein Mann, der sich mit der diesbezüglichen Problematik jedoch wie kaum ein anderer auseinandergesetzt hat, ist Dr. Robert L. Forward von den Hughes-Forschungslaboratorien, der dazu noch ein exzellenter Redner ist. Bei einem kürzlich stattfindenden Meeting der American Association for the Advancement of Science war ich bei einem Symposium mit meinem Vortrag nach ihm an der Reihe, und ich muß sagen, ich mußte alles aufbieten, um gegen ihn nicht als inkompetent zu erscheinen.

Lassen Sie mich also eine Reise zu den Fixsternen in Angriff nehmen, eine Reise, bei der ich mich gerne an einigen Ideen Forwards orientieren möchte, ohne dabei jedoch – das versteht sich von selbst – auf meine eigene Schau der Dinge zu verzichten.

Bisher wurde jeder Flugkörper, den wir in den Weltraum geschickt haben – ob nun bemannt oder unbemannt, ob auf einem suborbitalen Flug oder als Raumsonde auf dem Weg zu Uranus – mit chemischer Energie angetrieben.

Mit anderen Worten, wir haben unsere Raketen mit Treibstoff und Oxidator (sprich flüssigem Wasserstoff und flüssigem Sauerstoff) befrachtet hochgeschickt. Wenn diese Stoffe chemisch miteinander reagieren, wird Energie erzeugt, die die erhitzten Verbrennungsgase in die eine Richtung zwingen, während sich der Rest der Rakete durch die dabei entstehende Reaktionskraft (Kraft gleich Gegenkraft) in die andere Richtung bewegt.

Die bei chemischen Reaktionen gewonnene Energie bedingt einen Masseverlust des Systems. Masse ist eine hochkonzentrierte Form von Energie, und zwar so konzentriert, daß selbst eine nach menschlichen Maßstäben sehr hohe Energieerzeugung nur einen unbedeutenden Masseverlust bedeutet.

Nehmen wir also einmal an, wir wollen 1,6 Millionen Kilogramm flüssigen Wasserstoff mit 12,8 Millionen flüssigem Sauerstoff verbrennen, so daß wir am Ende 14,4 Millionen Kilogramm Wasserdampf bekommen. Wenn wir nun den Wasserdampf *genau* abwiegen könnten, dann würden wir feststellen – wenn ich das einmal schnell überschlage – daß gerade einmal ein Gramm der Ursprungsmasse von Wasserstoff und Sauerstoff zusammen genommen fehlt. Das heißt, daß bei der Verbindung von

Wasserstoff und Sauerstoff weniger als ein Zehnmilliardstel Masse in Energie umgesetzt wird.

Wenn Sie also das nächstemal eine jener gewaltigen Raketen in den Himmel aufsteigen sehen, mit einem Getöse, das die Erde unter den Füßen erbeben läßt, dann denken Sie daran, daß das ganze Spektakel nur einen unbedeutenden Prozentsatz der Energie darstellt, die in der Masse von Treibstoff und Oxidator theoretisch gebunden ist.

Gut, es gibt vielleicht noch ein paar chemische Substanzen, die miteinander reagierend dem Wasserstoff-Sauerstoff-Gemisch diesbezüglich noch überlegen sind, aber nicht viel. Alle chemischen Brennstoffe sind als Energiequelle jämmerlich und müssen im Verhältnis zu der Energie, die sie erzeugen können, in enormen Mengen angehäuft werden. Für den normalen »Hausgebrauch« auf der Erdoberfläche mag man mit chemischer Energie durchaus hinkommen. Auch auf Raumschiffen reicht der Treibstoff, den man mitführen kann, noch für die Energie aus, die man braucht, um sie in eine Umlaufbahn zu bringen und das Sonnensystem erforschen zu lassen. An eine interstellare Raumfahrt mit chemischer Energie ist jedoch absolut nicht zu denken.

Der Unterschied zwischen einem Flug von hier zu Pluto und einem Flug von hier zum nächstgelegenen Fixstern ist etwa der gleiche wie zwischen einem halben Kilometer und dem Erdumfang. Man kann mit einem Kanu zwar leicht einen halben Kilometer paddeln, aber es ist unwahrscheinlich, daß man eine Weltumpaddelung in Erwägung zieht.

Gewiß, eine mit chemischer Energie angetriebene Rakete muß nicht den ganzen Weg lang »paddeln«. Sie kann sich, wenn sie eine bestimmte Geschwindigkeit erreicht hat, »treiben« lassen. Aber dazu braucht sie erst einmal genügend Treibstoff, um diese Geschwindigkeit zu erreichen und um sie dann am anderen Ende auch wieder abzubremsen; und dazwischen braucht sie auch noch Energie, um die Betriebssysteme auch im »Leerlauf« die unglaublich lange Zeit, die sie allein schon zum allernächsten Stern brauchen würde, in Gang zu halten. Das ist zuviel, absolut zuviel. Die Treibstoffmenge, die ein solches Raumschiff mit sich führen müßte, ist einfach indiskutabel.

Wenn es also keine effektivere Energiequelle als chemische Reaktionen gibt, ist an eine interstellare Raumfahrt nicht zu denken.

Die Kernenergie wurde zu Beginn des 20. Jahrhunderts entdeckt. Während die chemische Energie auf einer Umgruppierung der Elektronen in der äußeren Hülle des Atoms basiert, basiert die Kernenergie auf einer Umgruppierung der Teilchen im Atomkern. Die Energieausbeute ist dabei wesentlich größer als im ersten Fall.

Nehmen wir also an, wir erzeugen unsere Energie nicht durch die Verbrennung von Wasserstoff in Sauerstoff, sondern beziehen die Energie aus dem radioaktiven Zerfall von Uran. Wieviel Uran würden wir dann brauchen, um die 1 Gramm Materie entsprechende Energie zu gewinnen, wenn wir von seiner vollständigen Umwandlung in Blei ausgehen.

Moment – das Ergebnis lautet: Beim vollständigen Zerfall von etwa 4285 Gramm Uran wird 1 Gramm davon in Energie umgesetzt. Das bedeutet zwar, daß nur 0,023 Prozent der Uranmaterie in Energie umgewandelt wird, doch das ist etwas über 3 millionenmal mehr Energie, als man bei einer chemischen Reaktion derselben Menge Wasserstoff/Sauerstoff erzeugen könnte.

Trotzdem hat das ganze einen Pferdefuß. Der radioaktive Zerfall von Uran und die damit einhergehende Energieerzeugung laufen außerordentlich langsam ab. Bei einer Ausgangsmenge von 4285 Gramm Uran verfügt man nach 4,46 Milliarden Jahren erst über die Hälfte der Zerfallsenergie, und es bedarf 18 Milliarden Jahre, um 95 % seiner Zerfallsenergie auszubeuten.

Wer kann schon solange warten!

Kann man den Zerfall beschleunigen? Während des ersten Drittels unseres Jahrhunderts kannte man keinen gangbaren Weg. Um Kernveränderungen zu erzielen, mußte man den Kern mit subatomaren Teilchen beschießen. Diese Methode war außerordentlich ineffizient, da die Energie, die man dazu hätte aufwenden müssen, um ein Vielfaches größer gewesen wäre als die Energie, die man bei diesem Prozeß aus den beschossenen Kernen herausgequetscht hätte.

Das war auch der Grund dafür, warum Ernest Rutherford der Meinung war, daß es absolut aussichtslos sei, Kernenergie in großem Maßstab praktisch zu nutzen. Er hielt derartige Überlegungen für »Schnapsideen«. Und er war kein Dummkopf. Er ist einer von denen, die ich zu den zehn größten Wissenschaftlern aller Zeiten zähle. Er starb 1937 und konnte die Kernspaltung noch nicht vorhersehen. Wenn er nur 2¼ Jahre länger gelebt hätte ...

Während die Uranatome bei der natürlichen Radioaktivität in kleine Teilchen und Stückchen zerfallen, zerfällt das Atom bei der Kernspaltung in zwei nahezu gleiche Teile. Dadurch wird sogar mehr Energie freigesetzt als bei einem normalen radioaktiven Zerfall.

Von etwa 1077 Gramm spaltbarem Uran wird bis zur Beendigung des Spaltprozesses 1 Gramm in Energie umgesetzt. Das bedeutet, daß 0,093 Prozent der Uranmasse durch Spaltung in Energie umgewandelt wird. Das ist ungefähr das Vierfache der Energie, die eine vergleichbare Uranmenge bei einem natürlichen radioaktiven Zerfall erzeugt.

Dazu kommt, daß man natürlichen radioaktiven Zerfall in keiner praktikablen Weise beschleunigen kann, wohingegen Uranspaltung ohne weiteres mit explosiver Geschwindigkeit betrieben werden kann. Wenn wir also die Kernspaltung irgendwie für den Antrieb von Raumschiffen nutzen könnten, stände uns eine Energiequelle zur Verfügung, die ungefähr 12millionenmal ergiebiger wäre als jede auf chemische Reaktionen basierende Energiequelle. Die Wahrscheinlichkeit interstellarer Ausflüge würde damit auf jeden Fall wachsen. Aber würde das auch ausreichen?

Laut Bob Forward könnte ein Raumschiff, bei dem die Schubkraft durch Uranspaltung erzeugt würde, in 50 Jahren einen Punkt erreichen, der 200 Milliarden Kilometer von der Sonne entfernt ist.

Das entspricht ungefähr der 16fachen mittleren Entfernung Pluto–Sonne. Das ist nicht schlecht, aber auch nicht gut, denn diese Distanz entspricht gerade einem 1/200 der Entfernung zum *nächstgelegenen* Fixstern. Und ein Raumflugkörper, der 10 000 Jahre braucht, um Alpha Centauri zu erreichen, ist sicherlich noch nicht der Weisheit letzter Schluß.

Aber Kernspaltung ist nicht die letzte Möglichkeit. Noch mehr Energie kann man durch Kernfusion erzeugen. Die Verschmelzung von vier Wasserstoffkernen mit einem Heliumkern ist ein besonders energiereicher Prozeß.

Man braucht bei der Verschmelzung etwa 146 Gramm Wasserstoff, um 1 Gramm der Materie in Energie umzuwandeln. Das bedeutet, daß 0,685 Prozent der Wasserstoffmasse bei einer vollständigen Verschmelzung in Energie umgesetzt werden; damit ist die Energieausbeute bei der Wasserstoffkernfusion 7,36 mal größer als bei der Urankernspaltung.

Natürlich haben wir bis jetzt noch nicht die Möglichkeit einer gesteuerten Kernverschmelzung, aber die unkontrollierte Kernfusion ist bereits in der Wasserstoffbombe angewendet worden. Und so hat man auch in der Raumfahrt die Möglichkeit in Erwägung gezogen, eine Wasserstoffbombe nach der anderen hinter dem Flugkörper zu zünden und ihn auf diese Weise auf den Weg zu bringen.

Die bei den Explosionen entstehenden Druckwellen würden in alle Richtungen auseinanderstreben, wobei einige davon auch auf einer am Raumschiff angebrachten sog. »Prallplatte« auftreffen würden. Der Aufprall würde durch leistungsstarke Stoßdämpfer aufgefangen werden, die das Kraftmoment in einem angemessenen Verhältnis auf das Raumschiff selbst übertragen würden.

1968 konzipierte Freeman Dyson ein Raumschiff mit einem Gewicht von 400 000 Shorttons (1 ton = 907,2 kg), das 300 000 Kernsynthesebomben von je 1 Shortton Gewicht mit sich führen sollte. Wenn diese Bomben im 3-Sekunden-Abstand hinter dem Raumschiff explodierten, würde das Raumschiff mit 1 g beschleunigt werden können. – Jeder an Bord würde dabei die normale Gravitationskraft in Richtung explodierender Bombe spüren. Das Raumschiff würde wie ein sich stetig beschleunigender Aufzug hochgehen, und die Besatzung würde aufgrund dieser Beschleunigung mit den Füßen gegen den »Boden« – also das Heck – der Rakete gedrückt werden.

In zehn Tachen wären die 300 000 Bomben aufgebraucht, und das Raumschiff hätte eine Geschwindigkeit von 10 000 Kilometern pro Sekunde erreicht. Wenn es auf den richtigen Kurs eingestellt ist und mit dieser Geschwindigkeit weiterfliegt, erreicht es Alpha Centauri in 130 Jahren. Wenn man ein Objekt, das um einen Stern dieses Systems fliegt, auch noch landen lassen will, braucht man natürlich noch weitere 300 000 Bomben an der Vorderfront des Raumschiffes, das heißt, man kann das Raumschiff auch mit normaler chemischer Energie drehen und die Wasserstoffbomben wieder hinter dem Raumschiff explodieren lassen, das sich dann sozusagen rückwärts Alpha Centauri nähert.

Zu Alpha Centauri in 130 Jahren vorzustoßen ist zwar schon viel besser, als erst in 10 000 Jahren dorthin zu gelangen, aber es würde immerhin bedeuten, daß die ursprüngliche Besatzung ihr ganzes Leben an Bord des Raumschiffes verbringen müßte und daß ihre Urenkel dann wahrscheinlich irgendwo im Alpha-Centauri-Planetensystem landen würden. Wir können auch nicht auf die Relativitätstheorie bauen, nach der sich die Zeit für die Besatzung theoretisch verkürzt. Denn selbst bei einer Geschwindigkeit von 10 000 Kilometern pro Sekunde (1/30 der Lichtgeschwindigkeit) ist die relativistische Wirkung praktisch gleich Null. Die scheinbare Zeit würde sich für die Astronauten um etwa 1 Stunde verkürzen, mehr nicht.

Die Dinge stünden vielleicht besser, wenn wir die Kernfusion kontrollieren könnten und in der Lage wären, diese thermonuklearen Reaktionen an Bord des Raumschiffes eine lange Zeit über aufrechtzuerhalten. Die Produkte der Verschmelzung könnten dann geregelt aus dem Heck des Raumschiffes ausgestoßen werden. Der dabei entstehende Schub würde das Raumschiff dann in der gleichen Weise wie die Verbrennungsgase bei einer Rakete vorantreiben und beschleunigen. In diesem Fall könnte die gesamte Fusionsenergie in Beschleunigung umgesetzt werden und nicht nur der Teil der Explosionskraft, der zufällig auf die »Prallplatte« auftrifft, während die übrige Leistung im Vakuum des Weltraums verpufft.

Außerdem würde eine kontrollierte Fusion kontinuierlich Energie liefern und nicht stoßweise. Trotzdem glaube ich nicht, daß an einem Besuch von Alpha Centauri vor der Jahrhundertwende zu denken ist.

Abgesehen davon wird selbst bei der Wasserstoffkernfusion immer noch weniger als 1 Prozent des Treibstoffs in Energie umgewandelt. Gibt es keine Möglichkeit, dies noch zu verbessern?

Doch, es gibt so etwas wie Antimaterie (siehe voriges Kapitel).

Antimaterie ist bestrebt, sich mit Materie zu verbinden, und zerstrahlt dabei die gesamte an dem Prozeß beteiligte Materie. So erzeugt ein halbes Gramm Antimaterie in Verbindung mit einem halben Gramm Materie 146 mal soviel Energie wie die Verschmelzung von 1 Gramm Wasserstoff bzw. 1075 mal so viel Energie wie die Spaltung von 1 Gramm Uran bzw. mehrere milliardenmal soviel Energie wie die Verbrennung von Wasserstoff in Sauerstoff.

Die am einfachsten zu erzeugende Form der Antimaterie ist das Antiteilchen des Elektrons (oder Positrons). Wenn man allerdings Antiteilchen mit Elektronen reagieren läßt, dann produzieren sie reine Energie in Form von Gammastrahl-Photonen. Diese Photonen strahlen in alle Richtungen und lassen sich nicht ohne weiteres kanalisieren.

Das zweitsimpelste Teilchen ist das Antiproton, also der Kern eines Antiwasserstoffatoms, während das Proton den Kern eines Wasserstoffatoms bildet. Der Einfachheit halber lassen Sie uns also von Antiwasserstoff und Wasserstoff sprechen.

Wenn man Antiwasserstoff und Wasserstoff miteinander reagieren läßt, entsteht in der Hauptsache eine Mischung von instabilen Teilchen, und zwar sog. Pi-Mesonen und Anti-Pi-Mesonen. Da diese Teilchen elektrisch geladen sind, können sie zu einem hochintensiven schnellen Strahl gebündelt werden, der den Vortrieb des Raumschiffs bewirkt. Die Pi-Mesonnen und Anti-Pi-Mesonen verwandeln sich nach kurzer Zeit in Müonen und Antimüonen, die sich wiederum – nach einer etwas längeren Zeitspanne – in Elektronen und deren Antiteilchen umwandeln. Zuguterletzt ist die gesamte Wasserstoff- und Antiwasserstoffmenge in Energie umgesetzt, wenn man einmal von den vereinzelt zurückbleibenden Elektronen und Nicht-Elektronen absieht, die es schaffen, nicht zu interagieren.

Zusätzlich kann man der interagierenden Mischung auch noch eine ganze Menge von normalem Wasserstoff hinzufügen. Dieser Wasserstoff würde sich auf enorm hohe Temperaturen erhitzen und ebenfalls als Raketenstrahl in Erscheinung treten und damit die Beschleunigung noch erhöhen.

Forward hat ausgerechnet, daß man mit 9 Kilogramm Antiwasserstoff und ca. 3,6 t Wasserstoff ein Raumschiff auf 1/10 der Lichtgeschwindigkeit (30 000 Kilometer pro Sekunde) beschleunigen könnte, das heißt, Alpha Centauri ließe sich in etwa 40 Jahren erreichen. Wenn man genügend Antimaterie verwendet, kann die Geschwindigkeit vielleicht auf ein Fünftel der Lichtgeschwindigkeit (60 000 Kilometer pro Sekunde) heraufgeschraubt werden. In diesem Fall würde eine Hin- und Rückreise zum System Alpha Centauri nicht länger als 40 Jahre dauern. Es wäre dann möglich, während eines einzigen Lebenszeitraumes hin und zurückzukommen, und wenn die Raumschiffe groß genug und ausreichend komfortabel wären, wäre es sogar denkbar, daß irgendwelche jungen Leute gewillt sind, ihr Leben dieser Aufgabe zu widmen.

– Aber das Konzept ist nicht so ohne weiteres zu verwirklichen.

Zunächst einmal gibt es in unserem Teil des Universums – und vielleicht im Universum überhaupt – nur winzigste Spuren von Antiprotonen. Man müßte sie künstlich erzeugen.

Das läßt sich machen; zum Beispiel dadurch, daß man Metallscheiben mit hochbeschleunigten Protonen beschießt. Der entstehende Energiestrahl wird teilweise in Teilchen umgewandelt, unter denen sich einige Antiprotonen befinden. Zur Zeit liegt die Ausbeute pro 100 Millionen abgefeuerter Protonen nur bei zwei Antiprotonen. Bei dieser Rate wäre der Versuch, genügend Protonen für eine interstellare Mission zu erzeugen, in der Tat ein sehr kostspieliges Unterfangen. Aber es ist natürlich zu hoffen, daß sich der Nutzeffekt bei der Antiprotonenerzeugung mit der Zeit noch gewaltig steigern läßt.

Doch wenn man die Antiprotonen erzeugt hat, taucht ein neues Problem auf. Antiprotonen reagieren sofort mit jedwedem Proton, auf das sie stoßen, und jedes Stückchen normaler Materie enthält nun einmal Protonen. Die Aufgabe, Wasserstoff und Sauerstoff an einer unkontrollierten zu frühen Explosion zu hindern, ist nichts im Vergleich zu der Aufgabe, Antiprotonen an einer vorzeitigen Explosion weitaus drastischerer Form zu hindern.

Sofort nach ihrer Entstehung müssen die Antiprotonen

von jeder Materie isoliert werden, und zwar solange, bis alles für die Interaktion mit Protonen klar ist. Das ist zwar schwierig, aber nicht unmöglich. Denkbar wäre die Speicherung von festem Antiwasserstoff in einem Vakuum, dessen »Wände« aus elektrischen und magnetischen Feldern bestehen. Wenn dies eines Tages gelingt, dann können Raumschiffe mit Antiwasserstoffantrieb zum Mars in einigen Wochen, zum Pluto in einigen Monaten und zum nächsten Fixstern in wenigen Jahrzehnten gelangen.

Bei all den Varianten, die ich bis jetzt beschrieben habe, müssen die Raumschiffe Treibstoff mit sich führen. Antiprotonen stellen dabei – soweit bekannt – die konzentrierteste Form des Treibstoffs dar. Doch was wäre, wenn man überhaupt keinen Treibstoff bräuchte?

Man bräuchte keinen Treibstoff, wenn er überall im Weltraum vorhanden wäre. Und in gewisser Weise ist er das in der Tat. Der Weltraum ist nicht wirklich leer, nicht einmal zwischen den Galaxien und ganz bestimmt nicht zwischen den Sternen innerhalb einer Galaxie. Verstreut gibt es überall Wasserstoffatome (bzw. Wasserstoffkerne).

Nehmen wir einmal an, man startet ein Raumschiff mit einem Minimum an normalem Treibstoff, und zwar gerade genug, um auf eine Geschwindigkeit zu kommen, bei der sich interstellarer Wasserstoff aufnehmen ließe. Dieser Wasserstoff ließe sich dann verschmelzen, und die als Strahl herausgeschleuderten Fusionsprodukte könnten die Treibstoffversorgung zunächst ergänzen und später dann ganz übernehmen.

Auf diese Weise könnte man den Flugkörper unbegrenzt beschleunigen, da keine Gefahr besteht, daß der Treibstoff je ausgeht. Im Gegenteil, je schneller das Objekt wird, desto mehr Treibstoff kann es pro Zeiteinheit aufnehmen. Wir hätten damit ein »interstellares Staubstrahltriebwerk«, mit dem sich letztlich Geschwindigkeiten erreichen ließen, die in der Nähe der Lichtgeschwindigkeit lägen. Unter Berücksichtigung des Beschleunigungs- und Abbremsvorgangs könnte man dann Alpha Centauri hin und zurück in nur 15 Jahren schaffen.

Das wäre die Zeitspanne, die die Leute auf der Erde veranschlagen müßten. Die Astronauten selbst würden bei ultraschnellen Geschwindigkeiten eine Verlangsamung des natürlichen Zeitablaufs (Zeitdehnung) erfahren. Was den Leuten zu Hause auf der Erde wie 15 Jahre vorkommen würde, erschiene den Astronauten nur wie etwa 7 Jahre.

Sieben Jahre ist im Vergleich zur Lebenszeit absolut nicht viel. Es ist nur doppelt so lange wie die Überlebenden von Magellans Schiffsbesatzung vor nahezu fünf Jahrhunderten für die erste Weltumsegelung gebraucht haben.

Hinzu kommt noch etwas. Wenn man mit beinahe Lichtgeschwindigkeit konstant weiterfliegt, vergeht, soweit es die Astronauten betrifft, kaum noch irgendwelche zusätzliche Zeit. Wenn sie sich entschließen, zum anderen Ende der Galaxie zu reisen oder gedenken, eine fremde Galaxie 100 Millionen Lichtjahre entfernt zu besuchen, werden sie die Reise im ersten Fall nur als ein paar zusätzliche Monate, und im zweiten Fall lediglich als ein paar zusätzliche Jahre erleben.

Sicher, wenn sie heimkehren würden, müßten sie feststellen, daß auf der Erde inzwischen hunderttausend bzw. hundert Millionen Jahre vergangen sind, was ihnen den Spaß tüchtig verderben dürfte. Dennoch, das Problem, zwischen den Fixsternen herumzureisen, dürfte sich dem Anschein nach mit interstellaren Staubstrahltriebwerken lösen lassen.

Aber es gibt einige Haken an der Sache. Um genügend

Wasserstoff aus dem interstellaren Raum aufnehmen zu können, bräuchte man – wenn man von 1000 Atomen pro Kubikzentimeter ausgeht – eine Schaufel von hundert mal hundert Kilometern. Außerdem würde diese Schaufel nur funktionieren, wenn die Wasserstoffatome ionisiert wären, das heißt eine elektrische Ladung trügen, so daß sie durch geeignete elektrische oder magnetische Felder eingefangen werden könnten.

Leider ist der interstellare Raum um die Sonne herum arm an Wasserstoff und enthält weniger als 0,1 Wasserstoffatome pro Kubikzentimeter. Aus diesem Grund müßte die Schaufel eine Übereckgröße von 10 000 Kilometern besitzen. Das entspricht 2/5 der Erdoberfläche. Dazu kommt, daß die Wasserstoffatome in unserer näheren Umgebung nicht ionisiert und infolgedessen auch nicht leicht einzusammeln sind. (Vielleicht ist dieser Umstand aber gar nicht so schlecht. Wenn der angrenzende Weltraum nämlich reich an ionisiertem Wasserstoff wäre, wäre es in Anbetracht seiner zerstörerischen Natur ein bißchen zweifelhaft, ob sich Leben auf der Erde halten könnte.)

Aber unabhängig davon, ob wir ausreichend Wasserstoff aufschaufeln und durch die Kernreaktoren jagen können, wäre es für ein interstellares Raumschiff nicht ratsam, schneller als mit 1/5 der Lichtgeschwindigkeit zu fliegen.

Denn je schneller geflogen wird, desto schwieriger ist es, Kollisionen mit kleineren Objekten zu vermeiden und desto mehr Schaden werden solche Kollisionen anrichten. Selbst wenn wir allen größeren Objekten glücklich ausweichen könnten, könnten wir kaum damit rechnen, auch dem Staub und den Einzelatomen zu entgehen, die im ganzen Weltraum verstreut sind.

Bei 2/10 Lichtgeschwindigkeit dürften Staub und Atome

auch bei einer Reisezeit von 40 Jahren noch keine bedeutenden Schäden anrichten. Aber je schneller man fliegt, desto schlimmer werden sie – der Weltraum wird langsam zum Schmirgelpapier. Wenn man sich der Lichtgeschwindigkeit nähert, wird jedes Wasserstoffatom ein Höhenstrahlungsteilchen, und die Besatzung wird gebraten. (Ein Wasserstoffatom oder ein Wasserstoffkern, der auf ein mit nahezu Lichtgeschwindigkeit fliegendes Raumschiff prallt, ist ein Höhenstrahlungsteilchen; es spielt nämlich keine Rolle, ob das Wasserstoffatom, bzw. der Wasserstoffkern, oder ob das Raumschiff beim Aufprall nahezu Lichtgeschwindigkeit besaßen. Wie sagte doch Sancho Pansa so schön: »Ganz gleich, ob der Stein den Werfer trifft, oder der Werfer den Stein trifft, es ist schlecht für den Werfer.«) 60 000 Kilometer pro Sekunde ist wohl die realistische Geschwindigkeitsgrenze für Raumschiffe.

Doch selbst das interstellare Staubstrahltriebwerk basiert immer noch auf dem Raketenprinzip. Dem stellt Bob Forward nun eine »rakentenlose Raketentechnik« entgegen. Das Raumschiff könnte vom Sonnensystem aus mit Kleinteilchen beschossen werden, die für den Vortrieb sorgen, oder durch einen Maser- oder Laserstrahl angetrieben werden.

Bei diesen Techniken bräuchte ein interstellares Raumschiff keinen eigenen Treibstoff mehr mitsichzuführen. Trotzdem könnte es auf Geschwindigkeiten in der Nähe der Lichtgeschwindigkeit beschleunigen. Der Vorteil solcher Konzepte gegenüber Staubstrahltriebwerken läge darin, daß man von den sehr speziellen und problematischen Bedingungen des Mediums Weltraum unabhängig wäre.

Andererseits sind die technischen Schwierigkeiten, die es

bei diesem Konzept zu bewältigen gibt, in der Tat gewaltig. So müßte der Laserstrahl beispielsweise auf ein Aluminiumfilmsegel mit einem Durchmesser von 1000 Kilometern Durchmesser gerichtet werden, das, auch wenn es extrem dünn wäre, immer noch sicherlich an die 80 Kilogramm wiegen würde. – Und Geschwindigkeiten über einem Fünftel der Lichtgeschwindigkeit wären nach wie vor nicht praktikabel.

Ich denke also, daß ein 40-Jahre-Trip hin und zurück mit Antimaterie als Treibstoff immer noch die beste Perspektive für die Erforschung der interstellaren Räume innerhalb eines Astronautenlebens ist. Aber selbst dieses Konzept brächte uns nur zum nächsten Fixstern.

Doch das wäre ja schon immerhin etwas. Man hätte die Möglichkeit, mit Alpha Centauri A einen zweiten Fixstern, der unserer Sonne sehr ähnlich ist, mit Alpha Centauri B einen Fixstern, der ungleich kleiner und dunkler ist und mit Alpha Centauri C einen kleinen roten Zwerg im Detail zu studieren – ganz zu schweigen von irgendwelchen planetarischen Objekten, die möglicherweise diese drei Sterne umkreisen.

Wenn es uns gelänge, in dem Alpha-Centauri-System eine eigenständige Zivilisation zu etablieren, dann könnten von dort aus Raumschiffe noch tiefer in den Weltraum geschickt werden, die während eines Astronautenlebens einen Stern erreichen könnten, der für uns illusorisch ist.

Auf diese Weise ließe sich die Raumforschung nach dem Prinzip des Bockspringens in alle Richtungen ausdehnen, da man von jeder neuen Basis ein, zwei oder sogar drei neue Sterne erreichen könnte, zu denen andere Stationen nicht gelangen könnten. Die Menschheit könnte sich dann überall in der Galaxis über den Zeitraum von Hunderten von Jahren ausbreiten.

Kontakte bedeuten nicht notwendigerweise nur Reisen. Jede neue Welt kann mit angrenzenden Welten über Signale, die sich mit Lichtgeschwindigkeit ausbreiten, Kontakte aufnehmen. Nachrichten können von einer Welt über Relaisstationen zu einer anderen übertragen werden und von einem Ende der Galaxis zum anderen in etwa hunderttausend Jahren gelangen.

All das betrifft jedoch nicht die Art von Weltraumreisen bzw. die Art von galaktischem Imperium, die wir Sciencefiction-Schriftsteller immer beschreiben.

Nein, für unsere Belange im Weltraum brauchen wir Reisen, die schneller als das Licht sind. Anders läuft gar nichts. Das ist seit eh und je Science-fiction-Gesetz. Es wurde von E. E. Smith in *The Skylark of Space* mit seiner Veröffentlichung im Jahre 1928 eingeführt, und seither hat sich jeder – einschließlich mir – darauf berufen (mit oder ohne plausibler Erklärung).

Da ich aber am Horizont leider keinen Silberstreif erkennen kann, der Über-Lichtgeschwindigkeiten in irgendeiner Weise realisierbar erscheinen läßt, fürchte ich, mein Galaktisches Imperium bleibt wahrscheinlich – reine Utopie.

Trotzdem, ich warne Sie. Ich bin fest entschlossen, es weiter zu verwerten, und zwar unverändert.

TEIL IV

Ein Kapitel für sich

17. Wenn die Wissenschaft irrt ...

Neulich erhielt ich von einem Leser einen handgeschriebenen Brief, der wegen seiner Krakelei nur schwer lesbar war. Dennoch versuchte ich ihn zu entziffern, für den Fall, daß man mir vielleicht doch etwas Bedeutendes mitzuteilen hatte.

Im ersten Satz teilte mir der Briefschreiber mit, daß er im Hauptfach zwar englische Literatur studiere, er sich aber berufen fühle, mir Nachhilfe in Naturwissenschaften zu erteilen. (Oh, mein Gott, ich kenne in der Tat nur sehr wenige Anglistikstudenten, die mir im naturwissenschaftlichen Bereich etwas vormachen könnten, doch da ich mir durchaus bewußt bin, wieviel ich noch nicht weiß, und immer bereit bin, so viel wie möglich von wem auch immer dazuzulernen, las ich weiter.)

Allem Anschein nach habe ich in einem meiner zahllosen Essays an irgendeiner Stelle meiner Freude darüber Ausdruck verliehen, daß wir in einem Jahrhundert leben, in dem wir endlich dem Grundprinzip der Weltordnung auf die Spur gekommen sind.

Ich habe die Sache nicht weiter vertieft, aber was ich sagen wollte, war, daß wir heute aufgrund der in den Jahren 1905 bis 1916 entwickelten Realitivitätstheorie wissen, welchen Grundprinzipien das Universum unterworfen ist, dessen Schicksal von den wechselseitigen Anziehungskräften seiner Bausteine (Schwerkraft) bestimmt wird. Und wir wissen auch seit der Entwicklung der Quantentheorie in den Jahren 1900 bis 1930, welchen Gesetzmäßigkeiten die subatomaren Teilchen unterliegen. Darüber hinaus hat die Forschung in den Jahren 1920 bis 1930 herausgefunden, daß Galaxien und Galaxiensysteme die Grundeinheit des physikalischen Kosmos bilden.

All dies sind Entdeckungen des 20. Jahrhunderts.

Und nun kommt dieser junge Spezialist für englische Literatur, zitiert mich und weist mich ernsthaft darauf hin, daß die Leute letztlich in *jedem* Jahrhundert geglaubt hätten, das Universum zu verstehen und daß man ihnen in *jedem* Jahrhundert bewiesen habe, daß sie sich irrten. Demzufolge sei das einzige, was wir über unser heutiges »Wissen« sagen können, eben das, daß es *falsch* ist.

Um seinen Worten Nachdruck zu verleihen, zitierte der junge Mann dann auch noch Sokrates, der, als er erfuhr, daß das Orakel von Delphi ihn den weisesten Mann Griechenlands genannt hatte, den Ausspruch getan haben soll: »Wenn ich der weiseste Mann bin, dann deshalb, weil ich allein weiß, daß ich nichts weiß.« Implizit bedeutete das, daß ich selbst sehr dumm war, weil ich mir einbildete, eine ganze Menge zu wissen.

Nun, leider war nichts von alledem neu für mich. (Es gibt sehr wenig, was neu für mich ist; ich wünschte, meine Korrespondenzpartner würden das begreifen.) Mit dieser speziellen These wurde ich bereits vor einem Vierteljahrhundert seitens John Campbell konfrontiert, der es darauf anlegte, mich aus dem Konzept zu bringen. Auch er wies mich darauf hin, daß alle Theorien sich im Laufe der Zeit als falsch erwiesen hätten.

Ich antwortete ihm damals folgendes: »John, als die Leute glaubten, die Erde sei eine Scheibe, lagen sie falsch. Als die Leute glaubten, die Erde sei eine Kugel, lagen sie auch falsch. Aber wenn *du* glaubst, daß die Erde für eine Kugel zu halten genauso falsch ist, wie die Erde für eine Scheibe zu halten, dann ist dein Standpunkt noch falscher als beide Standpunkte zusammen genommen.«

Sehen Sie, das Grundübel besteht darin, daß die Leute immer glauben, »richtig« und »falsch« sind absolute Begriffe; daß alles, was nicht hundertprozentig richtig ist, absolut falsch ist.

Ich glaube jedoch nicht, daß das so ist. Meiner Meinung nach sind richtig und falsch sehr vage Begriffe, und ich will auch erklären, warum ich das glaube.

Zuerst lassen Sie mich auf Sokrates zurückkommen, weil ich diese Heuchelei – wissen, daß man nichts weiß, ist ein Zeichen von Weiseheit – einfach satt habe.

Es gibt niemanden, der *nichts* weiß. Schon Babys wissen nach ein paar Tagen, wer ihre Mutter ist.

Sokrates würde dem natürlich zustimmen und erklären, es sei nicht das triviale Wissen, das er meine. Er meine, daß man die Diskussion über die Wertbegriffe, die die Menschheit bewegen, nicht mit Vorurteilen und ungeprüften Begriffen beginnen dürfe und daß er allein dies wisse. (Welch unerhörte Arroganz!)

Bei seinen Diskussionen über Fragen wie »Was ist Gerechtigkeit?« oder »Was ist Tugend?« nahm er die Haltung eines Unwissenden ein, der von den anderen belehrt werden müsse. (Man nennt das sokratische Ironie, denn Sokrates wußte sehr wohl, daß er eine Menge mehr wußte als die armen Seelen, die er um sich scharte.) Unter dem Vorwand der eigenen Ignoranz lockte Sokrates die anderen aus der Reserve und brachte sie dazu, ihren Standpunkt zu diesen abstrakten Begriffen darzulegen. Durch eine Reihe von ignorant klingenden Fragen verwickelte er sie dann in solche Widersprüche, daß sie schließlich aufgaben und eingestanden, daß sie nicht wußten, worüber sie sprachen.

Es spricht für die großartige Toleranz der Athener, daß sie ihn jahrzehntelang gewähren ließen und daß sie Sokrates erst im Alter von 70 Jahren Einhalt geboten und ihn zwangen den Giftbecher zu trinken.

Nun, woher haben wir die Vorstellung, daß »richtig« und »falsch« absolute Begriffe sind? Ich glaube, daß dies in den ersten Klassen beginnt, wenn die Kinder, die sehr wenig wissen, von Lehrern unterrichtet werden, die sehr wenig mehr wissen.

Kleine Kinder lernen zum Beispiel buchstabieren und rechnen, und hier stolpert man dann in das absolute Begriffsdenken hinein.

Wie buchstabiert man Zucker? Antwocht: Z-u-c-k-e-r. Das ist *richtig*. Alles andere ist *falsch*.

Wieviel ist 2 + 2? Die Antwort lautet 4. Das ist *richtig*. Alles andere ist *falsch*.

Solange es exakte Antworten gibt und aboslute »Richtigs« und »Falschs« braucht man weniger zu denken, und das gefällt sowohl den Schülern wie auch den Lehrern. Aus diesem Grund ziehen Schüler wie Lehrer auch Kurzantwort-Tests ausführlichen Tests vor, und dabei steht »multiple choice« höher im Kurs als offene Kurzantwort-Fragen und »richtig-falsch«-Tests höher als »multiple choice«.

Aber Kurzantwort-Tests sind nach meinem Verständnis als Maßstab dafür, inwieweit ein Schüler oder Student ein Thema verstanden hat, völlig nutzlos. Sie sind lediglich für die Überprüfung der Gedächtnisleistung zu gebrauchen.

Was ich meine, wird sofort deutlich, wenn man richtig und falsch als relative Begriffe erkennt.

Wie buchstabiert man Zucker? Nehmen wir an, Susi buchstabiert es p-q-z-f und Barbara buchstabiert Z-u-k-k-a. Beide buchstabieren falsch; aber es besteht kein Zweifel, Susi buchstabiert falscher als Barbara. Ich denke, man kann sogar Gründe dafür anbringen, daß Barbaras Orthographie der »richtigen« Schreibweise überlegen ist.

Oder angenommen, man buchstabiert »Zucker« S-a-c-c-h-a-r-o-s-e oder $C_{12}H_{22}O_{11}$. Rein nach der Phonetik sind beide Versionen falsch, aber man beweist damit doch eine gewisse Kenntnis der Materie, die über die Orthographie hinausgeht.

Angenommen also, die Testfrage hieße: Auf wieviele verschiedene Arten kann man »Zucker« buchstabieren; begründen Sie jede Version.

Der Schüler hätte eine ganze Menge zu denken und müßte offenlegen, wieviel oder wie wenig er letztendlich weiß. Der Lehrer müßte ebenfalls eine ganze Menge Gedankenarbeit leisten, wenn er bewerten will, wieviel oder wie wenig der Schüler weiß. Ich fürchte, beide wären beleidigt.

Ein anderes Beispiel. Wieviel ist 2 + 2? Angenommen Josef sagt: 2 + 2 = lila, während Max sagt: 2 + 2 = 17. Beide Antworten sind falsch. Aber kann man nicht mit Fug und Recht sagen, Josefs Antwort ist falscher als Maxens?

Angenommen, Sie sagen: 2 + 2 = eine ganze Zahl. Damit hätten Sie recht, nicht wahr? Oder angenommen, Sie sagen: 2 + 2 = eine gerade ganze Zahl. Damit hätten Sie noch mehr recht. Oder angenommen, Sie sagen: 2 + 2 = 3.999. Hätten Sie dann nicht *beinahe* die richtige Lösung?

Wenn der Lehrer 4 als Antwort hören will und dabei keinen Unterschied zwischen den verschiedenen falschen Antworten macht, engt er damit den Verstand nicht unnötig ein?

Angenommen die Frage lautet, wieviel ist 9 + 5 und Sie antworten 2. Würde man Sie dann nicht der Lächerlichkeit preisgeben und Ihnen klarmachen, daß 9 + 5 = 14?

Aber angenommen, man fragt: Wenn 9 Stunden seit Mitternacht vergangen sind, wie spät ist es dann nach weiteren fünf Stunden? Wäre die Antwort 2 in diesem Fall dann nicht doch richtig?

Oder nehmen wir an, Richard rechnet 2 + 2 = 11 und fügt hinzu, noch ehe der Lehrer ihn mit einer entsprechenden Bemerkung nach Hause schicken kann: » ... im Trialsystem bei der Grundzahl 3, versteht sich«, dann wäre die Antwort richtig.

Noch ein Beispiel. Der Lehrer fragt: »Wer war der 40. Präsident der Vereinigten Staaten?« und Barbara antwortet: »Es ist Bush.«

»Falsch!« sagt der Lehrer, »Ronald Reagan war der 40. Präsident der Vereinigten Staaten.«

»Keinesfalls«, konterte Barbara. »Ich habe hier eine Liste mit den Namen aller Männer, die jemals nach der Verfassung Präsidenten der Vereinigten Staaten gewesen sind, von George Washington angefangen bis Ronald Reagan, und das sind nur 39. Demnach ist der 40. Präsident George Bush.«

»Ah«, erwidert der Lehrer, »aber Grover Cleveland war in zwei nicht aufeinanderfolgenden Amtsperioden Präsident: einmal von 1885 bis 1889 und das zweitemal von 1893 bis 1897. Er zählt als 22. und 24 Präsident. Deshalb ist Ronald Reagan zwar die 39. Person, die das Präsidentschaftsamt ausübte, aber gleichzeitig auch der 40. Präsident der Vereinigten Staaten.«

Ist das nicht lachhaft? Warum wird jemand zweimal gezählt, wenn seine Amtsperiode nicht aufeinanderfolgen, aber nur einmal, wenn er zweimal hintereinander im Amt war? Das ist nur eine Sache der Vereinbarung! Dennoch wurde Barbaras Antwort als falsch gewertet – als genauso falsch, als wenn sie gesagt hätte, der 40. Präsident der Vereinigten Staaten ist Fidel Castro.

Wenn mein Freund, der Experte für englische Literatur, mir also erzählen will, daß die Wissenschaftler in jedem Jahrhundert glauben, das Universum erfaßt zu haben und damit *immer falsch* liegen, dann möchte ich doch gerne wissen, *wie* falsch sie liegen. Liegen sie immer gleich falsch? Nehmen wir ein Beispiel.

Zu Beginn der Zivilisation glaubten die Menschen allgemein, die Erde sei eine Scheibe.

Das lag nicht daran, daß die Menschen dumm waren oder einen Hang zu Albernheiten hatten. Sie glaubten dies, weil sie gute Gründe dafür hatten und nicht etwa, weil sie sich darauf beriefen »So sieht sie nun einmal aus!« Denn die Erde sieht nicht platt wie eine Scheibe aus. Sie sieht entsetzlich holprig aus mit ihren Hügeln, Tälern, Schluchten, Kliffs und so weiter.

Natürlich gibt es auch Ebenen, wo die Erdoberfläche über begrenzte Gebiete hinweg tatsächlich ziemlich platt aussieht. Eine dieser Ebenen ist das Gebiet zwischen Euphrat und Tigris, wo die erste historisch verbürgte Kultur (mit eigener Schrift) entstand, die Kultur der Sumerer.

Vielleicht war es das Erscheinungsbild der Ebene, das die

gescheiten Sumerer davon überzeugte, die Erde ganz allgemein als Scheibe anzusehen, und zwar aus der Überlegung heraus, daß bei einer Nivellierung aller Erhebungen und Vertiefungen der Erde eine Scheibe übrig bliebe. In dieser Vorstellung bestärkt wurden sie möglicherweise durch die Tatsache, daß Wasserflächen (Tümpel und Seen) an ruhigen Tagen auch ganz flach aussahen.

Ein anderer Aspekt ist die Frage, »Wie groß ist die Krümmung der Erdoberfläche?«. Wie weit weicht die Erdoberfläche auf weite Entfernung (im Durchschnitt) von einer absolut ebenen Scheibe ab? Nach der Scheibentheorie überhaupt nicht, die Erdkrümmung ist gleich Null.

Heute hat man uns selbstverständlich gelehrt, daß die Scheibentheorie *falsch* ist, daß sie völlig falsch ist, ganz furchtbar falsch, einfach absolut falsch. Aber sie ist es nicht. Die Erdkrümmung ist *fast* 0, so daß die Scheibentheorie zwar falsch ist und dennoch beinahe richtig. Das ist auch der Grund dafür, warum sich diese Theorie so lange halten konnte.

Gewiß, es gab auch Gründe, die die Theorie von der Scheibe als unbefriedigend erscheinen ließen, und es war Aristoteles, der sie ungefähr 350 v. Chr. zusammenfaßte. Erstens verschwanden manche Sterne am südlichen Horizont, wenn man nach Norden reiste, und am nördlichen Horizont, wenn man nach Süden reiste. Zweitens war der Erdschatten, der während einer Mondfinsternis auf den Mond fiel, immer der Bogen eines Kreises. Drittens verschwanden – auf der Erde selbst – die Schiffe am Horizont immer zuerst mit dem Rumpf, ganz gleich in welche Richtung sie fuhren.

Für alle drei Beobachtungen gab es keine plausible Erklärung, wenn die Erde eine Scheibe war, aber sie ließen sich erklären, wenn man annahm, daß sie eine Kugel ist.

Darüber hinaus glaubte Aristoteles, daß es jede feste Materie zu einem gemeinsamen Mittelpunkt hinzog, und das bedeutete, daß sich feste Materie schließlich zur Kugel formen würde. Bei einem gegebenen Volumen ist die Kugel die Form, in der die Materie einem gemeinsamen Mittelpunkt im Mittel näher ist als in jeder anderen Form.

Ungefähr ein Jahrhundert nach Aristoteles, stellte der griechische Philosoph Eratosthenes fest, daß die Sonne in verschiedenen Regionen unterschiedlich lange Schatten warf. (Wenn die Erde eine Scheibe wäre, müßten die Schatten überall gleich lang sein.) Aus der Differenz der Schattenlänge berechnete er die Größe der Erdkugel und bekam heraus, daß ihr Umfang 40 000 Kilometer betrug.

Die Krümmung einer solchen Kugel liegt bei etwa 0,000126, ein Wert, der 0 sehr nahe kommt und der mit den damaligen technischen Möglichkeiten nicht ohne weiteres meßbar war. Dieser winzige Unterschied ist auch mit eine Erklärung dafür, warum es so lange dauerte, bis man sich von dem Konzept der Scheibe verabschiedete und zur sphärischen Erde überging.

Wohlgemerkt, selbst eine so winzige Differenz wie zwischen 0 und 0,000126 kann äußerst bedeutend sein. Die Folgen summieren sich. Die Erde kann auf weitere Entfernungen kartographisch absolut nicht genau erfaßt werden, wenn man dieser Differenz nicht Rechnung trägt und sie als Ebene und nicht als Kugel ansieht. Bei langen Ozeanreisen gibt es keine vernünftige Möglichkeit einer Positionsbestimmung, solange man die Erde nicht für rund, sondern für eben hält.

Außerdem kann eine ebene Erde nur eine unendliche Erde sein, oder aber ihre Oberfläche muß ein »Ende« haben. Eine sphärische Erde dagegen impliziert eine Erde, die sowohl endlos als aber auch endlich ist. Und diese Annahme bestätigten dann auch alle späteren Erkenntnisse.

Obwohl also die Theorie von einer ebenen Erde nur ein bißchen falsch ist, was ihren Erfindern alles in allem auch zugute gehalten werden muß, ist sie dennoch falsch genug, um zugunsten der Theorie einer kugelförmigen Erde über Bord geworfen zu werden.

Und dennoch, ist die Erde überhaupt eine Kugel?

Nein, sie ist keine Kugel, nicht im strengen mathematischen Sinn. Eine Kugel hat bestimmte mathematische Eigenschaften – zum Beispiel, alle Durchmesser, das heißt, alle Geraden, die durch den Mittelpunkt von einem Punkt der Oberfläche zu einem anderen Punkt der Oberfläche gelegt werden, haben dieselbe Länge.

Das gilt jedoch nicht für die Erde. Verschiedene Erddurchmesser haben unterschiedliche Längen.

Wie kamen die Menschen nun auf die Idee, daß die Erde keine echte Kugel war? Zunächst waren die Umrisse von Sonne und Mond perfekte Kreise, soweit man das mit den anfänglich zur Verfügung stehenden Teleskopen messen konnte. Das stand im Einklang mit der Vermutung, daß Sonne und Mond in ihrer Gestalt absolut spährisch waren.

Bei Jupiter und Saturn hingegen ergaben die ersten teleskopischen Beobachtungen sehr schnell, daß die Umrisse dieser Planeten keine Kreise waren, sondern eindeutige Ellipsen. Das bedeutete, daß Jupiter und Saturn keine echten Kugeln waren.

Isaac Newton wies gegen Ende des 17. Jahrhunderts nach, daß ein fester Körper unter dem Einfluß von Gravitationskräften eine Kugel bilden würde (was Aristoteles ja auch schon behauptet hatte), aber nur wenn er sich nicht drehte. Wenn er sich dagegen drehte, würden Zentrifugalkräfte auftreten, die die Körpersubstanz gegen die Gravitation nach außen ziehen würden. Dieser Effekt würde umso größer, je mehr man sich dem Äquator näherte. Er würde auch größer, je schneller sich der sphärische Körper drehte, und Jupiter und Saturn drehten sich in der Tat sehr schnell.

Die Erde drehte sich weitaus langsamer als Jupiter oder Saturn, und somit wäre auch die Zentrifugalkraft geringer. Aber sie wäre dennoch vorhanden. Die Messungen der Erdkrümmung, die im 18. Jahrhundert durchgeführt wurden, bestätigten Newton in seiner Theorie.

Mit anderen Worten, die Erde hat am Äquator eine Ausbuchtung und ist an den Polen abgeplattet. Sie ist eher ein »abgeflachtes Sphäroid« als eine Kugel. Das bedeutet, daß die verschiedenen Erddurchmesser unterschiedlich lang sind. Der längste Durchmesser ist mit 12755 km der sogenannte Äquatordurchmesser. Der kürzeste Durchmesser erstreckt sich vom Nordpol zum Südpol. Dieser sogenannte Poldurchmesser beträgt 12711 km.

Der Unterschied zwischen dem längsten und dem kürzesten Durchmesser liegt bei 44 Kilometern, das heißt, die Abflachung der Erde (ihre Abweichung von einer idealen Kugelform beträgt 44/12755 gleich 0,00034, also ⅓ Prozent.

In Bezug auf die Krümmung ergibt sich dabei folgende Überlegung: Eine ebene Fläche hat überall die Krümmung 0. Als Kugel hätte die Erde überall eine Krümmung von 0,000126 (12,6 cm/km). Aufgrund der Abflachung variiert die Erdkrümmung zwischen 12,587 cm/km und 12,663 cm/km.

Der Übergang von der Vorstellung einer kugelförmigen Erde zu der Erkenntnis, daß die Erde die Gestalt eines abgeflachten Sphäroids hat, verlangt eine weitaus geringere Korrektur als der Übergang Scheibe – Kugel. In diesem Sinne ist es genaugenommen zwar falsch von der Erde als von einer Kugel zu sprechen, aber es ist nicht so falsch wie sie als Scheibe zu betrachten.

Wenn man es ganz genaunimmt, ist selbst das abgeflachte Sphäroid falsch. Als man 1958 den Satelliten *Vanguard I* in eine Umlaufbahn um die Erde schoß, hatte man die Möglichkeit, die lokale Gravitation der Erde – und damit auch die Form der Erde – mit nie dagewesener Präzisison zu messen. Es stellte sich heraus, daß die Ausbuchtung südlich des Äquators etwas bauchiger war als nördlich des Äquators und daß der Meeresspiegel am Südpol dem Erdmittelpunkt eine Idee näher war, als es der Meeresspiegel am Nordpol war.

Um diese Gestalt zu beschreiben, gab es offensichtlich keinen anderen Ausdruck als birnenförmig, und sofort verkündeten viele Leute, daß die Erde mitnichten eine Kugel sei, sondern vielmehr eine im Weltraum baumelnde Birne. Tatsächlich war diese Abweichung in Richtung Birne lediglich eine Sache von Metern und nicht von Kilometern, das heißt, die Korrektur der Krümmung bewegte sich im Bereich von Millionstel Zentimetern pro Kilometer.

Kurz, mein reizender Anglist lebt in einer geistigen Welt der absoluten »Richtigs« und »Falschs«. Da alle Theorien *falsch* sind, könnte die Erde also seiner Vorstellung nach heute eine Kugel sein, im nächsten Jahrhundert dann vielleicht ein Würfel und dann ein hohler Ikosaeder und noch ein Jahrhundert später womöglich die Form eines Kringels haben.

Was tatsächlich passiert, ist folgendes: Wenn die Wissenschaftler erst einmal ein gutes Grundkonzept haben, versuchen sie es Schritt für Schritt zu verbessern und in dem

Maße zu verfeinern, wie es der jeweilige Stand der Meßtechnologien zuläßt. Die entwickelten Theorien sind nicht so sehr falsch als vielmehr unvollständig.

Dies läßt sich auch in vielen anderen Fällen nachvollziehen und ist keineswegs nur auf die Gestalt der Erde beschränkt. Selbst wenn eine neue Theorie revolutionär erscheint, basiert sie meist nur auf einer Verfeinerung bestehender Erkenntnisse. Wenn es um mehr als eine geringe Verbesserung ginge, hätte sich die alte Theorie niemals so lange halten können.

Kopernikus setzte an die Stelle eines erdbezogenen Planetensystems ein sonnenbezogenes Planetensystem. Das heißt, er setzte an die Stelle des Augenscheins eine Theorie, die scheinbar lächerlich war. Als man jedoch schließlich bessere Möglichkeiten für die Berechnung der Planetenbewegungen fand, rückte man letztlich doch von der geozentrischen Theorie ab, die man nur deshalb so lange aufrechterhalten hatte, weil die nach dem damaligen Standard möglichen Meßergebnisse sie ziemlich genau bestätigten.

Und noch ein Beispiel. Die geologischen Formationen der Erde verändern sich so langsam, und die Entwicklung der Lebewesen auf der Erde vollzieht sich so langsam, daß die Vermutung, es gebe keine Veränderung, das heißt, die Erde und das Leben auf der Erde habe immer in der gleichen Form wie heute existiert, zunächst absolut vernünftig erschien. Unter dieser Prämisse spielt es auch keine Rolle, ob die Erde und ihre Lebewesen nun Milliarden von Jahren oder nur Tausende von Jahren alt waren. Letzteres war leichter zu erfassen.

Als man dann genauer beobachtete und feststellte, daß die Erde und das Leben sich zwar extrem langsam, aber eben doch veränderten, wurde klar, daß die Erde und das

Leben sehr alt sein mußten. Die moderne Geologie wurde aus der Taufe gehoben und der Begriff der biologischen Evolution geboren.

Wenn sich die Veränderung schneller vollzogen hätte, hätte man in puncto Geologie und Evolution schon in alten Zeiten unseren heutigen Stand erreicht. Nur der winzige Unterschied zwischen der Veränderungsrate in einem statischen Universum und der Veränderungsrate in einem evolutionären Universum, das heißt die Differenz zwischen 0 und fast 0, ist schuld daran, daß die Anhänger der Weltschöpfungsidee ihre Albernheiten weiter verbreiten können.

Und wie steht es nun mit den zwei großen Theorien des 20. Jahrhunderts? Mit der Relativitätstheorie und mit der Quantenmechanik?

Newton kam mit seinen Theorien von der Bewegung und der Gravitation der Wahrheit sehr nahe, und er hätte absolut richtig gelegen, wenn die Geschwindigkeit des Lichts unendlich wäre. Die Lichtgeschwindigkeit ist jedoch endlich, und dieser Umstand mußte in Einsteins Relativitätsgleichungen, die eine Weiterführung und Verfeinerung von Newtons Gleichungen darstellen, berücksichtigt werden.

Sie könnten natürlich einwenden, daß der Unterschied zwischen endlich und unendlich selbst unendlich ist; warum also brach Newton mit seinen Formeln nicht sofort ein? Lassen Sie uns die Dinge von einer anderen Warte aus betrachten und fragen, wie lange das Licht für einen Meter braucht.

Wenn sich das Licht mit unendlicher Geschwindigkeit fortpflanzen würde, würde es für einen Meter 0 Sekunden brauchen. Aufgrund seiner tatsächlichen Geschwindigkeit braucht es für diese Strecke jedoch 0,0000000033 Sekunden. Und genau diese Differenz zwischen 0 und 0,0000000033 ist es, die Einstein korrigierte.

Vom Konzept her war diese Korrektur so bedeutend wie die Korrektur der Erdkrümmung von 0 auf 12,5 cm/km. Beschleunigte subatomare Teilchen würden sich ohne diese Korrektur nicht so verhalten, wie sie es tatsächlich tun. Auch Teilchenbeschleuniger würden nicht so arbeiten, wie sie arbeiten. Dasselbe gilt für die Explosion von Atombomben und für das Leuchten der Sterne. Dennoch ging es nur um eine winzige Korrektur, und es ist keineswegs verwunderlich, daß Newton diesen Punkt zu seiner Zeit nicht berücksichtigen konnte, wenn man bedenkt, wie begrenzt seine Möglichkeiten in bezug auf die Beobachtung von Geschwindigkeiten und Entfernungen waren. Innerhalb dieses Rahmens war die Korrekturgröße einfach nicht signifikant.

Was die Quantenmechanik anbetrifft, so reichten auch hier die Möglichkeiten der Physiker in der »Vorquantenzeit« nicht aus, um die »Körnigkeit« des Universums berücksichtigen zu können. Man hielt alle Energieformen für kontinuierlich und für unbegrenzt in immer kleinere Mengen teilbar.

Wie sich herausstellte, war dies nicht der Fall. Energie tritt in Quanten auf, deren Größe durch das sogenannte Plancksche Wirkungsquant bestimmt wird. Wäre das Plancksche Wirkungsquant gleich 0 Joulesekunden, wäre die Energie kontinuierlich. Die Plancksche Konstante beträgt aber 0,000000000000000000000000000066 Joulesekunden. Dies ist in der Tat eine winzige Abweichung von Null; sie ist so minimal, daß normale Energieprobleme des täglichen Lebens davon überhaupt nicht betroffen sind. Wenn man sich jedoch im Bereich der subatomaren Teilchen bewegt, spielt die Quantelung der Energie eine entscheidende Rolle, so daß es unmöglich ist, die Quantentheorie außerachtzulassen.

Da die Verbesserungen von Theorien in immer kleineren Schritten erfolgen, müssen selbst ganz alte Theorien schon eine gewisse Berechtigung gehabt haben, so daß man auf ihrer Basis aufbauen konnte, und zwar in einer Weise, daß erzielte Fortschritte durch nachfolgende Verbesserungen nicht ausgelöscht wurden.

Die Griechen führten beispielsweise den Begriff der Länge und Breite ein und fertigten vernünftige Karten des Mittelmeergebiets, und zwar ohne daß sie die Kugelform der Erde berücksichtigten. Und wir benutzten auch heute noch Längen- und Breitengrade.

Die Sumerer waren wahrscheinlich die ersten, die entdeckten, daß die Bewegungen der Planeten am Himmel einer bestimmten Regelmäßigkeit unterworfen sind und vorausgesagt werden können, und sie entwickelten entsprechende Methoden dafür, obwohl sie davon ausgingen, daß die Erde der Mittelpunkt des Universums ist. Ihre Messungen wurden enorm verbessert, das Prinzip wurde jedoch beibehalten.

Newtons Gravitationslehre ist zwar auf weite Entfernungen und große Geschwindigkeiten nicht mehr anwendbar, aber für das Sonnensystem ist sie absolut gültig. Der Halleysche Komet taucht pünktlich nach Newtons Gravitationsgesetzen und seiner Himmelsmechanik auf. Die gesamte Raketentechnik basiert auf Newtons Lehren, und *Voyager II* erreichte Uranus mit einem Zeitunterschied von einer Sekunde auf die vorausberechnete Zeit. Nichts von alledem war durch die Relativitätstheorie außer Kraft gesetzt worden.

Im 19. Jahrhundert wurden – bevor noch irgend jemand

an die Quantentheorie dachte – die thermodynamischen Gesetze mit dem Energieerhaltungssatz als 1. Hauptsatz und dem Entropiesatz als 2. Hauptsatz aufgestellt. Einige andere Erhaltungssätze wie der Impulssatz, der Momentsatz und der Erhaltungssatz der elektrischen Ladung kamen hinzu. Die Maxwellsche Theorie des elektromagnetischen Feldes stammt ebenfalls aus dieser Zeit. An all diesen Erkenntnissen ist nicht zu rütteln, auch nicht unter dem Aspekt der Quantentheorie.

Gut, aus der stark vereinfachten Sicht meines Literaturstudenten mögen unsere heutigen Theorien vielleicht falsch sein, aber wenn man die Dinge etwas differenzierter betrachtet, dann sind sie allenfalls unvollständig.

Zum Beispiel birgt die Quantentheorie noch eine Reihe von Geheimnissen in sich, wirft Fragen in bezug auf die wahre Natur der Wirklichkeit auf. Ja, die »Verwirrung« geht dabei so weit, daß einige sogar ernsthaft Zuflucht zur Metaphysik gesucht haben.

Es mag sein, daß wir inzwischen an einem Punkt angekommen sind, wo das menschliche Gehirn den Dingen nicht mehr folgen kann. Es kann auch sein, daß die Quantentheorie unvollständig ist und daß alle »Rätsel« mit einem Schlag verschwinden, wenn sie entsprechend weiterentwikkelt ist.

Und noch etwas. Die Quantentheorie und die Relativitätstheorie scheinen unabhängig voneinander zu sein. Das heißt, während es nach der Quantentheorie möglich erscheint, daß drei oder vier bekannte Interaktionen in einem mathematischen System zusammengefaßt werden können, scheint sich die Gravitationslehre – das Kernstück der Relativitätstheorie – dem zu widersetzen.

Wenn die Quantentheorie und die Relativitätstheorie auf

einen gemeinsamen Nenner gebracht werden könnten, ließe sich vielleicht eine echte »einheitliche Feldtheorie« entwickeln.

Wenn wir jedoch so weit kommen, dann ist auch dies nur eine perfektere Perfektion der bestehenden Erkenntnisse, die lediglich die äußerste Peripherie unseres Wissens tangieren würde – die Erklärung des Urknalls und die Entstehung des Weltalls, die Bedingungen im Innern von Schwarzen Löchern, einige Feinheiten in bezug auf die Evolution von Galaxien und Supernovas und so weiter.

Davon bliebe jedoch alles, was wir heute wissen, unberührt, und wenn ich sage, daß ich froh bin, in einem Jahrhundert zu leben, das die Formel des Universums im wesentlichen verstanden hat, dann habe ich meiner Ansicht nach recht.

ANHANG

Der Autor

1920 in Petrovichi in Rußland geboren, emigrierte er im Jahre 1923 mit seinen Eltern nach New York. Seine Kindheit verbrachte er in Brooklyn, und während dieser Zeit wurde auch der Grundstein für seine lebenslange Affinität zu Büchern gelegt. Regal für Regal las er sich durch die Bücher der lokalen Leihbücherei. Mit 15 Jahren wurde er an der Columbia Universität aufgenommen, wo er den Grad eines Bachelor of Science erwarb, um 1948 dann den Doktor in Chemie zu machen. Er lehrte Biochemie an der Boston University School of Medicine bis zum Jahre 1958 und entschloß sich dann, sich ganz der Schriftstellerei zu widmen.

Dr. Asimov schrieb seine erste Science-fiction-Geschichte im Alter von elf Jahren. Seine erste Kurzgeschichte wurde 1938 veröffentlicht. Sein erster Science-fiction-Roman *Pebble in the Sky* kam bei Doubleday im Jahre 1950 heraus, und bald darauf dehnte er seine schriftstellerische Tätigkeit auch auf nicht fiktive Literatur aus. Asimov hat so gut wie über jedes Thema schon etwas geschrieben: über

Physik und Mathematik, über die Bibel und über Shakespeare – insgesamt über 365 Bücher. Ihm sind zahlreiche Ehrendoktorwürden verliehen worden, so wie er auch mit einer Reihe von Autorenpreisen ausgezeichnet wurde, zu denen unter anderem ein spezieller Hugo-Preis gehört für seinen internationalen Bestseller *Foundation Trilogy* als »der absolut besten SF-Reihe«. Außerdem wurde er vor kurzem von den SF-Autoren Amerikas zum SF-Großmeister ernannt.

Mit seiner einseitigen Tätigkeit auf seinem ersten Spezialgebiet, den Naturwissenschaften, unzufrieden, hat Asimov sich zu einem erfolgreichen Essayisten, SF-Autoren, Herausgeber, Journalisten, Biographen und Humoristen entwickelt und sich als Allround-Talent des geschriebenen Wortes erwiesen. Er lebt heute mit seiner Frau, der Schriftstellerin Janet O. Jeppson, in Manhattan und ist glücklich, wenn er in der Abgeschiedenheit seines Zweiraumbüros umgeben von mehr als 2000 Büchern in Ruhe arbeiten kann.

Stichwort- und Namensregister

Abendstern (Vesper) 95
Abraham, Murray 178 f.
Absplitterungen der Milchstraße 225
Achs- oder Äquatorneigung 140 f.
Adenosintriphosphat (ATP) 117
Äquatordurchmesser 309
Akkretionsscheibe 260
Aktivierungsenergie 251
Albedo 160
Alchimisten 96
Alexandria 202
Algol (Stern) 217
Alkohol 115 f.
Alpha Centauri 232, 287, 291, 294, 297
Alpha-Centauri-System 232, 297
Alpha-Teilchen 57–60, 76
Alpträume 127

Aluminium 24, 57, 112, 127
Aluminiumatom 58 f.
Aluminiumfilmsegel 297
Aluminiumverbindungen 112
Amalekiten 198
Aminosäuren 47
Aminosäuren, stickstoffhaltige 37
Ammoniak 44, 143, 148
Amöbe 118
Amphibien 110
Anderson, Carl David 269–272
Anderson, T. D. 218
Andromeda-Galaxie 241 ff.
Andromedanebel 223–228, 230–242
Annihilation 277 ff.
Antigalaxien 279
Antimaterie 264 f., 278–280, 290 f., 297

Antimeridian 126
Antimon 93 ff., 98
Antimonsulfid 93
Antiproton 273–278, 292
Antiteilchen des Elektrons 266–273
Antiwasserstoffantrieb 293
Anziehungsdifferenz 129
Anziehungskräfte, wechselseitige 300
Anziehungskraft 129
Anziehungskraft der Sonne 126
Apheldurchgang 162
Apollo-Objekt 193
Apollo-Planetoiden 189 f.
Argon 254
Aristoteles 197 f., 201, 208 f., 215, 306 ff.
Arsen 24, 92 ff., 98
Arsenerz 92 f.
Arthropoda (Gliederfüßler) 107 f.
Assimilation 73
Asteroiden 174 ff., 179
Aston, Francis William 23, 28 f.
Astrologie 13
Astronomen 125, 134, 144 f.
Astronomen, babylonische 95

Astronomie 13, 211
Atmosphäre des Pluto 171
Atomangriff 122
Atombombe 28, 313
Atombombenversuche, atmosphärische 77, 85
Atome, verschiedene 18 ff., 21
Atomfragmente 270
Atomgewicht 19
Atomkerne 63, 247
Atomkerne, positiv geladene 71
Atommasse 24 ff., 28 ff.
Atommassenskala 26
Atommassenzahl 21
Atomnummer (Ordnungszahl) 19 ff.
Atomteststoppvertrag 85
Aufschwung, technologischer 211
Außenhüllen der Atome 19, 276
Austauschprozesse, molekulare 116
Austauschreaktionen 49
Austernschalen 111

Baade, Walter 189, 241
Barnardscher Stern 232
Baumwolle 105
Benzolmarkierung 42

Benzolring 40 f.
Beschleunigungs- u. Abbremsvorgang 294
Beta-Strahlung 60, 63, 74
Beta-Teilchen 60, 72, 74 ff., 77, 79, 81
Bevatron-Beschleuniger 274
Bevölkerungsexplosion 12
Biela (Komet) 186 f.
Biela, Wilhelm von 186
Bieliden 193
Bindegewebe 105
Bindungsenergie 63
Biochemie 62, 64, 70
Biorhythmus 131
Birge, Raymond Thayer 29
Blei 21 f., 89, 92, 95
Bleiverbindungen 54 f.
Bor 57
Boyle, Robert 98
Brahe, Tycho 206–212, 217, 245
Brandt, Hennig 96 f., 98
Bronze 90, 92
Bush, George 304

Cäsar, Julius 177
Campbell, John 301
Carboxylgruppe 39 ff.
Cassiopeia 204, 207
Castro, Fidel 305

Caststerne 201
Cepheiden 240 f.
Cepheus (Stern) 217
Chadwic, James 20, 276
Chamberlain, Owen 274 f.
Chandrasekhar, Subrahmanyan 260 f.
Chandrasekhar. Grenze 261
Charon (Mond) 168 ff., 171 f.
Chemie, physikalische 16 f.
Chitin 107 f.
Chordatiere 108 ff.
Christie, James 167 f.
Clark, John D. 265
Cleveland, Grover 304
Columbia-Universität 15, 17, 45
Columbus, Christoph 132
Compton, Arthus Holly 269
Computer 122, 191
Cro-Magnon-Mensch 127
Curie, Marie 56, 97
Curtis, Heber Doust 234–241

Delta Cephei (Stern) 217
Dempster, Arthur Jeffrey 21
Depressionen 127

Desoxyribonnukleinsäure
   (DNS) 118
Deuterium 32, 35, 62,
   278 f.
Deuterium-Kern 63
Deuteronen 63, 66
Diagramm des Planetensystems 164
Diffusionstrennverfahren
   29, 31
Dinesen, Isak 36
Dirac, Paul Adrien
   265–269, 271 f.
DNS-Molekül 81–84
Doppelkomet 186 f.
Doppelplanet 172, 258 f.,
   261
Doppelsternsystem 261
DQ Herculis (Stern) 258
Düngung 112 f.
Dyson, Freeman 288

Eiche 118
Eier 115
Eigelb 113
Einstein, Albert 312
Einzelprotonen 251
Eisen 89, 92, 95
Eisenerz 89
Eisschicht 149
Eiszeit 76
Eiter 117

Eiweißmoleküle 47
Ekliptik 194
Elektron, schnelles 72
Elektronen 18 ff., 60, 251,
   266 f., 271, 285
Elektronenanordnung 18
Elektronenschichten 251
Elektronenwiderstand 261
Elektronenzahl 18
Elektroskop 53
Elementarteilchen, seperate 20
Encke (Komet) 188
Encke, Johann Franz 188
Energie, chemische 285
Energie, kinetische 267
Energieausbeute 288
Energieerhaltungssatz 315
Entropiesatz 315
Enzyme 115 f.
Epidemien 113
Erastosthenes 307
Erdatmosphäre 71, 73, 77,
   85
Erddurchmesser 140
Erdgeschichte 71
Erdmagnetfeld 147
Evolution 78
Evolution, biologische 312
Evolutionsmerkmale 108
Evolutionsrennen 49
Evolutionssprung 106

Fabricius, David 210, 216f.
Fäkalien 36f.
Feld, erdmagnetisches 77
Felder, elektromagnetische 23
Feldtheorie, einheitliche 316
Fettmoleküle 46, 81
Fettreserven 46
Fettsäure 39–42
Fettsäuremolekül 45f.
Fettsäuren, gesättigte 45
Fettsäuren, isotopenmarkierte 45, 47
Fettsäuren, ungesättigte 45
Fettsäuren-Kohlenstoffkette 40ff.
Fixstern, hellster 200
Fleckinterferomie 168
Fleisch 115
Fluor 24f.
Forward, Dr. Robert L. 282f., 287, 296
Fossilien 106
Fraktionierung 76
Franecker, Holwarda de 216f.
Franklin, Benjamin 266
Franz Joseph I., Kaiser 52
Fruchtbarmacher 112
Frühbronze 92

Frühmittelalter 203
Fruktose 116
Fruktose-Diphosphat 37
Fusion, kontrollierte 290

Gahn, Johann Gottlieb 111
Galaxie M83 262
Galaxis 69
Galilei, Galileo 213f., 225
Gammastrahl-Photonen 290
Gammastrahlung 269, 271, 279
Gammateilchen 263
Gasnebel, präplanetarischer 157
Gasriesen 140, 145, 157f., 160
Gehirnsubstanz 114
Gehirnzellen 83
Gell-Mann, Murray 272
Geminiden 193
Gesamtstoffwechsel 48
Geschwindigkeiten, ultraschnelle 294
Gesetze, thermodynamische 248, 315
Gesteinskruste 149
Gezeiten 128–131
Gezeiteneffekt 126, 128f.
Gezeiteneinflüsse der Sonne 165

Gezeitengetier 130
Gezeitenwirkung 129
Gezeitenzyklus 126 f., 130, 134
Giauque, William Francis 25
Giotto (Raumsonde) 149, 194
Glucose 37
Glucosemoleküle 39, 42 f., 105
Glukosaminmolekülverbände 107
Glyzerin 113
Gobley, Nicolas Theodor 113 f.
Gold 24, 87 ff., 95 f.
Goldherstellung 96
Goodricke, John 217
Graham, James R. 262
Gravitationsfeld 252, 254
Gravitationsfeld des Mondes 125 f.
Gravitationskräfte 308 f.
Gravitationslehre 314
Graviton 280
Größe der Erdkugel 307
Grosse, Aristid V. 71
Großer Wagen 199
Großplaneten 175 ff.
Grundstoffatome 48
Gürteltiere 110

Gully, L. 222
Gum, Colin S. 204
Gum-Nebel 204 f.

Haare 105
Haie 110
Halbwertszeit 61 f., 65 f., 70, 79 f.
Halley (Komet) 149, 194, 280 ff., 314
Halley, Edmund 226
Harden, Arthur 37 f., 42, 115 f.
Harden-Young-Ester 37, 116
Hardie, Robert H. 164
Hartwig, Ernst 222 f.
Hauptbausteine der Atome 277
Hauptreihenstern 259 f.
Haut 105
Hefe 37, 115 f.
Helios (Sonnengott) 191
Helium 63, 254 f.
Heliumgehalt des Universums 144 f.
Helligkeit, planetarische 200 ff.
Helligkeitspegel, nächtlicher 125
Helligkeitsskala der Himmelskörper 214

Helligkeitswechsel 217
Herschel, William 154, 174
Hesperos 95
Hethiter 89
Hevelius, Johannes 217
Hevesy, Gyorgy 52–55, 61
Himmelskörper 199
Himmelsmechanik 314
Himmelsnordpol 207
Himmelsphäre 126
Hind, John Russell 218
Hipparchos 200 f., 204, 206, 208
Hitler, Adolf 45
Höhenstrahlung 77
Höhenstrahlungsteilchen 71, 296
Holzkohle 92
Hoppe-Seyler, Ernst Felix Immanuel 118
Hormonhaushalt 127
Hormonspiegel 131
Hubble, Edwin Powell 240 ff.
Hufe 105
Huggins, William 228
Hughes-Forschungslaboratorien 282
Hydrolyse 113, 116 f.

Iapetus (Satellit) 149

Icarus (Planetoid) 189 ff.
Imperium, galaktisches 298
Indikatorisotop 46
Indol 37
Infrarot-Satellit 190
Interferenzstörungen, atmosphärische 167
Ionen 270
Ionosphäre des Uranus 147
IRAS-Peilung 190
Isotop, schweres 28
Isotope 18, 20, 42 ff., 276
Isotopen-Theorie 21, 23 f.
Isotopengemisch 22, 26 f.
Isotopentracer 70
Isotopenvariante, seltenste 43
Isotopsorten 23

Jauche 112
Jod 24
Joliot-Curie, Frederic 56–61
Joliot-Curie, Irene 56–61
Joulesekunden 313
Jupiteratmosphäre 143 ff.
Jupiterbahn 179
Jupiterdurchmesser 140

Kalium 79, 81 f.

Kaliumchlorat 99
Kaliumisotope 79 ff.
Kalziumkarbonat 107, 109
Kalziumphosphat 111
Kalziumverbindungen
 107, 109, 111
Kamen, Martin David 65 f.
Kant, Immanuel 225 f.,
 228
Keilschrift 70
Kepler, Johannes 211 ff.,
 217 f., 245
Keratin 105
Kerne, schwere 250
Kernenergie 97, 285
Kernfusion 247, 250–254,
 287 ff.
Kernmodell des Atoms 18
Kernreaktion 58
Kernreaktor 67
Kernspaltung 247, 286 ff.
Kernsynthesebomben 288
Kernumwandlung 57
Kernveränderungen 286
Kernverschmelzung 250,
 263
Kerzenlicht 98
Kettenmolekül 48
Kieselerde (Silizium-
 dioxid) 106
Kleinmonde 152 f.
Kleinplaneten 175 ff.

Knochenaufbau 114
Knochenfische (Osteich-
 tyes) 110
Knoop, Franz 39–42
Knorpelwirbelsäule 110
Kobalt 24, 263
Koenzym 115
Körnigkeit des Univer-
 sums 313
Kohlehydrate 46
Kohlendioxid 36 f., 44, 46,
 73
Kohlenstoff 62, 64 ff., 95,
 113, 254, 257
Kohlenstoff, elementarer
 91
Kohlenstoff-14-Atom
 70–77, 80–85
Kohlenstoffatom 26, 42 ff.
Kohlenwasserstoff-Smog
 144
Kohmann, Trumann Paul
 25
Kollagen 105, 108 f.
Komet, kurzperiodischer
 184
Komet, toter 189, 191 f.
Kometenbahnen 189
Kometenplaneten 175
Kometenschwarm 184
Kometenschweif 185 f.
Kometoiden 180–185

326

Kometoidengürtel 184
Kondensationskerne 270
Konferenzschaltung 122
Konfiguration der Sterne 199
Konstellation des Mondes 134
Kopernikus, Nikolaus 206, 311
Kosmos, physikalischer 300
Krankheitskeime 113
Krebs 78, 82, 84
Krieg der Sterne (Star Wars) 121 f.
Kuiper, Gerard Peter 155, 165 f.
Kulminationspunkt 126
Kunstdünger 113
Kupfer 87 ff., 92, 95
Kupfer-Zinn-Legierung 92
Kupfervorkommen 90

Labeyrie, Antoine 168
Lamb, Arthur Becket 27
Laplace, Pierre-Simon de 226 f.
Laserstrahl 297
Lassel, William 154 f.
Lebensrhythmus 130
Lebensträger, molekulare 105

Lebewesen, kolloidalste 105
Lehre, aristotelische 198
Leibniz, Gottfried Wilhelm 98
Leinen 105
Leitisotopen 48, 50
Lezithin 113 ff., 118
Lezithin-Molekül 114
Libby, Willard Frank 74 f., 84
Licht, ultraviolett 127
Licht-Whirlpool 227
Lichtausbeute der Planeten 142 f.
Lichtgeschwindigkeit 72, 233, 275, 291, 294, 296 ff.
Lichtjahre 226
Lichtreflexion (Pluto) 164
Liebig, Justus von 113
Lipmann, Fritz Albert 116 f.
Löffelverbiegen 13
Lötrohr-Analyse 111
Lowell, Percivel 158
Luftmoleküle 72
Luzifer-Hölzer 100

Maanen, Adrian van 237, 239, 241
Magalhaes, Fernao de 225

Magellansche Wolken 225, 230, 235 f., 246
Magnesium 57
Magnetfeld 270
Magnetfeldänderungen, planetarische 77
Magnetosphäre des Uranus 147
Magnus, Albertus 93
Makromoleküle 105
Makromoleküle, organische 107
Marius, Simon 223
Markierungsverfahren 50, 54
Marsbahn 179
Mascara 93
Maser- o. Laserstrahl 296
Massenanziehung 129
Massenanziehung der Sonne, Jupiter u. Saturn 142
Massenspektograph 23 ff., 29 f.
Massenspektographie 61
Masseunterschiede 249
Masseverlust 249
Mauna Kea (Hawaii) 168
Maxwellsche Theorie 315
Mehrzeller 107
Menstruation 132 f., 134 ff.

Menzel, Donald Howard 29
Mergelschiefer 87
Meridian 134 f.
Mesoplanet 177
Mesopotamien 93
Messier, Charles 224, 227
Messing 94
Metabolismus 36
Metall, unedles 89
Metallegierung 90
Metaphysik 315
Meteoriten 89, 193
Meteorströme 193
Methan 143 f., 148 f.
Mikroplaneten 175
Milch 115
Milchstraße 214, 225, 235
Millikan, Robert Andrews 269
Mira (Stern) 217
Miranda-Gravitation 154
Mischer, Johann Friedrich 117
Mißbildungen, genetische 78, 82
Moleküle 105
Molekularstruktur 37, 48
Mollusken 107
Monat, siderischer 134
Monat, synodischer 135 f.
Mondaufgang 126

Mondfeffekt 124 f.
Mondfinsternis 306
Mondlicht 124
Mondphasen 130, 133–136
Mondumlaufzeit 134
Monduntergang 126
Montanari, Geminiano 217
Morgenstern (Lucifer) 95
Motive, sexistische 132
Mount Palomar 165
Muskeln 106
Mutationen 78 f., 82 f.
Mythologie, griechische 99, 190 f.

Natrium 24
Natriumphosphat 96
Naturdüngung 113
Nebelfotografie 234
Nebelkammer 270
Nebelkammerversuche 271
Nebularhypothese 227
Negaton 272
Neon 23, 257
Neon-Atome 24
Neon-Isotop 23
Neon-Kerne 23
Neptunbahn 163
Neptunorbit 157

Nervenfasern 114
Nervenstrang 109
Nervenzellen 83, 114
Neumond 126, 128, 134 f.
Neutronen 20 ff., 57 f., 60, 62 f., 65 f., 72, 77, 249, 263
Neutronenquelle 62
Neutronenstern 255, 263
Newton, Isaac 308 f., 312 ff.
Nieren 114
Nova 211 ff., 216, 218 f.
Nova Aquilae (Siegesstern) 220 f.
Nova Gygni 221
Nova Persei 218–221, 233 f.
Nova, rekurrierende 221
Novae (Neue Sterne) 195
Nukleinsäure 118 f.
Nuklid, stabiles 25

Oberfläche der Monde 153 f.
Objekte, außergalaktische 235
Oliphant, Marcus Laurence Elwin 63
Orakel von Delphi 300
Organismen, primitive 109
Originalfettsäure 40

Orthographie 303
Ostracodermaten (Schalenhaut) 109 f.
Ozonloch 13

Pansa, Sancho 296
Panzerhaut 107
Papier 105
Parallaxe des Mondes 208
Parsons, William (Herzog von Rosse) 227
Pauling, Linus 85
Pegasus 199
Periheldurchgang 162
Periodensystem 56
Peripherie des Ringsystems 152
Pflanzenwachstum 112
Phaäton (Planetoid) 191–194
Phaäton-Durchmesser 193 f.
Phänomen, astronomisches 205
Phenylessigsäure 40
Phönizier 90
Phonetik 303
Phosphat, anorganisches 37, 116
Phosphatbindungen, niederenergetische u. hochenergetische 117

Phosphate 113
Phosphate, organische 115
Phosphatgruppen 115 ff.
Phosphoglyceride 114
Phosphor 24, 95–102, 114, 116 f., 119
Phosphor, radioaktiver 61
Phosphor, roter 101 f.
Phosphor-30-Kern 59 ff.
Phosphoratom 37, 111, 113
Phosphoreszenz 97
Phosphornekrose 101
Phosphorsäure 113
Phosphorus 95 ff.
Phosphorverbindungen 111
Photon 279
Photosynthese 67
Pi-Mesonen 291
Pion (Dr. Meson) 280
Planck, Max 313
Plancksche Konstante 313
Planet X 157 f., 172
Planeten des Sonnensystems 137–182
Planeten, erdähnliche 160
Planeten, jupiterähnliche 160
Planeten-Rotationsdauer 165
Planetenachsen 141

Planetenbahnen 161 ff.
Planetenbewegungen 311
Planetengröße 157–160
Planetensystem 206
Planetensystem, erdbezogenes 311
Planetensystem, sonnenbezogenes 311
Planetoiden 179–183, 185
Planetoidenentstehung 181 f.
Planetoidengürtel 182, 190
Plinius, d. Ä. 200, 204, 206, 208
Pluto (Planet) 10
Plutobahn 162
Plutodurchmesser 165 f., 170
Plutomasse 169
Poldurchmesser 309
Pope, Alexander 155
Positronen 58, 60, 263, 265
Positronenemission 60
Praenovaspektrum 221
Primärstrahlung 71
Primärteilchen 72
Primaten 132
Prometheus-Hölzer 99
Proteine 46, 105, 118
Proton 18 ff., 57 f., 63, 65 f., 263 ff., 249, 293

Proton-Antiproton-Paare 273 f.
Proton-Kupfer-Kollision 275
Protonen/Elektronen-Paare 19 f.
Proxima Centauri 232
Pseudowissenschaft der Astrologie 199
Ptolomäus, Claudius 201 f.

Quantenmechanik 312 f.
Quantentheorie 300, 314 f.
Quecksilber 90, 92, 95

Radioaktivität 21 f., 53, 55 f., 66 f., 77
Radioaktivität, künstliche 60
Radioaktivität, natürliche 286
Radioisotope 25, 56, 61 ff., 64 f., 67, 70, 79 f.
Radiokarbonmethode 75 f.
Radiokohlenstoffdatierung 75 f.
Radiolaren 106
Radioteleskop 245
Radiowellen 279
Radium 97, 99, 101
Radium D 54
Radon 78

331

Raketen-Rendezvous 282
Raketentechnik, raketen-
  lose 296
Raketentreibstoff 283 ff.
Raum, interstellarer 295
Raumfahrt 288 f.
Raumfahrt, interstellare
  282, 284
Raumschiff 288–291, 296
Reagan, Ronald 121, 304
Reaktionen, thermo-
  nukleare 289
Reaktionskette 252
Recycling 53
Relativitätstheorie 289,
  300, 312, 314 f.
Reptilien 110
Rey, Lester del 68
Riesensatelliten der Plane-
  ten 150
Riesenteleskop 240
Rittenberg, David 46 f.
Roberts, Isaak 228
Robotertechnik 86
Rotationsachse 140 f.
Rotationszeiten 145 ff.
Rutherford, Ernest 18, 53,
  57, 286

S Aandromedae (Super-
  nova) 231 ff., 236,
  242 f., 245

Säugetiere 110
Satellitenbewegung 150
Satellitendurchmesser
  (Uranus) 151
Satellitenentfernung
  (Uranus) 152
Satellitenfunk 122
Satellitensystem (Uranus)
  150, 153
Saturn-Ringe 149
Saturnatmosphäre 143 ff.
Saturndurchmesser 140
Sauerstoff 25 ff., 62, 64,
  72, 113, 254, 257
Sauerstoff-16-Wasser 27
Sauerstoff-18-Atom 27
Sauerstoff-Isotope 29
Sauerstoffatome 26 f., 42 f.
Sauria, Charles 100
Saussure, Nicolas Theodo-
  re de 111 f.
Schäferhundmonde 152
Scheibentheorie 306
Schildkröten 110
Schoenheimer, Rudolf
  45 ff., 50
Schöpfungsgeschichte 198,
  201
Schrödinger, Erwin 265
Schroetter, Anton von 101
Schuler, Wolfgang 207
Schuppen 105

Schuppentiere 110
Schwefel 62, 64, 90 f., 95, 113, 254
Schwerkraft 300
Schwerverbrechensrate 123, 125
Sedimentgestein 106
Segre, Emilio 274 f.
Sekundärstrahlung 72
Sekundärteilchen 72
Selbstmordrate 123
Shakespeare, William 154 f., 178
Shapley, Harlow 238 f.
Shortton (Gewicht) 288
Sicherheitshölzer 102
Silber 88 f., 95
Silbervorkommen 88
Silizium 59 f., 112, 254
Siliziumverbindungen 107, 112
Sintflut 198
Sirius B 261
Sirius (hellster Fixstern) 200, 202, 204, 220
Skatol 37
Skorpion 202
Smith, E. E. 298
Soddy, Frederick 18, 21 ff., 24, 56
Sokrates 300 ff.
Solarsystem, äußeres 148

Solarsystem, inneres 149
Sonne 134 f., 174, 252
Sonnenannäherung 186
Sonnenbrand 127
Sonneneinstrahlung 188
Sonnenfinsternis 195 f.
Sonnenlicht 124, 127
Sonnensystem 279, 296, 314
Sonnenwind 182, 185
Spaltprodukte 248
Spektralgitter 31
Spektrallinien 31
Spektralunterschiede 30
Spektroskop 245
Spinat 114
Spiralgalaxien 256
Spiralnebel 227, 256
Spontanreaktionen im Universum 248
Stärkemoleküle 81
Staubstrahltriebwerk, interstellares 294, 296
Staubteilchestrom 192
Steinzeit 205
Stern, Otto 29
Sternbild Adler (Aquila) 220
Sternbild Andromeda 222 f.
Sternbild Cetus 210 f.
Sternbild der Jungfrau 244

Sternbild der Vega 204
Sternbild des Herkules 221
Sternbild des Löwen 167
Sternbild des Perseus
 217 f.
Sternbild des Schwan 221
Sternbild des Stiers 201 ff.
Sternbild des Walfischs
 216
Sternbild Schlangenträger
 (Ophiuchus) 218
Sternbild Wolf 203
Sterne, temporäre 201
Stibium (Stibnit) 93
Stickstoff 62, 64 ff., 113
Stickstoff-14-Atom 72, 82
Stickstoff-Stoffwechsel 37
Stickstoffatom 47
Stickstoffisotop 44
Stoffwechsel, intermediären 38
Stoffwechselprobleme 50
Stoffwechselprozeß 117
Stoffwechselvorgänge 39, 44, 50
Stoffwechselzwischenprodukte, phosphorhaltige 116
Strahlung, energetische 267, 269
Strahlung, kosmische 76, 269 f., 273 f.

Strahlungen, elektromagnetische 279
Strahlung, energetische 78
Strahlungen, externe 78
Strömungen, atmosphärische 146
Struve, Otto 204
Substanz, katalytische 96
Sulfid 93
Sumerer 197, 305 f., 314
Supernova 77, 243 ff., 255–258
Supraleitfähigkeit 9
Swisher, R. D. 265

Teilchen mit entgegengesetzter Ladung 276
Teilchen, subatomare 265, 269, 272–275, 286, 300, 313
Teilchenbeschleuniger 313
Teloskopisten 214
Theorie, geozentrische 311
Thermodynamik 263
Thomson, Joseph John 23
Thorium 21 f., 56, 78
Thoriumerz 22
Tiergruppen (Phyla) 106
Tombaugh, Clyde 158
Tracer 40

Tracer, radioaktiver 53 ff.
Trennverfahren 44
Tritium 63, 80
Trojanischer Krieg 90
Tscherenkow-Strahlung 275
Tychos Sternkarte 210

Über-Lichtgeschwindigkeiten 298
UFO 13
Uhren 101
Umweltverschmutzung 12
Universum 87, 198
Uran 21, 54, 56, 67, 78, 138
Uran-235-Atome 28
Uran-Zerfallsreihe 21
Uranatom 19 ff.
Uranblei 22
Urania (Muse der Astronomie) 138
Urankern 19
Uranmasse 286
Uranmaterie 285 f.
Uranspaltung 287 ff.
Uranus 283
Uranus-Axialneigung 150
Uranus-Hemisphäre 141
Uranus-Hitzequelle 146
Uranus-Pole 142
Uranus-Ringe 148 ff., 152
Uranus-Satelliten 148, 151 f.
Uranusatmosphäre 143 ff., 146
Uranusbahn 158
Uranusdurchmesser 140
Uranusmonde, hellste 154 f.
Urey, Harold Clayton 15 ff., 30–33, 45, 47
Urin 36 f., 96, 111
Urknall 250, 279, 316
Urmaterie 250

Valentine, Basil 94
Vanguard I (Satellit) 310
Vega (vierthellster Fixstern) 219
Verschmelzungsprozeß 251–254
Vertebraten (Wirbeltiere) 109 ff.
Vögel 110
Vollmond 124 ff., 134 ff.
Vorquantenzeit 313
Voyager I 140
Voyager II 140, 142, 145–148, 151, 314
Vulkane, aktive 91

Walker, A. R. 169
Walker, Merle 164, 258
Wand, permeable 44
Ward, I. W. 222
Washington, George 304
Wasser, schweres 32, 35
Wassermoleküle 27
Wasserstoff 18, 62 ff., 80 ff., 113, 249, 254 f., 291
Wasserstoff-1-Atome 29, 31 f.
Wasserstoff-2-Atom 45, 47
Wasserstoff-2-Isotopen 29, 31 f.
Wasserstoffatom 42 ff., 45, 47 f., 251, 296
Wasserstoffbombe 288
Wasserstoffisotopen 28, 30
Wasserstoffkern 257
Wasserstoffkernfusion 290
Wasserstoffverbindungen 55
Wechsel der Mondphasen 123 ff., 127
Wellenmechanik, relativistische 265
Weltinseln 225, 228

Whipple, Fred Lawrence 181, 193
Whirlpool-Nebel 227 f.
Wirbelsäule 109
Wismuth 55 f., 94 f., 98
Wissen, triviales 301
Wissenschaftliche Revolution 206

Young, William John 37, 116

Zeit, vorteleskopische 216
Zellmembrane 105, 114
Zellulose 105, 107
Zentrifugalkräfte 308 f.
Zerfall, radioaktiver 263, 285
Zifferblätter 101
Zink 94 f.
Zinn 90, 92, 95
Zinn-Inseln 90
Zinnvorkommen 90
Zucker 115 f.
Zuckereinheiten 105
Zuckermoleküle 107
Zündhölzer 99–102
Zwicky, Fritz 243 ff.
Zyklus, weiblicher 132, 134 ff.